基金重大项目：《黄河流域生态环境保护与高质量发展耦合协调与协同推进研究》
项目编号：21ZDA066

Coupling Coordination and Synergistic
Promotion Mechanism of Ecological Environment Protection and

HIGH-QUALITY
DEVELOPMENT

in the Yellow River Basin

黄河流域生态环境保护与高质量
发展耦合协调与协同推进机制

任保平　师　博　钞小静　郭　晗　等◎著

中国财经出版传媒集团
经济科学出版社
Economic Science Press

图书在版编目（CIP）数据

黄河流域生态环境保护与高质量发展耦合协调与协同推进机制／任保平等著. —北京：经济科学出版社，2023.3

ISBN 978 - 7 - 5218 - 4604 - 1

Ⅰ. ①黄…　Ⅱ. ①任…　Ⅲ. ①黄河流域 - 生态环境保护 - 研究　Ⅳ. ①X321. 22

中国国家版本馆 CIP 数据核字（2023）第 042916 号

责任编辑：杨　洋　卢玥丞
责任校对：刘　昕
责任印制：范　艳

黄河流域生态环境保护与高质量发展耦合协调与协同推进机制
任保平　师　博　钞小静　郭　晗　等著
经济科学出版社出版、发行　新华书店经销
社址：北京市海淀区阜成路甲 28 号　邮编：100142
总编部电话：010 - 88191217　发行部电话：010 - 88191522
网址：www. esp. com. cn
电子邮箱：esp@ esp. com. cn
天猫网店：经济科学出版社旗舰店
网址：http：//jjkxcbs. tmall. com
北京季蜂印刷有限公司印装
787×1092　16 开　19 印张　360000 字
2023 年 7 月第 1 版　2023 年 7 月第 1 次印刷
ISBN 978 - 7 - 5218 - 4604 - 1　定价：72. 00 元

国家社科基金重大项目"黄河流域生态环境保护与高质量发展耦合协调与协同推进研究"（21ZDA066）的最终成果

CONTENTS

目 录

第一章

导论

第二章

文献述评

第三章

黄河流域生态环境保护与高质量发展耦合协调的机理研究

第四章

黄河流域生态环境保护和高质量发展耦合协调综合评价

第五章

黄河流域生态环境保护与高质量发展耦合协调的创新驱动

第六章

黄河流域生态环境保护与高质量发展耦合协调的产业驱动

**黄河流域生态保护与高质量发展耦合协调的现代空间格局
驱动研究**

**黄河流域生态环境保护与高质量发展耦合协调的基础设施
建设驱动研究**

第十五章　黄河流域生态环境保护与高质量发展耦合协调的支撑体系构建

第十六章　结论与展望

第一章

导　论

　　黄河流域是我国生态文明建设和经济建设的重要空间载体，在黄河流域生态保护和高质量发展战略实施进程中面临的难题是黄河流域水资源缺乏、环境承载力弱和生态被破坏。目前黄河流域最需要解决的问题就是流域生态环境脆弱、污染严重，这要求必须摆脱传统的粗放式经济增长模式，以绿色发展和生态文明建设为主要抓手，实现黄河流域生态保护和高质量发展。以新发展理念引领黄河流域生态保护和高质量发展，首先必须打破传统发展观念，打破经济发展与生态环境保护对立的思维。要牢固树立黄河流域生态环境保护和经济社会发展耦合的理念，生态环境和经济社会都具有系统性，黄河流域生态保护和高质量发展战略实施也要重视系统观念，统筹协调生态系统和经济系统的相互关系及其各自系统内部的关系，实现生态环境保护和经济发展的耦合。

第一节 课题研究的价值与意义

一、本书研究的学术价值

习近平总书记关于黄河流域生态环境保护和高质量发展的系列重要讲话明确了"共同抓好大保护，协同推进大治理"的战略思路①。这一思路要求生态环境保护和高质量发展结合起来，而结合的学理化思路就是流域生态保护与高质量发展的耦合。耦合是指两个或两个以上系统通过彼此作用相互影响，耦合协调度能反映各系统是否具有良好的水平，也能反映系统间和谐一致、彼此作用的关系。生态环境保护与高质量发展作为推动黄河流域生态保护和高质量发展的重要驱动，两大系统之间的耦合协调度及其变化趋势直接影响着黄河流域生态保护和高质量发展的实现。本书的学术价值在于研究黄河流域生态系统中的生态环境保护与经济系统中的高质量发展之间的耦合机理。在协同路径方面，从功能协同、产业协同、空间协同和管理协同几方面研究黄河流域生态环境保护与高质量发展耦合协同的路径。从组织保障、空间治理、政策支撑几方面研究黄河流域生态环境保护与高质量发展耦合协同的现代化治理体系。

二、本书研究的应用价值

黄河流域高质量发展不同于全国整体上的高质量发展，也不同于某一个省份的高质量发展，是典型的大流域高质量发展，具有特殊性。黄河流域作为一个有机整体，其高质量发展需要各省份着眼于黄河流域的整体布局，调整各地区的产业空间结构实现优势互补、合作共赢，通过协同发展促进黄河流域的高质量发展。因此，本书的应用价值在于：一是在全流域生态环境保护与高质量发展的耦合协调目标下使得沿黄河的不同省份协同起来。以黄河经济带的生态建设与经济发展的结合作为战略目标，在目标与规划统一的基础上实现区域一体化发展，形成推进黄河流域生态保护和高质量发展的强大耦合力。二是在黄河流域生态保护治理的顶层设计方面。全面统筹规划协调，完善流域生态保护的各项政策和制度，注重生态治理的系统性、整体性、协同性。以"共同抓好大保护，协同推进大治理"为核心思路，以黄河的长治久安为战略目标，以加强生态保护治理为核心，做好黄河流域生态环境保护

---

① 习近平在黄河流域生态保护和高质量发展座谈会上的讲话 [J]. 求是，2019 (20).

和高质量发展的战略设计。从全流域整体的产业发展、流域治理、社会发展，整体设计高质量发展的思路。三是在促进沿黄流域产业转型升级方面。在构建现代产业体系、集聚高端要素、提升科技创新能力、增强流域内区域合作与扩大对外开放，协同推进体制机制改革方面具有应用价值。

三、本书研究的社会意义

随着我国经济进入高质量发展阶段，打赢黄河流域省份脱贫攻坚战，解决黄河流域人民群众水资源利用问题，加强黄河治理保护，推动黄河流域高质量发展，对维护社会稳定、促进民族团结具有重要的社会意义：一是对支撑全流域各省份经济社会可持续发展具有重要意义。通过黄河流域生态环境保护与高质量发展的耦合，使黄河流域生态环境得到修复和保护，支撑全流域各省份的可持续发展。二是对缩小我国南北经济差距具有重要意义。实现黄河流域上下游协调发展，将破解南北经济发展差距扩大的趋势，对我国区域经济高质量发展有重要战略意义。三是对黄河流域从小康战略向现代化战略的转变具有重要意义。黄河流域是贫困比较集中的区域，与其他流域相比，黄河流域是脱贫攻坚的核心区，关系到从小康战略向现代化战略的转变问题。四是对从根本上解决黄河流域面临的自然生态保护与经济社会发展之间存在的结构性矛盾具有重要意义。通过生态环境保护与高质量发展的耦合，从根本上解决黄河流域面临的自然生态保护与经济社会发展之间存在的结构性矛盾问题具有重要意义。

第二节 课题研究的框架

习近平总书记在甘肃和河南考察时强调，黄河流域高质量发展要"共同抓好大保护，协同推进大治理"，从而为推进黄河流域生态保护和高质量发展提供了总体战略思路。[①]

一、总体问题

黄河流域的高质量发展具有系统性，黄河流域高质量发展要协同推进大治理。

---

① 习近平在黄河流域生态保护和高质量发展座谈会上的讲话［J］. 求是，2019（20）.

围绕保护这一主题，黄河流域内各省份要协同进行生态治理，着力加强生态保护治理、保障黄河长治久安、促进全流域高质量发展。更加注重保护和治理的系统性、整体性、协同性，抓紧开展顶层设计，加强重大问题研究。一是系统性。黄河流域高质量发展要通过推进生态系统中的生态环境保护和经济系统中的高质量发展的耦合协同来实现黄河流域高质量发展。二是整体性。从全流域整体的产业发展、流域治理、社会发展的整体设计高质量发展的思路。三是协同性。流域内 9 个省份、329 个县之间要协同推进生态环境治理和高质量发展，在高质量发展的思路、目标等方面通过分工协同起来，在分工基础上通过协作共同推进黄河流域的高质量发展。

二、研究对象

本书的研究对象是黄河流域生态系统中的生态环境保护与经济系统中的高质量发展之间的耦合关系及其协同推进机制。耦合是指两个或以上系统通过彼此作用相互影响，耦合协调度能反映各系统是否具有良好的水平，也能反映系统间和谐一致、彼此作用的关系。生态环境保护与高质量发展作为推动黄河流域生态保护和高质量发展的重要驱动，两大系统之间的耦合协调度及其变化趋势直接影响着黄河流域生态保护和高质量发展。

三、总体思路

本书围绕黄河流域生态环境保护与高质量发展的耦合协调开展研究，遵循"内涵机理 + 测评体系 + 驱动因素 + 协同推进路径 + 治理体系"的总体思路，探寻其协同推进的路径选择与制度保障，具体如下。

（1）在内涵机理层面探讨黄河流域生态环境保护与高质量发展耦合协调的内在要求及评价体系。以发展经济学、区域经济学及人口资源与环境经济学为理论基础，遵循新时代中国特色社会主义理论和实践的内在要求，结合流域经济的整体性与关联性、区段性与差异性、层次性与网络性、开放性与耗散性等特征，阐释黄河流域生态环境保护与高质量发展的相互作用、相互依赖、共同发展的动态协调发展关系。采用跨学科文献挖掘与田野调查的研究方法，探讨推进黄河流域生态环境保护与高质量发展耦合协调的理论内涵与实现机理。

在测评体系构建层面基于新发展理念构建黄河流域高质量发展的多维测度和动态评估体系。建立面向水资源保护与利用、碳排放和废弃物利用的生态保护指标体系，进而使用时空极差耦合协调度模型测算黄河流域生态环境保护与高质量发展的耦合度、协调度及耦合协调度。在此基础上，利用非参数检验、随机过程和地理探测器等方法统计分析其动态演进趋势、时空转换特征及区段分异态势，捕捉其特征性事实、刻画其全景式演进图谱。

（2）在驱动因素经验研究层面分析黄河流域生态环境保护与高质量发展耦合协调的影响因素及作用机制。以社会主义现代化建设新征程为导向，从培育现代化要素体系、完善现代化动力体系、现代化产业体系、现代化基础设施、现代化空间格局及现代化治理体系和治理能力的视角，借鉴经济增长理论、产业经济学理论和博弈理论，构建围绕政府、研发部门、生产部门和居民为核心的多主体生态环境保护与高质量发展耦合协调理论模型。在理论机理剖析的基础上，融合黄河流域省级、地级以上城市以及县级统计数据、微观数据、大数据及地理信息数据，综合使用因果推断、空间计量技术、文本分析技术及机器学习方法，实证研究生态环境保护与高质量发展耦合协调的现代化驱动因素及其作用机制。

在协同机制归纳演绎层面以驱动因素和作用机制的经验分析为依据，从黄河流域经济发展和生态保护的整体性、系统性和均衡性出发，聚焦经济生态环境保护与高质量发展耦合协调的协同推进机制设计。基于开放性、网络性和层次性视角，围绕"以水定城、以水定地、以水定人、以水定产"，在关注流域内各区段、各省份以及市县级等多层级行政单元的协调机制设计的同时，分析构建全流域、全产业链的富有地域特色的分工体系。研究共同抓好大保护、协同推进大治理的内在逻辑，从功能协同、产业协同、空间协同和管理协同四大维度，归纳和演绎黄河流域生态环境保护与高质量发展耦合协调的协同推进机制的可行性与现实选择。

（3）在现代化治理体系构建层面对照党的十九届四中全会提出的"推进国家治理体系和治理能力现代化"的战略部署，明晰构建和完善现代化治理体系对于推进黄河流域生态环境保护与高质量发展耦合协调的战略意义与影响效应。结合黄河流域人口密度低、少数民族和贫困人口相对集中、反向梯形结构突出、内部网络化联系相对松散、水沙关系不协调和生态环境脆弱的特征，阐述构建"政府—市场—社会"三位一体的良性互动的流域治理体系设计。结合"2035 远景目标"建议的"新型工业化、信息化、城镇化、农业现代化，建成现代化经济体系；基本实现国家治理体系和治理能力现代化"，探讨构建涵盖经济、政府、社会、文化及生态等方面的全方位的现代化治理体系服务黄河流域生态环境保护与高质量发展耦合的框架和逻辑。

在保障机制设计层面分析构建黄河流域生态环境保护与高质量发展耦合协调发展的制度保障，是形成"共建、共治、共享"现代化治理体系和治理能力的基础。一方面，研究黄河全流域各级政府和部门机构如何有效发挥流域机构指导、协调、监督和监测的作用，以及打造科学、合理的管理协调机制，形成权责清晰、条块结合、协同联动、齐抓共管的监管体系的架构。另一方面，分析构建和优化黄河流域生态环境保护与高质量发展耦合协调的现代化治理体系的组织保障支撑、空间治理保障支撑、政策保障支撑和体制机制保障支撑体系的逻辑和框架。

四、总体研究框架

本书沿着"理论机理—评价分析—协同路径—治理体系"的思路构建研究框架。在理论机理分析中主要研究黄河流域生态系统中的生态环境保护与经济系统中的高质量发展之间的耦合机理。在评价分析中运用统计分析方法构建指标体系，对黄河流域生态环境保护与经济高质量发展之间的耦合度进行评价，分析影响耦合的制约因素。在协同路径方面，从功能协同、产业协同、空间协同和管理协同几方面研究黄河流域生态环境保护与高质量发展耦合协同的路径。在治理体系方面，从组织保障、空间治理、政策支撑三方面研究黄河流域生态环境保护与高质量发展耦合协同的现代化治理体系。

五、研究路径

本书的研究思路和视角是从主题衍生出来的，它们与研究框架存在紧密的内在关联。本书研究推进黄河流域生态环境保护与高质量发展耦合协调属于综合研究，课题设计上遵循"现实提炼—理论升华—经验证伪—机制设计"的研究路径，具体如下所示。

（1）以典型事实观察为渠道，捕捉现实问题。观察不同区域、不同发展条件的黄河流域代表性省区、城市群和城市发展轨迹和特征，总结区域发展的典型事实，提炼推进黄河流域生态环境保护与高质量发展耦合协调的核心现实问题。

（2）以文献收集与学习为手段，寻找科学问题和理论支撑。针对现实问题，收集和整理与高质量发展、城市发展以及经济增长质量相关重要文献，在理论研究层面归纳和演绎黄河流域生态环境保护与高质量发展耦合协调的科学问题，并探寻可能的理论支持体系。

（3）以理论与实践相结合，设计和梳理研究体系。将现实问题与理论研究相结合，瞄准协同推进生态环境保护与高质量发展耦合协调的研究目标，以五大发展理念为核心设计和梳理研究黄河流域生态环境保护与高质量发展耦合协调的理论体系、研究方法，在理论层面解释典型事实，推导理论命题。

（4）以经验研究为支撑，证伪理论设计。以理论模型和命题为基础，以统计数据、大数据和现实资料为素材，通过经验研究检验理论命题以及研究体系，进一步优化理论设计与研究体系。

（5）以典型事实和理论研究相融合，设计现代化战略选择、指导现实。理论联系实践，以理论研究层面的命题为基础，以现实问题为指向，设计黄河流域生态环境保护与高质量发展耦合协调的现代化治理体系和保障机制建设，在理论研究层面为黄河流域大治理提供借鉴和指导。

第三节　研究方法与技术路径

一、研究方法

本书围绕黄河流域生态环境保护与高质量发展耦合协调这个主题，采用"内涵机理＋测评体系—驱动因素＋协同推进—治理体系＋保障机制"次序展开研究。从研究主题和总体思路出发，本书拟采用的具体研究方法包括以下几种。

（1）归纳推理与演绎推理相结合的方法。一是采用归纳推理法总结归纳出黄河流域沿线省份发展的基本规律及现代化战略设计的应对挑战，对政府、企业和居民等经济主体行为影响高质量发展的逻辑机理进行分析。二是借鉴中国特色社会主义政治经济学理论、发展经济、区域经济学和人口资源与环境经济学的理论体系及相关研究成果，归纳和演绎现代化动能培育战略、现代化产业体系合作战略、现代化基础设施共享战略、现代化生态体系构筑战略等，推动黄河流域生态环境保护与高质量发展耦合协调的战略选择。

（2）历史分析与比较分析相结合的方法。一是采用历史分析方法描述黄河流域上中下游、干支流在不同阶段经济建设和发展的变动轨迹。二是采用比较分析方法通过纵向对比分析研究黄河流域高质量发展的典型事实与主要特征，通过与长三角、珠三角和长江经济带发展模式的横向对比分析甄别推动黄河流域生态环境保护与高质量发展耦合协调的协同战略选择。

（3）大数据分析、文本分析技术与实地调研相结合的方法。一是充分利用基于大数据的聚焦 Python 爬虫方法和文本分析方法，抓取历年黄河流域各省份政府以及地级城市政府工作报告中创新词频，用以刻画创新环境建设水平。并将宏观数据与微观数据结合起来，运用现代数据挖掘和深度学习的分析技术对黄河流域高质量发展和深层保护耦合协调总体情况、地区现代化经济体系发展水平两个层次的量化考察。二是通过实地调研和问卷调查来获取黄河流域微观企业与城市居民个体等的相关数据，为本书研究提供更完善的数据支持。

（4）统计分析与计量经济相结合的方法。一是围绕水资源合理开发利用构建黄河流域生态保护评价指标体系，并使用耦合协调度模型精准测度黄河流域生态环境保护与高质量发展耦合协调性，对黄河流域生态环境保护与高质量发展耦合协调进行测度分析。二是构建 CGE 模型，分析培育现代化要素体系、完善现代化动力体系、现代化产业体系、现代化基础设施、现代化空间格局等政策的社会福利影响，并使用参数校准和数值模拟的方法估计黄河流域高质量发展中现代化战略的政策效应。三是根据结合黄河流域高质量发展的特征性事实，并建立计量经济模型，使用事实分析、空间计量分析、断点回归、非参数估计、中介效应检验等方法对推动黄河流域生态环境保护与高质量发展政策效果、影响因素和作用机理进行经验检验。

（5）实地调查。本书研究的不是一个单纯的理论问题，而是一个源于中国实践，并对中国特色社会主义现代化建设和高质量发展具有关键作用的实践问题。研究主题要求本书必须注重经验资料的获取，只有依靠丰富翔实的经验资料，才能有效地使用计量分析、统计分析、案例分析等方法。就资料获取渠道而言，本书既强调统计资料的整理，也强调利用地理信息系统（GIS）和遥感方法获取黄河流域地理信息数据，还强调采用实地调查的研究手段，通过实地访谈、问卷调查、问卷分析等方法获取黄河流域经济社会发展、水文资源利用和生态环境保护的原始资料。将这些原始资料与统计资料相结合，以此形成一个内容广泛、来源可靠的"黄河流域高质量发展数据库"。实地调查获取的资料形成了对本书研究的重要支撑，本书也将在实地调查的基础上，形成并及时报送针对黄河流域高质量发展的内参专报，以更好地体现课题研究的决策咨询功能。

二、技术路线

（1）基于多学科理论融合的视角，本书通过演绎和归纳方法对现有文献进行梳理，在理论层面阐释黄河流域高质量发展理论内涵、发展特征、遵循的发展规律。进而构建黄河流域生态环境保护与高质量发展耦合协调指标体系、测算原则和测算方法。在理论层面，为深入分析黄河流域生态环境保护与高质量发展耦合协调的特点、模式、路径选择及战略选择提供扎实的支撑。

（2）以黄河流域生态环境保护与高质量发展耦合协调的理论内涵、模式和路径分析为基础，探讨基于现代化发展驱动因素。一是基于微观视角，分别从政府、企业和居民的角度分析现代化行为选择驱动黄河流域生态环境保护与高质量发展耦合协调的机理。二是从中观视角出发，考察建设现代产业体系、现代化基础设施和现代化空间格局等对黄河流域生态环境保护和高质量发展耦合协调的影响。三是基于宏观视角，考察新发展格局下促进要素流动和产业合作的现代化区域协调政策对黄河流域生态环境保护与高质量发展耦合协调的促进效应。

（3）结合驱动因素的作用效应与机制，融合"进行时"与"将来时"的视野，研究共同抓好大保护、协同推进大治理的内在逻辑。从功能协同、产业协同、空间协同和管理协同四大维度，归纳和演绎黄河流域生态环境保护与高质量发展耦合协调的协同推进机制的可行性与现实选择。

（4）从竞争、合作与发展的视角出发，探讨课题研究落脚点，推进黄河流域生态环境保护与高质量发展耦合协调的现代化治理体系和政策保障。系统化"为发展质量而竞争"激励政策、鼓励跨区域协作政策，为服务黄河流域高质量发展，建立和完善现代化治理体系和相关制度保障。

第四节 课题研究的创新之处

一、在研究角度选择方面

从经济和生态耦合协调的角度提出了黄河流域高质量发展研究的新视角。现有关于黄河流域高质量发展的研究，大多是将生态环境保护作为高质量发展的其中一个子维度来进行分析，将资源环境代价作为经济发展的成本来进行分析。而黄河流域高质量发展的核心内涵"重在保护、要在治理"要求不仅仅将生态作为经济高质量发展的子维度，而应与经济发展形成共生关系，不应仅将生态环境代价作为"成本"，而应将生态环境保护本身作为"目标"，这就要求从经济与生态耦合协调的新视角来认识黄河流域的高质量发展。

本书立足于黄河全流域和生态系统的整体性，基于"共同抓好大保护、协同推进大治理"的目标，从黄河流域生态环境保护与经济高质量发展耦合协调的新视角来进行研究。提出了黄河流域高质量发展的基本内涵和价值判断，从而为生态环境保护与经济高质量发展耦合协调提供理论基础。

二、在研究框架方面

构建了"逻辑机理—耦合评价—驱动因素—协同路径—治理体系"的系统的黄

河流域高质量发展的新框架。黄河流域高质量发展目前的文献主要是通过一些经济指标进行统计分析，虽然能够给政策抉择提供方向上的指导，但不能起到更精确的参考作用。

基于此本书立足于发展经济学、生态经济学和流域经济学的最新成果，结合系统分析方法，构建了从黄河流域高质量发展机理分析、评价测度分析、驱动因素识别、协同推进机制与治理体系构建这一层层递进的分析框架：一是通过黄河流域生态环境保护与高质量发展耦合协调的理论框架分析提供课题的理论基础；二是构建了黄河流域经济与生态耦合协调的动态评估的指标体系，并运用前沿数据分析法对流域内经济与生态的耦合协调度进行测度评价，从而为本书提供了实证基础；三是根据耦合协调度的测算，精准识别出耦合协调的驱动因素与约束条件，并在此基础上构建协同推进"发展、保护、治理"三位一体的协同推进机制，从而为黄河流域高质量发展现代化治理体系提供政策支撑。

三、在研究方法方面

本书将空间统计与计量分析方法、地理信息系统分析方法、文本分析与机器学习分析方法结合起来进行研究。从现有的研究成果来看，对黄河流域高质量发展的实证分析主要是通过传统计量分析法和综合评价分析法来完成的，而对黄河流域高质量发展的理论分析主要是运用逻辑归纳进行定性分析。但传统的综合评价仅能反映单一综合维度的当前状态，不能比较经济和生态的耦合协调进行双维度动态评估分析，这也就难以对黄河流域生态环境保护与高质量发展的耦合协调推动机制构建提供重要参考。本书在研究方法方面，把流域经济学的分析方法与经济地理学的分析方法相结合，在具体的技术方法方面综合采用空间计量方法、地理信息系统分析法与大数据分析法相结合，来构建基于经济与生态耦合协调的动态评估方法，这是本书在方法应用层面的创新。

第二章

文献述评

　　生态文明建设是关系中华民族永续发展的根本大计。绿水青山就是金山银山，努力维持生态环境保护和经济发展之间的平衡，坚持走生态优先的绿色发展新路径，是实现我国高质量发展的必经之路。进入新时代以来，随着我国经济发展进入高质量发展阶段，提升黄河流域整体生态水平，实现黄河流域高质量发展，切实提升流域水资源利用效率，优化水资源配置迫在眉睫。2019 年9 月 18 日，习近平总书记主持黄河流域生态保护和高质量发展座谈会，并指出黄河流域生态保护和高质量发展是重大国家战略①。同时，在党的二十大报告中又再一次指出要推动黄河流域生态保护和高质量发展，促进区域协调发展。黄河流域拥有丰富的自然资源，少数民族众多，是我国重要的水源供给区。随着经济社会的快速发展，黄河流域各省（区市）面临新的发展机遇和重大挑战。本章在对相关文献进行梳理的基础上总结现有研究成果，从理论研究、问题研究、经验研究、应用研究和路径研究五个方面对黄河流域生态环境与高质量发展的相关研究进行总结，并指出现有研究存在的问题和未来研究的方向。

① 习近平. 在黄河流域生态保护和高质量发展座谈会上的讲话 [J]. 求是, 2019 (20)：4 - 11.

第一节　理论研究综述

一、生态环境—经济发展耦合基本概念综述

生态环境保护和经济发展一荣俱荣、一损俱损，实现生态环境与经济社会各子系统的协调发展，是推动黄河流域高质量发展的重要环节。生态环境—经济发展耦合的理论机制研究、模型构建以及测度评价等是国内外学者的研究热点，同时也是国内外研究的前沿问题之一。生态环境保护和经济发展相协调目前仍是国际的研究热点问题和前沿领域，并在未来很长时间内依然会得到重视，这是由于经济发展必然要以生态环境污染和资源消耗为代价。

1. 系统与耦合的概念界定

从系统构成的角度来看，一个系统是由两个或多个相互作用的要素组成，在特定的约束条件下运行，具有综合行为和整体功能的集合。为了便于认识和分析系统演化规律，对系统进行了详细地分类，本书所关注的生态环境保护和经济发展的耦合，属于自然系统和人工系统的相互作用关系。耦合（coupling）指两个或者两个以上的系统或要素之间，通过相互影响，进而联合的现象，其最初是一个物理学概念。学者倾向于认为耦合关系是协调和发展的综合。逯进和周惠民认为系统之间的耦合关系由发展和协调两者综合构成：发展体现为系统的不断演进，协调注重的是系统之间和内部各要素的相互作用。① 耦合关系是一种复杂的机制，其中，发展是方向，协调是约束机制。耦合是更进一步的协调，因此更要体现整体性和系统性，耦合关系体现的是系统之间或内部质和量的共同提升，强调在动态发展中实现协调和发展的辩证统一，以协调实现更好的发展，在发展中实现更高层次的协调。生态环境和社会经济在发展之中显示出了耦合关系，于是学者们将耦合理论应用于研究生态环境保护与经济发展之间的相互作用。经济系统与生态环境系统之间，是由多个要素组成并相互作用的复杂系统，将耦合理论引入生态环境保护和经济发展的相互作用的研究中来，能够有效建立两者之间相互促进、共同发展的渠道。重视生态环境和经济发展的相互作用，将经济发展带来的影响控制在生态环境承载能力范围之内，注重以自然恢复为主，强调生态文明建设，提高整体宜居共享程度，实现生

① 逯进，周惠民. 中国省域人力资本与经济增长耦合关系的实证分析［J］. 数量经济技术经济研究，2013，30（9）.

态环境保护与经济发展齐头并进。在提高生态效率和经济效益的同时，促进经济建设和生态文明建设的协调发展。

2. 生态环境—经济发展耦合概念界定

生态经济学主要研究对象是生态系统与经济社会系统之间相互作用、耦合协同发展所产生的更大的系统，生态环境与经济发展的耦合便起源于生态经济学。科斯坦萨（Costanza, 1991）较早提出了生态经济学的概念，他认为经济系统是一个更大的生态生命支持系统的子系统，生态经济学是探讨生态系统与经济系统之间关系的学科，其主要研究人们的社会经济活动，以及与之伴随的生态环境的变化，他主张将生态学的研究与经济学的研究相结合。[①] 生态系统是地球生命支持系统的重要组成部分和经济社会与环境可持续发展的基本要素，经济系统是社会系统的一个重要子系统。经济发展与生态环境之间密切关联，它们在不断的物质能量交换的过程中相互影响，产生交互胁迫作用，这就是生态环境和经济发展的耦合关系。唐建荣（2015）认为，经济系统与生态系统耦合的必然性在于经济活动是在一定的空间进行并依赖于生态资源的供给。然而，人类活动所能达到的生态系统一般都不是纯粹的生态系统，而是被纳入了人类经济活动的范围，并赋予了人类劳动的印记，即成为了生态经济系统。[②] 沈满洪（2008）认为，经济系统与生态系统不能自动耦合，它们只能在劳动过程中通过技术中介作为一个整体耦合，成为生态经济系统，以此形成价值并实现增值。[③] 综合以上观点，生态环境—经济发展耦合就是生态系统和经济社会系统之间以及内部的相互作用，耦合要求的是在保持生态环境的承载力范围内实现经济效益的最大化，同时也要通过经济效益来加强对生态环境的保护，推动经济效益和生态效率同步提升、协调发展。

二、黄河流域生态保护和高质量发展内涵综述

黄河流域生态环境保护和高质量发展的结合，是从战略全局出发对新时期黄河治理的新认识。黄河流域要以流域经济的高质量发展进一步促进区域协调发展。杨永春等（2020）研究认为推进黄河流域高质量发展的基本条件在于农业发展、流域经济等，同时还受到外部投资、内部差异性，以及产业转移动力不足等条件的约束。[④]

---

① Robert Costanza, Lisa Wainger. Ecological Economics [J]. Business Economics, 1991, 26 (4).

② 唐建荣. 生态经济学 [M]. 北京：化学工业出版社，2005.

③ 沈满洪. 生态经济学 [M]. 北京：中国环境科学出版社，2008.

④ 杨永春，穆焱杰，张薇. 黄河流域高质量发展的基本条件与核心策略 [J]. 资源科学，2020，42 (3)：409 – 423.

　　黄河流域作为我国重要水资源供给区，对我国经济发展的重要性，决定了黄河流域高质量发展是一个长期探索的过程。根据安树伟等（2020）的研究，推动黄河流域高质量发展，其战略重点在于产业升级、生态治理，以及区域协调。[①] 经济发展新时期，实现黄河流域生态保护和高质量发展的战略目标，要统筹推进流域内经济、生态、文化、产业等因素，如张贡生（2020）指出，黄河流域生态保护和高质量发展的科学内涵在于其整体性、生态可持续性、系统性，以及满足人民对于美好生活的追求。[②]

　　中国共产党第二十次全国代表大会的报告再次明确提出，要加快构建以国内大循环为主体、国内国际双循环相互促进的新发展格局。黄河流域生态保护和高质量发展的战略目标，要紧紧围绕构建新发展格局的战略目标，充分发挥国内大市场优势，牢牢把握扩大内需的战略基点。在构建"双循环"新发展格局的研究背景下，宋洁等（2021）研究指出黄河流域在扩大内需和生态保护等方面的重要战略地位。[③] 新时代探索推动黄河流域生态保护和高质量发展新模式、新路径的关键，在于清楚地认识到黄河流域的重要战略地位。黄河流域生态保护和高质量发展作为重大国家战略，决定了其发展的特殊性，要坚持践行共同抓好大保护、协同推进大治理的治黄思想，以生态保护为前提，实现黄河流域生态保护和高质量发展的战略目标。[④⑤] 牛玉国等（2020）强调了作为国家战略，黄河流域生态保护与高质量发展对我国经济高质量发展的重要意义。[⑥] 经济发展新时期要结合经济社会发展实际，不断创新黄河治理思路，以黄河流域生态、经济、文化、产业等的协调发展为根本，充分发挥流域资源优势，创造黄河流域发展的新模式。

第二节　问题研究综述

一、黄河流域生态环境—经济发展耦合的影响因素

　　生态环境—经济发展耦合受到诸多驱动因素的影响，是一个错综复杂的机制，

　　① 安树伟，李瑞鹏. 黄河流域高质量发展的内涵与推进方略 [J]. 改革，2020（1）：76 – 86.
　　② 张贡生. 黄河流域生态保护和高质量发展：内涵与路径 [J]. 哈尔滨工业大学学报（社会科学版），2020，22（5）：119 – 128.
　　③ 宋洁. 新发展格局下黄河流域高质量发展"内外循环"建设的逻辑与路径 [J]. 当代经济管理，2021，43（7）：69 – 76.
　　④ 任保平. 黄河流域高质量发展的特殊性及其模式选择 [J]. 人文杂志，2020（1）：1 – 4.
　　⑤ 任保平，张倩. 黄河流域高质量发展的战略设计及其支撑体系构建 [J]. 改革，2019（10）：26 – 34.
　　⑥ 牛玉国，张金鹏. 对黄河流域生态保护和高质量发展国家战略的几点思考 [J]. 人民黄河，2020，42（11）：1 – 4，10.

是各种因素共同作用的结果，学者们同样热衷于对生态环境—经济发展耦合的影响因素的研究。学者们认为其中主要的影响因素包括经济水平、人的因素、产业发展水平、城市化水平、创新水平和对外开放程度。

（1）经济水平。一些学者认为我国存在严重的生态环境问题的主要原因在于"GDP崇拜"，在进入经济新常态之前国内对于GDP的一味追求造成了国内环境污染、生态破坏等严重问题，因此他们将GDP/人均GDP视为生态环境—经济发展耦合的重要影响因素。

（2）人的因素。发展的最终目的是为实现广大人民的根本利益，发展的成果由人民共享。在生态环境—经济发展耦合中，人的因素起着非常重要的作用，不仅是生态环境和经济协调发展的目标，也是促进生态环境—经济发展耦合的重要驱动因素，人的因素又可细分为人口变动、人口素质等因素。

（3）产业发展水平。产业结构与生态环境—经济发展耦合紧密相连，产业结构的升级优化能够促进经济发展和生态文明建设，并进一步提高生产的经济效益与生态效率，同时也是推动经济建设与生态文明建设协调发展的重要途径，也是生态环境—经济发展耦合的重要影响因素。

（4）城市化水平。我国目前发展状况是国内城市间发展水平差别大，城市化水平存在着较大差异，且城中贫困地区较为集中。推动生态环境—经济发展耦合，需要促进国内城市化的发展，推动生态环境—经济发展耦合需要以更高水平的城市化，以高质量的城市发展作为推动流域高质量发展的重要途径。

（5）创新水平。创新是引领发展的第一动力，创新发展注重的是解决我国高质量发展中的动力问题。创新发展是生态环境—经济发展耦合的重要驱动因素，能够促进发展过程中经济效益和生态效率的提高，能有效强化生态环境—经济发展耦合。

（6）对外开放程度。对外开放合作是促进我国高质量发展的重要途径，是实现我国高质量发展的内在要求，是破解国内高质量发展进程中存在的难题的永续动力。加大对外开放程度是促进生态环境—经济发展耦合的重要驱动因素，能进一步加强生态文明建设和经济建设协调发展的外部监管。

除以上主要因素外，生态环境—经济发展耦合的影响因素还有城镇居民消费结构、信息化建设程度、市场化程度、政府管理、城市建设资金投入[①]等，这些因素促进了生态环境—经济发展耦合，共同形成了生态环境—经济发展耦合的复杂机制。

---

① 赵建吉，刘岩，朱亚坤等. 黄河流域新型城镇化与生态环境耦合的时空格局及影响因素［J］. 资源科学，2020，42（1）.

二、黄河流域生态保护与高质量发展制约因素综述

现有研究对黄河流域生态保护和高质量发展研究的影响因素，包括经济、生态、社会、文化等。杨丹等（2020）认为，黄河流域高质量发展的主要问题在于内部差异、创新水平低、产业发展差异等。[①] 通过对相关文献的梳理分析，生态环境脆弱、区域资源禀赋差异、流域环境承载力弱等问题，是制约黄河流域生态保护与高质量发展的关键。

1. 生态环境脆弱

作为维护我国生态安全的重要区域，黄河流域所面临的水土流失、水资源短缺、水污染严重等问题，导致其生态环境的脆弱性，黄河流域生态保护的难点在于流域内气候、水资源等的差异性，缺乏整体性、协调性的发展。随着经济社会的快速发展，黄河流域各地区产业发展的加快和人口的增加，流域生态环境承载力面临新的挑战。张红武（2020）指出，水沙关系不协调、水资源短缺等环境问题是影响黄河流域高质量发展的主要原因。[②] 周清香等（2020）的研究表明了生态环境保护与治理的重要性，并指出生态环境的脆弱性是制约高质量发展的重要因素。[③] 推动黄河流域生态环境保护与高质量发展，要坚持共同抓好大保护、协同推进大治理的指导思想，从问题的源头出发，以绿色发展理念带动流域经济的绿色、可持续发展，进而实现黄河流域高质量发展的战略目标。

2. 资源禀赋差异

黄河流经我国 9 个省（区市），流域面积约为 75 万平方公里，自然资源丰富，但黄河流域上、中、下游之间，资源禀赋差异性明显，经济发展差距较大，不利于流域经济的协调发展。郭晗（2020）认为，地区生态环境受地区自然资源禀赋的影响，指出要把保护流域生态环境作为黄河流域高质量发展的前提，加强区域之间的交流与协作，促进区域协调发展。[④] 杨永春等（2020）的研究指出了上游区域在维护我国生态安全和经济协调发展方面的重要作用。[⑤] 黄河流域独特的自然环境，决定了其上游资源条件要优于中下游地区，应因地制宜，结合区域发展实际，不断加

① 杨丹，常歌，赵建吉. 黄河流域经济高质量发展面临难题与推进路径 [J]. 中州学刊, 2020（7）: 28–33.

② 张红武. 科学治方能保障流域生态保护和高质量发展 [J]. 人民黄河, 2020, 42（5）: 1–7, 12.

③ 周清香. 何爱平. 环境规制能否助推黄河流域高质量发展 [J]. 财经科学, 2020（6）: 89–104.

④ 郭晗. 黄河流域高质量发展中的可持续发展与生态环境保护 [J]. 人文杂志, 2020（1）: 17–21.

⑤ 杨永春，张旭东，穆焱杰，张薇. 黄河上游生态保护与高质量发展的基本逻辑及关键对策 [J]. 经济地理, 2020, 40（6）: 9–20.

强流域内各区域间的相互协作，推动资源的合理有序流动，促进全流域的协调发展。

3. 环境承载力弱

制约黄河流域生态保护和高质量发展的关键问题，在于其流域环境承载力弱，且洪涝灾害频发等问题。黄河治理重在保护、要在治理，保护流域生态，增强流域环境承载力，是推动黄河流域高质量发展的关键。黄河作为一个生态整体，其生态问题的产生较为复杂，是一个系统性问题，何爱平等（2020）表明因为对黄河流域的过度开发利用，增加了治理和保护生态的难度，并强调了黄河流域灾害形成机理的复杂性。① 要坚持以绿色发展理念作为基本的思想理论指导，正确认识生态保护与经济发展之间的相互关系，摒弃以牺牲生态环境为代价发展经济的思想。也有一些学者结合流域发展实际，指出协同治理对黄河流域生态发展的重要性。例如，梁静波（2020）研究明确指出，绿色发展是黄河流域高质量发展的重要组成部分，并进一步表明黄河流域的问题是协同治理不足造成的。② 推动黄河流域高质量发展，是基于保护流域生态和满足人民对美好生活需要的现实所需。因此，必须重视黄河流域经济高质量与生态高质量的相互协调。

第三节　经验研究综述

习近平总书记关于黄河流域生态环境保护和高质量发展的系列重要讲话明确了"共同抓好大保护，协同推进大治理"的战略思路③，这一思路要求要把以流域生态环境的保护为前提，把加强生态环境保护和推进高质量发展相结合，从学理化思路的角度来讲，就是流域生态保护与高质量发展的耦合。实现黄河流域生态保护和高质量发展的战略目标，生态环境保护和高质量发展是其重要驱动，黄河流域生态保护和高质量发展战略目标的实现，受到两大系统之间的耦合协调度及其变化趋势直接影响。

一、生态环境—经济发展耦合的测度与评价综述

学者们除了对生态环境—经济发展耦合的理论机制分析和模型构建的研究，也

---

① 何爱平，安梦天. 黄河流域高质量发展中的重大环境灾害及减灾路径［J］. 经济问题，2020（7）：1－8.

② 梁静波. 协同治理视阈下黄河流域绿色发展的困境与破解［J］. 青海社会科学，2020（4）：36－41.

③ 习近平在黄河流域生态保护和高质量发展座谈会上的讲话［J］. 求是，2019（20）.

喜欢运用耦合协调度模型等数学方法进行现状的测度与评价，并提出具有建设性的政策建议。学者们倾向于从定性和定量两个方面，对经济发展与生态环境耦合机制进行分析，并对经济与生态环境协调发展提出具体政策建议，以期为促进生态保护与经济发展协调的综合决策提供参考。张妍等（2003）最初采用了此研究思路。①之后，黄金川和方创琳（2004）采用几何学和代数学方法导出城市化与生态环境交互耦合的数理函数和几何曲线，分析了城市化与生态环境的交互耦合机制，并进一步揭示了随着城市化的发展，区域生态环境存在由指数衰退向指数改善转变的耦合规律。②他们紧接着又提出城市化过程与生态环境演化过程之间通过胁迫与约束机制，呈现双指数倒"U"型曲线的耦合演化规律，并从定量的角度，对三峡库区城市化与生态环境耦合关系进行分析。刘耀彬等（2005）在阐述城市化与生态环境耦合内涵的基础上，利用协同学思想构建两者之间的耦合度模型，并对我国城市化与生态环境耦合度的时空分布进行了分析。③此外，从定量与定性相结合的角度，建立耦合系统的评价指标体系，定量揭示了中国省份城市化与生态环境系统耦合的主要因素。构建出区域城市化与生态环境交互作用的关联度模型和耦合度模型，从时空角度分析了区域耦合度的空间分布及演变规律，并在此基础上，利用协同论的观点构筑了包括耦合度计算模型和耦合度预测模型的耦合度模型并对特定区域进行测度与评价。后来的学者在此基础上进行创新研究，引入了旅游业，丰富了国内关于生态环境—经济发展耦合的研究内容。庞闻等（2011）在阐述经济、旅游业与生态环境相互协调发展的作用机理的基础上，建立"区域经济—生态—旅游"耦合协调度指标体系，并引入耦合协调度数学模型及计算方法进行定量分析。④周成等（2016）以中国的省份为研究对象，在构建"区域经济—生态—旅游"耦合协调发展评价体系的基础上，对各省三大子系统及综合发展排序予以评价，并借鉴耦合协调模型分析了"区域经济—生态—旅游"三大系统耦合协调指数的省际差异以及引入空间自相关法对各子系统排序值及耦合协调度在我国的空间集聚状况进行研究。⑤

① 张妍，尚金城，于相毅. 城市经济与环境发展耦合机制的研究［J］. 环境科学学报，2003（1）.
② 黄金川，方创琳，冯仁国. 三峡库区城市化与生态环境耦合关系定量辨识［J］. 长江流域资源与环境，2004（2）.
③ 刘耀彬，李仁东，宋学锋. 中国城市化与生态环境耦合度分析［J］. 自然资源学报，2005（1）.
④ 庞闻，马耀峰，唐仲霞. 旅游经济与生态环境耦合关系及协调发展研究——以西安市为例［J］. 西北大学学报（自然科学版），2011，41（6）.
⑤ 周成，金川，赵彪等. 区域经济—生态—旅游耦合协调发展省际空间差异研究［J］. 干旱区资源与环境，2016，30（7）.

二、黄河流域生态环境保护与高质量发展水平测度与耦合综述

要了解黄河流域生态保护和高质量发展水平，首先要准确评估其发展程度。根据研究视角的不同，学者们对于黄河流域生态保护和高质量发展的测度方法及构建的评价指标体系存在差异，本章主要总结了黄河流域生态保护和高质量发展的指标体系构建、耦合研究等。

1. 黄河流域生态保护和高质量发展评价指标体系的构建

通过构建完善的评价指标体系，科学测度黄河流域生态保护和高质量发展水平，正确认识制约黄河流域生态保护和高质量发展的关键问题，科学评价、精准施策，结合流域发展实际，不断探索具有黄河流域特色的高质量发展之路。熵权法作为一种客观赋权方法，被用于确定研究指标的权重，韩君等（2021）采用熵权法，在构建黄河流域高质量发展评价指标体系的基础上，对黄河流域高质量发展水平进行综合测度。熵权法的运用，避免了对指标赋予权重时的主观性。[①] 徐辉等（2020）从创新驱动、经济发展、环境状况、生态状况和民生改善五个方面构建了评价指标体系，并采用熵权法对黄河流域高质量发展水平进行测度，从整体和分维度的角度对高质量发展的时空演变进行分析。[②] 任保平等（2022）从新发展理念和安全发展等6个维度构建评价指标体系，评价黄河流域9个省份经济高质量发展状态。[③] 黄河流域是一个统一的整体，加强黄河流域生态环境保护，促进流域高质量发展是一个系统性工程，要充分考虑其整体性、系统性和协调性，促进流域内各区域的协调发展。实现黄河流域高质量发展，不仅要促进经济的高质量发展，更重要的是要实现生态环境的高质量发展。构建黄河流域生态保护和高质量发展评价指标体系，要结合流域发展的实际情况，充分考虑经济、社会、生态发展等各个方面，突出指标体系的系统性和全面性。

2. 黄河流域生态环境保护与高质量发展的耦合

实现黄河流域高质量发展的战略目标，要注重生态保护与高质量发展二者之间的耦合，把握好生态环境保护与经济发展之间的相互关系。任保平等（2022）指出

---

① 韩君，杜文豪，吴俊珺. 黄河流域高质量发展水平测度研究［J］. 西安财经大学学报，2021，34（1）：28－36.

② 徐辉，师诺，武玲玲，张大伟. 黄河流域高质量发展水平测度及其时空演变［J］. 资源科学，2020，42（1）：115－126.

③ 任保平，付雅梅，杨羽宸. 黄河流域九省份经济高质量发展的评价及路径选择［J］. 统计与信息论坛，2022，37（1）：89－99.

要推进黄河流域生态保护与高质量发展的耦合，贯彻"共同抓好大保护，协同推进大治理"的治黄思想。① 宁朝山等（2020）采用复杂系统耦合协同度模型测算黄河流域地级及以上城市生态保护与高质量发展的耦合。② 刘琳轲等（2021）在研究黄河流域生态保护与高质量发展耦合机理的基础上，采用面板 VAR 模型研究发现黄河流域生态保护和高质量发展之间存在正向促进作用，但其作用机理不明显。③ 这种方法的优势是结果简洁明了，可以通过实证结果得知二者之间是否存在交互响应关系。要把保护流域生态作为基本前提，促进生态可持续与高质量发展的协同，正确认识生态保护与经济发展的相互关系，坚持统筹推进与协调发展相结合。任保平等（2021）在运用空间自相关模型、灰色关联模型、耦合协调度模型的基础上，分析了黄河流域各地级市生态环境、经济增长与产业发展的耦合。④ 刘建华等（2020）的研究指出黄河流域生态保护和高质量发展之间协同度呈上升趋势。⑤ 总的来说，要以提升流域整体生态水平为前提，加强流域生态环境保护与高质量发展的协调，推动流域高质量发展。

第四节　应用研究综述

黄河流域生态保护和高质量发展上升为国家重大战略，擘画了我国中西部城市高质量发展的宏伟蓝图。由于黄河流域自身发展所具有的特殊性，推动黄河流域生态保护和高质量发展是一个极其复杂的过程，黄河流域自身发展所存在的生态脆弱性、经济发展水平差异等问题，导致黄河流域高质量发展过程中存在一定的局限性。因此，要结合流域发展实际，进一步建立和完善黄河流域生态环境保护和经济发展的协同发展机制，优先解决流域发展的主要限制问题，推动黄河流域生态保护和高质量发展战略目标的实现。

① 任保平. 黄河流域生态环境保护与高质量发展的耦合协调 [J]. 人民论坛·学术前沿，2022（6）：91-96.
② 宁朝山，李绍东. 黄河流域生态保护与经济发展协同度动态评价 [J]. 人民黄河，2020，42（12）：1-6.
③ 刘琳轲，梁流涛，高攀，等. 黄河流域生态保护与高质量发展的耦合关系及交互响应 [J]. 自然资源学报，2021，36（1）：176-195.
④ 任保平，杜宇翔. 黄河流域经济增长—产业发展—生态环境的耦合协同关系 [J]. 中国人口·资源与环境，2021，31（2）：119-129.
⑤ 刘建华，黄亮朝，左其亭. 黄河流域生态保护和高质量发展协同推进准则及量化研究 [J]. 人民黄河，2020，42（9）：26-33.

一、生态环境—经济发展耦合研究在流域中的应用综述

随着研究的深入和研究领域的扩展，耦合理论逐渐从一般性应用逐渐转向流域和区域应用，学者逐渐开始关注流域和区域的生态环境与经济发展之间耦合问题。方创琳（2004）在对黑河流域生态经济带的投入产出效益分析和分异研究的基础上，进一步提出黑河流域生态经济带上、中、下游多维互动的协调耦合发展模式。[①]之后根据黑河流域生态、生产和生活三大子系统相互作用形成的水—生态—经济协调发展耦合关系式，进一步建立了黑河流域水—生态—经济协调发展耦合模型，并通过动态模拟和综合调试生成了有效决策方案，为国内流域生态环境—经济发展耦合研究提供参考，为生态环境—经济发展耦合研究在流域中的应用提供理论依据。周立华等（2004）以黑河流域作为研究对象，对内陆河流存在的主要生态经济问题进行分析，提出了黑河流域生态经济协调发展的系统耦合模型，包括流域生态经济系统耦合与系统外的耦合。[②] 学者们还以湖泊生态经济区的生态经济系统为研究对象，探讨其耦合优化路径并构建耦合评价指标体系对其量化评估，探讨社会经济与生态环境协调的调控适应机制。也有学者专注于对长江流域沿线生态环境—经济发展耦合的探讨：张荣天和焦华富（2015）以泛长三角地区地级市以上的行政区为例，运用改进熵值法计算经济发展及生态环境系统的综合得分，并运用耦合协调模型分析两系统的耦合协调度及其演变。[③] 周成等（2016）以长江经济带沿线省份为例，构建了区域经济—生态环境—旅游产业耦合协调评价体系，对该区各省份三大系统的综合发展水平进行评价，并基于耦合协调模型，从时空维度对长江经济带各省份三大系统耦合协调演化关系给予分析以及对该区三大系统的未来耦合协调度进行预测。[④] 姜磊等（2017）构建了包含城市化、经济发展、社会保障及生态环境4方面的综合评价指标体系，采用耦合度模型评估城市的耦合度，并分析系统的得分与耦合度的空间分布特征。[⑤] 生态环境—经济发展耦合研究在国内的流域主要应用于黑河流域、湖泊生态经济区及长江流域沿线等，对实现黄河流域生态保护和高

---

① 方创琳，鲍超．黑河流域水—生态—经济发展耦合模型及应用 [J]．地理学报，2004（5）.
② 周立华，王涛，樊胜岳等．内陆河流域的生态经济问题与协调发展模式——以黑河流域为例 [J]．中国软科学，2005（1）.
③ 张荣天，焦华富．泛长江三角洲地区经济发展与生态环境耦合协调关系分析 [J]．长江流域资源与环境，2015，24（5）.
④ 周成，冯学钢，唐睿．区域经济—生态环境—旅游产业耦合协调发展分析与预测——以长江经济带沿线各省市为例 [J]．经济地理，2016，36（3）.
⑤ 姜磊，周海峰，柏玲．长江中游城市群经济－城市－社会－环境耦合度空间差异分析 [J]．长江流域资源与环境，2017，26（5）.

质量发展的战略目标具有重要的研究指导意义。

二、黄河流域生态环境保护和高质量发展战略的应用综述

目前在推动黄河流域生态保护和高质量发展过程中面临的主要问题，就是流域污染严重、生态环境脆弱等问题，这就要求我们要坚持绿色发展理念，以生态文明建设和绿色发展为主要抓手，摒弃传统的粗放式经济发展模式，实现黄河流域高质量发展目标。以新发展理念作为基本理论指导，引导黄河流域生态保护和高质量发展，前提是必须打破传统的发展观念，打破生态环境保护与经济发展对立的固化思维。要牢固树立黄河流域生态环境保护和经济社会发展耦合的理念，生态环境和经济社会都具有系统性，黄河流域生态保护和高质量发展战略实施也要重视系统观念，统筹协调生态系统和经济系统的相互关系及其各自系统内部的相互关系，实现生态环境保护和经济发展的耦合。采用和熟练运用生态环境与经济发展的耦合研究，为黄河流域生态保护与高质量发展中大国家战略的实施提供重要理论支撑，对加强流域生态环境保护，促进流域高质量发展具有重要的指导意义。目前，学者们已经运用耦合理论，对黄河流域生态保护和高质量发展问题进行研究，描述黄河流域生态保护和高质量发展现状，以及结合流域发展实际，从流域整体进行空间分析，并提出相关政策建议。这些研究为黄河流域生态保护和高质量发展战略的实施提供了重要的理论指导，同时也为黄河流域生态保护和高质量发展相关政策的落地提供有力的理论支撑。

第五节　路径研究综述

黄河流域高质量发展不同于全国整体上的高质量发展，也不同于某一个省份的高质量发展，是典型的大流域高质量发展，具有特殊性。黄河流域是一个有机整体，实现黄河流域的高质量发展，要求各省份围绕黄河的整体布局，进一步优化各地区产业结构，加强各地区产业发展的相互协作，因地制宜、优势互补、合作共赢，以区域协同发展带动黄河流域高质量发展。因此，实现黄河流域的高质量发展必须以绿色发展理念作为基本的理论指导，进一步加强流域生态环境保护。在经济发展的新时期，要注重黄河流域生态环境的保护。综合分析相关研究，推动流域高质量发展路径的研究综述如下。

一、促进区域协同发展

黄河作为我国第二长河，流域面积广，流经我国9个省（区市），但由于经济发展水平等因素的影响，流域内各区域发展存在差异性，实现黄河流域生态保护和高质量发展的战略目标，要充分结合流域发展实际，充分协调好人地矛盾，因地制宜、分类施策，发挥流域比较优势。朱永明等（2021）的研究表明，影响黄河流域协同发展的关键因素，在于流域内各区域人才资源、创新能力、收入水平等方面的差距。[①] 金凤君（2019）的研究表明了协调发展格局，在黄河流域生态保护和高质量发展过程中的重要作用。[②] 实现流域的高质量发展，要把保护流域生态作为根本出发点，要坚持协同推进大治理的治黄思想，以保护流域生态环境为前提，推进流域高质量发展。黄燕芬等（2020）为探索黄河流域协同治理策略，研究指出治理问题是黄河流域的实质问题，要不断建立和完善黄河流域的系统治理机制。[③] 同时任保平等（2021）的研究也进一步强调了协同发展对推动黄河流域生态保护和高质量发展的重要性。[④] 要进一步奠定黄河流域高质量发展的生态基础，坚决贯彻"重要保护、要在治理"的发展思想，促进流域内各地区的协同发展，提升流域整体生态发展水平。

二、完善流域高质量发展的法治保障

随着经济社会的快速发展，以及经济发展形势的转变，为黄河流域生态保护和高质量发展带来了新的机遇和挑战。张震等（2020）研究表明黄河治理的重要思路在于生态的法治化。随着发展理念的不断转变，黄河治理和保护面临新的发展任务。[⑤] 薛澜等（2020）的研究指出要把黄河流域生态环境保护与高质量发展的战略目标法治化，完善流域生态环境保护的法治体系。[⑥] 要充分认识到黄河流域生态环境保护和高质量发展的战略地位，加强生态保护，提升流域生态发展水平，以完善

① 朱永明，杨姣姣，张水潮. 黄河流域高质量发展的关键影响因素分析［J］. 人民黄河，2021，43（3）：1-5，17.
② 金凤君. 黄河流域生态保护与高质量发展的协调推进策略［J］. 改革，2019（11）：33-39.
③ 黄燕芬，张志开，杨宜勇. 协同治理视角下黄河流域生态保护和高质量发展——欧洲莱茵河流域治理的经验和启示［J］. 中州学刊，2020（2）：18-25.
④ 任保平，杜宇翔. 黄河中游地区生态保护和高质量发展战略研究［J］. 人民黄河，2021，43（2）：1-5.
⑤ 张震，石逸群. 新时代黄河流域生态保护和高质量发展之生态法治保障三论［J］. 重庆大学学报（社会科学版），2020，26（5）：167-176.
⑥ 薛澜，杨越，陈玲，董煜，黄海莉. 黄河流域生态保护和高质量发展战略立法的策略［J］. 中国人口·资源与环境，2020，30（12）：1-7.

的法治体系建设，为黄河流域高质量发展提供法治保障。

三、以产业的高质量发展带动流域高质量发展

黄河流域拥有丰富的自然资源，要充分发挥流域资源优势，大力发展先进制造业、绿色生态产业和战略性新兴产业，为黄河流域的高质量发展奠定产业基础。高煜（2020）的研究指出，推动黄河流域生态保护和高质量发展的重要内容，在于构建黄河流域现代产业体系。① 韩海燕等（2020）构建了黄河流域制造业竞争力指标体系，对黄河流域制造业的发展进行分析，结合黄河流域制造业的发展特征，进一步指出了在黄河流域高质量发展过程中制造业发展的重要作用。② 黄河流域要把保护流域生态环境与实现流域高质量发展充分结合，把黄河流域产业高质量发展作为目标，奠定黄河流域高质量发展的产业基础，推进流域产业结构优化调整，创造流域产业发展的特色优势，提升黄河流域产业发展的整体竞争力。张瑞等（2020）对黄河流域高质量发展水平进行测算，并进一步指出产业结构高级化对流域高质量发展的促进作用。③ 同时任保平等（2020）的研究也进一步表明，要实现黄河流域的高质量发展，要加快黄河流域产业发展的生态化转型。④ 推进黄河流域的高质量发展，要加快调整流域产业结构，促进流域产业结构的合理化发展，推动流域绿色生态产业的发展，以绿色产业发展带动流域产业的高质量发展。

四、建立和完善黄河流域现代化治理体系

构建黄河流域现代化治理体系对黄河流域高质量发展具有重要的保障作用⑤，要把黄河流域整体协调发展作为基本方向，推动黄河流域高质量发展。郭晗等（2020）的研究指出要以高质量的治理体系推动黄河流域的高质量发展，解决黄河流域高质量发展所面临的各种制约因素。⑥ 刘传明等（2020）为研究黄河流域高质

---

① 高煜. 黄河流域高质量发展中现代产业体系构建研究 [J]. 人文杂志，2020（1）：13 - 17.
② 韩海燕，任保平. 黄河流域高质量发展中制造业发展及竞争力评价研究 [J]. 经济问题，2020（8）：1 - 9.
③ 张瑞，王格宜，孙夏令. 财政分权、产业结构与黄河流域高质量发展 [J]. 经济问题，2020（9）：1 - 11.
④ 任保平，杜宇翔. 黄河流域高质量发展背景下产业生态化转型的路径与政策 [J]. 人民黄河，2022，44（3）：5 - 10.
⑤ 钞小静，周文慧. 黄河流域高质量发展的现代化治理体系构建 [J]. 经济问题，2020（11）：1 - 7.
⑥ 郭晗，任保平. 黄河流域高质量发展的空间治理：机理诠释与现实策略 [J]. 改革，2020（4）：74 - 85.

量发展的驱动因素，采用社会网络分析方法，研究指出构建空间关联网络对实现流域高质量发展的重要意义。[1] 同时任保平等（2022）的研究也表明，在促进黄河流域生态保护和高质量发展过程中，空间治理体系起到了重要的推动作用。[2] 实施黄河流域生态保护与高质量发展战略，要不断加强流域的系统化治理，正确认识生态保护与经济发展之间的相互关系，推进生态环境保护与高质量发展的协调，构建黄河流域协调发展的现代化治理体系。

五、深化黄河流域体制机制改革

要重视流域协调发展对促进流域高质量发展的作用，陈晓东等（2019）的研究指出要进一步通过深化体制机制改革，实现黄河流域生态环境保护与高质量发展的协调。[3] 改革是发展的动力，要善于通过改革去解决发展中的问题，实现黄河流域高质量发展，要不断深化流域体制机制改革，培育推动黄河流域高质量发展的新动能。钞小静（2020）的研究强调了在新发展理念的指导下，要进一步建立和完善流域高质量发展的协调治理机制。[4] 要把保护流域生态环境作为基本前提，通过深化流域体制机制改革，强化流域高质量发展的生态保障。科技创新是推动流域经济高质量发展的重要动能，在黄河流域经济高质量发展的过程中，流域绿色科技创新具有重要的推动作用。[5] 实施黄河流域生态保护和高质量发展战略，要重视改革对发展的推动作用，以新发展理念作为基本的理论指导，加强流域生态环境保护，提升流域生态发展水平，为流域经济发展营造良好地生态环境。

第六节　现有研究评价及本书研究的视角

目前，学术界关于黄河流域的研究主要集中在以下三个方面：第一，在自然科学方面，学者主要研究了黄河流域的自然环境问题。包括气候变化、水沙关系不协

---

① 刘传明，马青山. 黄河流域高质量发展的空间关联网络及驱动因素 [J]. 经济地理，2020，40（10）：91-99.

② 任保平，邹起浩. 黄河流域高质量发展的空间治理体系建设 [J]. 西北大学学报（哲学社会科学版），2022，52（1）：47-56.

③ 陈晓东，金碚. 黄河流域高质量发展的着力点 [J]. 改革，2019（11）：25-32.

④ 钞小静. 推进黄河流域高质量发展的机制创新研究 [J]. 人文杂志，2020（1）：9-13.

⑤ 刘贝贝，左其亭，刁艺璇. 绿色科技创新在黄河流域生态保护和高质量发展中的价值体现及实现路径 [J]. 资源科学，2021，43（2）：423-432.

调、动物群落、水资源利用等问题。第二，在经济空间差异方面，部分学者选取GDP、分异指数、人均 GDP 和泰尔指数等分析了空间分异的变化态势，周国富和夏祥谦（2008）在空间分异分析的基础上，对黄河流域九省份的收敛状况进行分析[①]，也有少数学者通过实证研究，考察了经济空间差异的时空动态演进。第三，在高质量发展方面，学者们从黄河流域发展的实际情况出发，结合流域发展实际，从宏观层面探讨黄河流域高质量发展的基本内涵，以及研究如何推进黄河流域生态保护和高质量发展重大国家战略的实施。覃成林（2011）科学探讨了黄河流域经济空间分异与空间发展模式，从多个角度深入分析了黄河流域经济空间分异的形式、过程和成因。[②] 同时他们的研究进一步揭示了黄河流域经济空间分异的规律，并在此基础上分析总结黄河流域经济空间开发的模式，提出了优化空间开发和选择空间开发模式的建议。王喜峰和沈大军（2019）采用投入产出模型，研究分析黄河流域八省份的水源承载力，并进一步对水资源承载力和高质量发展二者之间的作用机制进行探讨，最终提出建议要继续推动新一轮技术革命、提高水资源的利用效率，以及提高粮食的全要素生产率。[③] 综合现有文献分析，除了这三方面的研究，也有部分学者为测度黄河流域绿色全要素生产率，基于数据包络分析框架，使用曼奎斯特生产率指数进行测度，并在此基础上分析其动态演进趋势。樊杰等（2020）为探讨黄河流域生态保护和高质量发展的特色问题，基于地理单元的区域高质量发展研究的一般范式，比较分析黄河流域和长江流域发展条件的差异性。[④]

一、现有研究的评价

综上所述，生态环境—经济发展耦合理论研究在国内外均已取得丰硕的研究成果，学者们通过机制分析和模型构建，结合生态经济学理论、耦合理论等理论基础，综合分析了国际国内及区域和流域等典型地区的生态环境—经济发展耦合现状。通过综合评价指标体系构建、模型构建、协调耦合度分析和影响因素分析等计量方法与数学模型相结合对生态环境—经济发展耦合进行测算、评价、影响因素分析以及预测。相较之下，国外的研究由于起步更早而更显成熟。首先，体现在国外的研究

① 周国富，夏祥谦. 中国地区经济增长的收敛性及其影响因素——基于黄河流域数据的实证分析［J］. 统计研究，2008（11）：3 - 8.
② 覃成林. 黄河流域经济空间分异与开发［M］. 北京：科学出版社，2011.
③ 王喜峰，沈大军. 黄河流域高质量发展对水资源承载力的影响［J］. 环境经济研究，2019，4（4）.
④ 樊杰，王亚飞，王怡轩. 基于地理单元的区域高质量发展研究——兼论黄河流域同长江流域发展的条件差异及重点［J］. 经济地理，2020，40（1）：1 - 11.

领域更为宽泛，包括景观模型等，以及从多学科和多主体构建耦合的一般性理论体系，其次，更注重对生态环境—经济发展耦合的一般性机制分析和模型构建，而国内学者则大多数专注于构建综合评价指标体系进行测度，相较之下研究深度略显不足。国内学者对于生态环境和经济发展耦合的实证分析较多，主要呈现以下特点：第一，国内学者倾向于对特定空间的生态环境和经济发展耦合进行综合评价指标构建和测算，但缺少对比分析，很难找到不同区域之间生态环境—经济发展耦合的具体差异。第二，从时空维度方面的差异分析不够深入。大多数学者通过综合评价指标体系测算及比较特定地区不同年份间的耦合协调度差异，但很多文献仅是做了一个结果的呈现，未从时空维度进行具体深入的差异分析。第三，国内学者喜欢运用数学模型进行测度，但往往大同小异，多借鉴物理学中的耦合协调度模型，缺少创新，在理论方面也未进行深入研究，只有少数学者对耦合机制进行深入分析和深度诠释。第四，缺乏对生态环境—经济发展耦合的驱动因素分析。国内对生态环境—经济发展耦合的影响因素进行分析的文献较少，且生态环境—经济发展耦合影响因素分析深度不足，学者们还未关注到生态环境—经济发展耦合复杂机制后更深层次的影响因素。

从现有黄河流域的研究来看，现有研究多集中于对黄河流域整体的系统性研究，缺乏针对性，黄河流域各地区发展差异较大，要结合流域发展实际，因地制宜、分类施策。同时，黄河流域作为一个统一整体，推进流域生态环境保护和高质量发展是一个系统性的大工程，要加强流域内各地区的协调发展，提升流域整体发展水平。

二、研究方向展望

推进黄河流域生态环境保护与高质量的协同发展是未来研究的重要方向。现有研究从多维视角对黄河流域生态保护和高质量发展的问题进行研究分析，在上述研究的基础上，对未来的研究方向进行展望。未来国内学者对黄河流域生态环境保护与高质量发展耦合研究中要注意以下几点。

第一，注重理论机制研究，深入探讨问题根源。从现有研究来看，实证较多、理论研究较少，缺乏较深入的理论机理分析，在未来研究中要强调对黄河流域生态环境—经济发展耦合的机制分析和路径分析。

第二，注重时间和空间维度的比较分析。对黄河流域生态环境—经济发展耦合协调度进行测算不仅局限于简单呈现，而是要注重时空维度的比较分析，深入挖掘差异背后的机理与原因。

第三，深入探讨黄河流域生态环境与经济发展二者之间矛盾的本质，深入研究黄河流域生态环境与经济发展耦合复杂机制后的驱动因素，探讨生态环境—经济发展耦合背后的更深层的限制因素，例如，生态系统的资源供给不能满足人类日益增长的经济需求和经济系统的废弃物排放超过了生态系统的自净能力和调节能力。

第四，注重对研究方法的创新。国内生态环境—经济发展耦合的研究方法大同小异，多借鉴物理学中的耦合协调度模型，并不具有创新性，因此要加强对数学方法的应用能力，在构建模型时基于黄河流域生态环境—经济发展的现状并注重创新。

第五，加强理论研究对实践的指导作用。基于国内生态环境—经济发展耦合现状，根据理论研究提出具有建设性的政策建议来指导黄河流域生态环境—经济发展耦合的实践，在实践中对理论研究进行反馈，注重理论研究和实践的更深层次的结合，强化理论研究对实践的指导作用。

第三章

黄河流域生态环境保护与高质量发展耦合协调的机理研究

近年来，我国经济发展水平突飞猛进，但经济的高速增长使得生态环境遭到破坏，经济发展质量得不到提升。黄河流域作为我国重要的生态屏障和经济地带，其生态保护与经济的高质量发展相互促进和制约，对提升全国高质量发展水平、促进东西部协调发展意义重大。2019 年 9 月 18 日，习近平总书记在河南主持召开黄河流域生态保护和高质量发展座谈会，明确强调了生态保护与高质量发展的协同推进问题①。2021 年 10 月 22 日，习近平总书记在山东主持召开深入推动黄河流域生态保护和高质量发展座谈会并发表重要讲话，提出要确保"十四五"时期黄河流域生态保护和高质量发展取得明显成效②。2022 年 10 月 29 日，党的二十大报告又重提生态文明建设和高质量发展的重要性。在黄河流域高质量发展协同推进方面，既要重视黄河流域各省份之间的协调治理，又要加强生态保护与经济发展质量之间的配合。因此，系统研究黄河流域生态保护与经济高质量发展的耦合协调性具有十分重要的现实意义。

---

① 习近平在黄河流域生态保护和高质量发展座谈会上的讲话［J］. 求是，2019（20）.
② 让黄河成为造福人民的幸福河［N］. 人民日报，2021 – 11 – 1.

第一节　黄河流域生态环境保护
与高质量发展耦合协调的理论机制

一、高质量发展

准确把握高质量发展的内涵是理解黄河流域生态保护与高质量发展的必备基础。党的十九大指出，进入新时代，我国的经济发展已经从高速增长阶段转变为高质量发展阶段。党的二十大也概括了中国式现代化的本质要求，其中包括实现高质量发展。目前，学术界大多从新发展理念的角度去解读高质量发展的内涵，新发展理念包括创新、协调、绿色、开放、共享五个方面，创新注重解决经济发展的动力问题，协调注重解决经济发展的不平衡问题，绿色注重解决人与自然的和谐问题，开放注重解决发展的内外联动问题，共享注重解决民生方面的问题。刘志彪（2018）①、王大树（2022）② 均采用新发展理念去衡量高质量发展水平，解读高质量发展的内涵。另外，更有学者将高质量发展是否能够满足人民的美好生活需要纳入内涵中来。任保平等（2018）认为高质量发展是以新发展理念为指导的经济发展质量状态，是人民生活水平显著提高、人的全面发展等的结果③。金碚（2018）认为高质量发展就是不再盲目地追求经济发展的速度，而是注重经济发展的高效状态④，它要求以最小的经济发展成本来换取最优的经济发展效益，并显著提升人民的生活质量，促进社会全方位协同发展。

二、耦合理论

耦合最初是一个物理学概念，指的是两个或两个以上的系统或要素之间，通过相互作用彼此影响，进而联合起来的现象。学者倾向于认为耦合关系是协调和发展的综合。逯进和周惠民（2013）认为系统之间的耦合关系由发展和协调两者综合构成：发展体现为系统的不断演进，协调注重的是系统之间和内部各要素的相互作用。耦合关系是一种复杂的机制，其中，发展是方向，协调是约束机制。耦合是更进一

① 刘志彪. 高质量建设现代化经济体系的着力点与关键环节［J］. 区域经济评论，2018（4）.
② 王大树. 新发展理念与高质量发展［J］. 北京工商大学学报（社会科学版），2022（5）.
③ 任保平，文丰安. 新时代中国高质量发展的判断标准、决定因素与实现途径［J］. 改革，2018（4）.
④ 金碚. 关于"高质量发展"的经济学研究［J］. 中国工业经济，2018（4）.

步的协调，因此更要体现整体性和系统性，耦合关系体现的是系统之间或系统内部质和量的共同提升，强调在动态发展中实现协调和发展的辩证统一，以协调实现更好的发展，在发展中实现更高层次的协调。因为生态环境和社会经济在发展之中显示出了耦合关系，因此学者们将耦合理论运用于生态环境保护和经济发展的相互作用研究中来。生态环境系统和经济系统是由多个要素组成的、相互作用的复杂系统，将耦合理论引入生态环境的研究中。

三、生态环境—经济发展耦合

生态环境—经济发展耦合最初起源于生态经济学，生态经济学的主要研究对象—生态经济系统就是生态系统和经济社会系统相互作用、耦合协同发展所产生的更大的系统。罗伯特·科斯坦萨（Robert Costanza，1991）较早提出了生态经济学的概念，他认为经济系统是一个更大的生态生命支持系统的子系统，生态经济学是讨论生态系统和经济系统二者之间关系的学科，主要研究人们的社会经济活动和随之产生的生态环境变化之间的关系，主张经济学研究和生态学研究的结合。生态系统是地球生命支持系统的重要组成部分和经济社会与环境可持续发展的基本要素，经济系统是社会系统的一个重要子系统。生态环境与经济发展之间存在密切的联系，两者在持续进行物质能量交换的过程中相互影响，产生交互胁迫作用，这就是生态环境和经济发展的耦合关系。巴比尔（Barbier）认为生态环境—经济发展耦合是在保持自然资源的质量和其所提供服务的前提下，使经济发展的净利益增加到其能达到的最大限度。唐建荣（2005）认为生态系统与经济系统相交织、耦合的必然性在于经济活动必须在一定的空间进行，并依赖生态资源的供给。而凡是人类活动可以达到的生态系统，一般也不是纯粹的自然生态系统，而是被纳入人类经济活动的范围，并打上了人类劳动的印记，即成为了生态经济系统。沈满洪（2008）认为生态系统与经济系统不能自动耦合，必须在劳动过程中通过技术中介才能相互耦合为整体，成为生态经济系统，以此形成价值并实现增值。综合来看，生态环境—经济发展耦合就是生态系统和经济社会系统之间及内部的相互作用，耦合要求的是在保持生态环境的承载力范围内实现经济效益的最大化，同时也要通过经济效益来加强对生态环境的保护，推动经济效益和生态效率同步提升、协调发展。

四、黄河流域生态环境保护与高质量发展的耦合

黄河流域生态保护和高质量发展已上升为重大国家战略。在经济发展层面，黄

河流域是我国人口活动和经济发展的重要区域，但经济社会发展相对滞后，少数民族人口和贫困人口相对集中。从生态资源环境来看，黄河流域是我国重要的生态安全屏障，然而水资源短缺的矛盾突出，资源环境承载能力弱。推进黄河流域高质量发展，涉及缩小南北方发展差距与实现共同富裕；强化黄河流域生态保护，则关系到防范、化解生态安全风险和建设美丽中国。因此黄河流域协同大治理，既要解放、发展生产力也要保护生产力，推进生态环境保护与高质量发展耦合协调无疑是必然选择。

耦合是指两个或以上系统通过彼此作用相互影响，耦合协调度能反映各系统是否具有良好的水平，也能反映系统间和谐一致、彼此作用的关系。黄河流域生态环境保护与高质量发展作为推动黄河流域生态保护和高质量发展的重要驱动，两大系统之间的耦合协调度及其变化趋势直接影响着黄河流域生态保护和高质量发展。两大系统之间相互作用关系体现为：（1）黄河流域高质量发展能够进一步推动产业发展，促进黄河流域产业结构转型升级，加快实现黄河流域产业结构高级化与合理化，从而进一步提高黄河流域的生产效率，是生态环境保护的重要动力；高质量发展同时也能减少黄河流域内资源型产品的消耗，同样有利于保护地区的生态环境。（2）生态环境的保护能够提升黄河流域居民的幸福感和整体社会福利，大大提升黄河流域的宜居共享程度，减少黄河流域劳动力的流出并吸引外来劳动力的流入，有利于黄河流域经济高质量发展，从而推动黄河流域产业的发展，推动黄河流域产业结构的高级化与合理化。

可见，生态环境与高质量发展两大体系之间彼此影响、相互作用、协同发展，任何一者的缺席，都会影响到黄河流域生态保护和高质量发展。因此，对于黄河流域生态环境与高质量发展两大体系之间系统耦合进行研究具有重要的现实意义。

五、黄河流域生态环境保护与高质量发展耦合的影响因素

（一）黄河流域生态环境保护与高质量发展的耦合协调的创新发展驱动

这里主要是科技创新及其引发的产业升级驱动黄河流域生态环境保护与高质量发展的耦合协调的机制与效应。包括：黄河流域节能减排与综合利用的科技创新的环境效应研究；黄河流域生态保护技术创新的效应研究；黄河流域产业升级的环境效应研究等。

（二）黄河流域生态环境保护与高质量发展的耦合协调的现代要素驱动

以现代要素为内涵的要素升级是驱动黄河流域实体经济生态环境保护与高质量

发展与改善的重要方式。现代要素驱动包括绿色金融推动黄河流域生态保护的模式，数据要素推动黄河流域生态保护，生态环境保护引导黄河流域要素市场化改革。

（三）黄河流域生态环境保护与高质量发展的耦合协调的现代产业驱动

实现现代产业发展是黄河流域生态环境保护与高质量发展的耦合协调的基本保障。黄河流域现代产业发展驱动生态环境保护与高质量发展的耦合协调的重点是黄河流域现代产业体系推动生态环境保护，黄河流域数字产业推动绿色发展的模式，黄河流域绿色产业发展，新发展格局中的黄河流域产业分工等。

（四）黄河流域生态环境保护与高质量发展的耦合协调的现代空间格局驱动

黄河流域的生态环境总体上偏脆弱，大部分生态功能区都是国家主体功能区中的生态脆弱区，这些地区应当尽量减少人类经济活动对生态的影响。因此，黄河流域生态环境保护与高质量发展的耦合协调必须重塑空间格局，其核心是加快推进以中心城市—都市圈—城市群为模式的新型城市化进程，从而实现人口适度集中，其作用在于两个方面，一是减少对于生态脆弱区的人为活动，二是提高发展效率。

（五）黄河流域生态环境保护与高质量发展的耦合协调的乡村振兴驱动

黄河流域高质量发展必须实现全域发展，必须通过乡村振兴实现黄河流域生态环境保护与高质量发展的耦合协调。包括黄河流域农业现代化驱动生态环境保护与高质量发展的耦合协调，黄河流域乡村振兴的生态效应。

（六）黄河流域生态环境保护与高质量发展的耦合协调的开放发展驱动

黄河流域所处的北方地区经济社会开放发展水平总体较低，必须寻求新发展格局下以开放发展驱动黄河流域生态环境保护与高质量发展的耦合协调的有效方式。以"一带一路"深入推进为方向的黄河流域扩大开放路径，黄河流域贸易的环境机制与效应，黄河流域环境规制对贸易与外商直接投资（FDI）的影响机制与效应等。

（七）黄河流域生态环境保护与高质量发展的耦合协调的基础设施建设驱动

基础设施建设是黄河流域，特别是黄河流域中上游高质量发展的短板与瓶颈，其中生态环境基础设施是驱动黄河流域生态环境保护与高质量发展的耦合协调的关键因素。

（八）黄河流域生态环境保护与高质量发展的耦合协调的数字经济驱动

数字经济建设驱动黄河流域生态环境保护与高质量发展的耦合协调的方式与效应。主要涉及黄河流域生态环境保护平台体系构建与完善，及其与黄河流域产业平台建设、市场平台建设、开放平台建设等的协调作用及实施效应。

第二节　黄河流域生态保护与高质量发展耦合协调的必要性

一、黄河流域生态保护与经济发展之间存在结构性矛盾

在生态问题层出不穷、环境污染日益严重的当下，可持续发展理念深入人心，"绿水青山就是金山银山"的理念成为社会的共识，而在推进可持续发展的过程中，生态保护与经济发展之间的结构性矛盾无疑是最大的阻碍。黄河流域作为我国重要的生态保护屏障与重要的经济地带，同样存在着这种结构性矛盾，在长久以来的发展过程中，存在着以资源环境换取经济发展、先污染后治理的弊病，现阶段面临着水资源短缺与污染、植被退化、水土流失等生态问题和企业资源过度集聚、能源与资源使用效率低下等经济问题，这些问题严重地影响了经济的发展质量和人民的生活水平。为了破解这种困局，经济发展需要全面转型，摒弃原有的粗放式经济发展方式，在高质量发展过程中融入生态保护的理念，实现生态保护与经济发展的和谐统一。

生态保护与高质量发展是相互影响、相互渗透的，实现二者之间的耦合发展有助于解决结构性矛盾。首先，对黄河流域实行生态保护，既为高质量发展提供了良好的自然环境，又为高质量发展提供了优质的自然资源与生产要素，而高质量发展为生态环境的保护提供了充足的资金支撑，有利于生态环境的逐步修复；其次，生态保护要求集约化生产，实现资源配置的帕累托最优，这必然会提高经济发展效率，而高质量发展意味着生产技术的进步、产业结构的优化，必然减少污染物的排放，促进自然资源的可循环利用；最后，生态保护通过生态资源产业化，实现区域内财富增值，有利于巩固黄河流域脱贫攻坚的重大成果，满足人民日益增长的美好生活的需要，而高质量发展不仅要求人民收入水平的提高，还要求拥有良好的生活环境，从而有利于增强人民的环保意识、完善有关的环保法律法规。总之，生态保护与经济发展之间的关系就像一把双刃剑，如果不重视生态保护或经济发展的质量，就会导致生态环境恶化、限制经济发展的步伐。如果重视生态保护与经济发展的质量，

就会实现二者的双赢。

二、黄河流域生态保护与高质量发展的战略要求

习近平总书记曾指出，"黄河流域生态保护和高质量发展，同京津冀协同发展、长江经济带发展、粤港澳大湾区建设、长三角一体化发展一样，是重大国家战略。"① 黄河流域生态保护与高质量发展上升为国家战略，足以体现出国家对其的重视程度，实现这一发展战略不仅有利于构建双循环发展格局，而且有利于推进国家治理体系和治理能力现代化，并最终实现中国式现代化。在党的二十大上，习近平总书记重提中国式现代化，并对中国式现代化的本质要求做出科学概括，其中提到中国式现代化就要实现高质量发展，实现全体人民共同富裕，促进人与自然和谐共生；会议还提到要深刻领会社会主义生态文明建设的重大部署，推进生态文明建设就要推进美丽中国建设，加快发展方式绿色转型，深入推进环境污染防治，提升生态系统多样性、稳定性、持续性②。为了顺应党的二十大的思想号召，加快中国式现代化和生态文明建设就必然要求黄河流域生态保护与高质量发展协同推进。

另外，作为黄河流域生态保护与高质量发展的战略思路，"共同抓好大保护，协同推进大治理"无疑体现了一种新型的区域发展理念，即绿色发展和协调发展的理念。绿色发展是系统性发展、整体性发展，局部的绿色发展不会实现真正的绿色发展，黄河流域内生态环境差异性较大，但上中下游之间是相互影响的，比如中游的水土流失会造成下游的"地上悬河"，易引发洪涝灾害，因此我们要把黄河流域看作一个整体，统筹兼顾，加强顶层设计，实现黄河流域内整体性环境质量的提升。协调发展是中国特色社会主义新时代高质量发展的评价标准，既要注重效率，又要兼顾公平，黄河流域上中下游之间由于资源分布不均，经济发展水平存在巨大差距，经济发展的不平衡要求注重流域内的协调发展。绿色发展与协调发展的理念深刻体现了生态保护与经济发展质量的重要性，为了贯彻这一战略思路，我们必然要将生态保护与高质量发展看作共生关系，研究其内在的耦合机理。

三、研究二者的耦合协调对于打造黄河生态经济带具有重要意义

黄河流域生态保护与高质量发展的耦合研究对于实现黄河流域的绿色发展、高

---

①　习近平在黄河流域生态保护和高质量发展座谈会上的讲话［J］. 求是，2019（20）.

②　习近平. 高举中国特色社会主义伟大旗帜 为全面建设社会主义现代化国家而团结奋斗［N］. 人民日报，2021 - 10 - 26.

质量发展具有积极的促进作用，有利于打造生态友好型、资源节约型的黄河生态经济带，具体可从以下三个方面实现传导路径：

第一，揭示黄河流域生态保护与高质量发展的时空现状。研究二者的耦合协调性，首先，要对黄河流域生态保护与高质量发展分别进行分析，探究黄河流域存在的生态保护问题和经济发展问题并从整体角度分析二者之间的内在联系，可以全面、清晰地显示出黄河流域生态保护与经济发展的时空现状，从而有针对性地采取措施进行改善。其次，研究黄河流域生态保护与高质量发展水平，需要准确分析二者之间的发展程度，由于环境库兹涅茨曲线（EKC）存在局限性，它只能分析经济发展对生态环境的单向影响情况而不能显示出生态环境对经济发展的影响情况，而耦合协调模型可以研究生态环境与经济发展之间的双向互动关系，对于分析黄河流域生态保护与经济发展质量之间的协同性具有极大的优势。

第二，探索黄河流域生态保护与高质量发展的耦合协调规律。从区域发展的角度解读黄河流域生态保护与高质量发展的内涵，并从时空角度结合数学、统计学等方法分析生态环境和经济发展的现状，有利于揭示黄河流域生态保护与高质量发展的耦合协调规律，丰富流域经济高质量发展理论，对生态环境的保护与治理也有一定的借鉴意义。同时，研究二者的耦合协调性，可以深入分析促进二者协调发展的内在驱动因素，从内源出发将生态保护与高质量发展融合一体、协调一致。

第三，推动黄河流域生态保护与高质量发展的政策制定。首先，学者们从理论和实证方面对黄河流域生态保护与高质量发展进行研究，不仅为国家制定相关发展战略指明了方向，而且为国家制定、修改、废止相关政策法规提供了可靠的数据支撑，从而有利于合理、有效地实施相关调控措施。其次，中国地域宽广，幅员辽阔，形成了众多具有特色的区域，与黄河流域相似的流域也众多，比如长江流域等，研究黄河流域面临的生态保护与经济发展问题，可为存在相似问题的其他流域提供政策借鉴。

第三节　黄河流域生态保护与高质量发展耦合协调的现实支撑

一、经济增长为生态保护与高质量发展提供耦合驱动力

生态保护必然带来经济增长的良性发展，不仅为生态保护提供充足的资金支持，也可使生态保护区的企业和居民从中获益。首先，生态保护为企业发展提供了优质

的工作环境，吸引优质劳动力来此就业，缓和该地的人才流失状况；其次，生态保护区的居民因此获得良好的生存环境，一方面节省了大量的日常清洁成本，另一方面降低了异地求职就业的交通和信息成本，提升幸福感。地区生产总值是衡量一个地区经济发展水平的重要指标，如图 3 - 1 所示，2011～2020 年黄河流域九省份地区生产总值的变化趋势。从图中可以明显看出，随着时间的变化黄河流域整体的经济发展水平逐渐提高，居民的可支配收入和生活水平也逐渐提高，这与黄河流域不断增强的生态保护措施的关系是密不可分的。

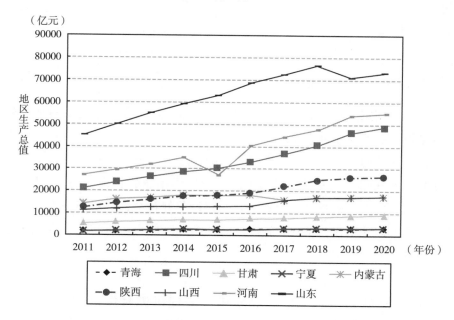

图 3 - 1　2011～2020 年黄河流域九省份地区生产总值变化趋势
资料来源：《中国统计年鉴》。

　　经济增长也必然会带来流域内基础设施的完善，并最终回馈于生态环境的保护。如表 3 - 1 所示，2016～2020 年黄河流域九省份中除甘肃、内蒙古等省份外，固定资产投资增长速度多数为正值且数值较大，说明黄河流域整体的基础设施建设速度较快，财政资金投入较多。基础设施的内容涵盖范围广泛，既包括交通通信、医疗卫生、农田水利、园林绿化等硬件设施，也包括文化教育、科研技术等思想精神食粮。基础设施的完善不仅可以从物质上满足人民的生活需求，而且可以在精神生活上提高文明建设的程度。同时，通过加强基础设施建设，一方面可以强化企业在生态保护中的主体作用，引导企业向创新型企业转型，发展生态友好型产业；另一方面可以提高人民在生态保护中的参与度，帮助人民养成良好的现代文明生活方式。

表 3 - 1　　　　　　　黄河流域九省份固定资产投资增长速度　　　　　单位:%

省份	2016 年	2017 年	2018 年	2019 年	2020 年
青海	10.9	10.3	7.3	5.0	-12.2
四川	12.1	10.2	10.2	10.2	9.9
甘肃	10.5	-40.3	-3.9	6.6	7.8
宁夏	8.6	4.2	-18.2	-11.1	4.8
内蒙古	11.9	-6.9	-27.3	5.8	-1.5
陕西	12.3	14.6	10.4	2.5	4.1
山西	0.8	6.3	5.0	9.3	10.6
河南	13.7	10.4	8.1	8.0	4.3
山东	10.5	7.3	4.1	-8.4	3.6

资料来源:各省份国民经济和社会发展公报。

另外,一个国家或地区基础设施的完善是衡量其社会保障能力的重要指标,黄河流域基础设施的不断完善是促进共建共享的重要途径,企业的发展和人民生活的便利化都需要完善的基础设施,城市间的基础设施可以为企业转型升级提供良好地基础,乡村间的基础设施可以为发展生态农业提供相应的农田水利,而医疗卫生、科技教育等与人民的幸福感息息相关。共同建设美好社会,共享经济发展成果,正是高质量发展的内涵所在,基础设施提供的社会保障能力可以将这一内涵潜移默化渗透到人民的日常生活中。

二、产业发展为生态保护与高质量发展提供耦合促进力

生态保护必然带来产业结构的转型升级,加快实现地区产业结构的创新化与高级化,并最终形成与环境友好发展的产业布局。综合来看,生态保护主要从三个方面对黄河流域的产业发展产生推动作用。首先是生态保护推动工业发展从高污染、高耗能的粗放型发展模式走向低污染、低耗能的节约型发展模式,这既有利于减少环境污染实现绿色发展,又有利于增加人均可支配收入达到共享发展的目标。图 3 - 2 为黄河流域九省份第一产业、第二产业、第三产业产值占地区生产总值的比重变化图,从图中可以看出,在第一产业占比方面,青海、宁夏、内蒙古呈现较为明显的增长趋势,甘肃、四川、陕西变动幅度较小,而山西、河南、山东呈现下降趋势;在第二产业占比方面,除山西呈现增长的趋势外,其余所有省份均大幅度下降;在第三产业占比方面,山西小幅度下降,其余省份均大幅度提升。黄河流域产业发展呈现"三、二、一"的结构趋势,第三产业逐渐超过第一产业与第二产业,成为拉动经济增长的主要推动力,为推动经济高质量发展奠定产业基础。

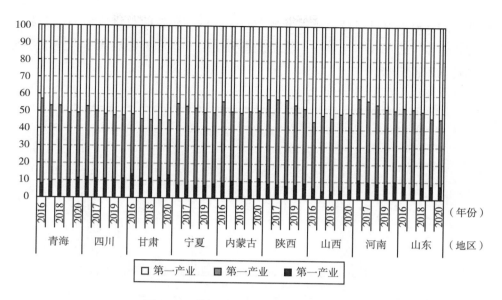

图 3 - 2　黄河流域九省份产业占比结构

资料来源：《中国统计年鉴》。

其次是生态保护带来产业升级，从而引领科技进步，促进高质量发展。生态保护需要环保技术的创新，而技术创新与产业创新关系密切，每一次绿色技术创新都会涌现一批绿色产业创新，从而提高整体生产率和人民的生活水平。一个地区的 R&D 经费支出和有效发明专利数可在一定程度上显示出这个地区的科技发展状况。从图 3 - 3 与图 3 - 4 中可以看出，黄河流域九省份的 R&D 经费支出和有效发明专利数都大致存在逐年递增的发展趋势，说明黄河流域省份之间虽然存在较大的科技水

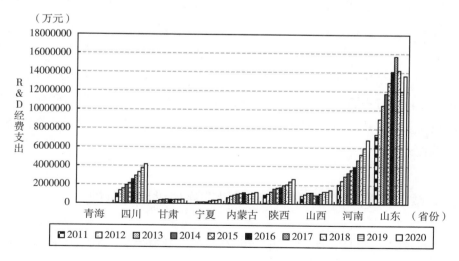

图 3 - 3　2011 ~ 2010 年黄河流域九省份 R&D 经费支出

资料来源：《中国统计年鉴》。

平差距，但是各省份的科技发展水平是不断提高的。科技的进步能够为经济发展与生态保护带来先进的技术与装备，从而提高劳动生产率和资源利用率，并最终实现产业结构的不断升级。

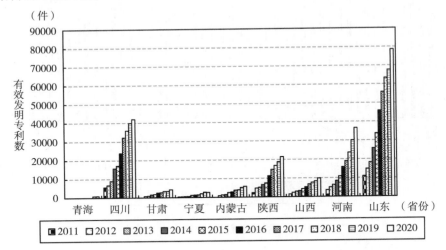

图3-4　2011~2020年黄河流域九省份有效发明专利数
资料来源：《中国统计年鉴》。

最后是生态保护带来相关产业集聚，促进产业空间布局优化。生态保护要求上中下游因地制宜发展特色产业，这会改变原有的扩张式生产，延长产业链，促使产业向纵深发展。黄河上游在逐渐发展农林牧渔业的过程中，更加重视生态农业的发展，而不是简单的粗放式经营；黄河中游由于对矿产资源的依赖性较强，第二产业中的能源类制造业较多，在发展中更加注重节能减排，鼓励高新技术企业的发展，减少资源型产品的消耗，同样有利于保护地区的生态环境；黄河下游是经济的主要集聚地，更加注重产业链的规模经济优势，发展创新型经济。黄河上、中、下游通过产业分工，逐渐建立起专业化、规模化、生态化的生态经济体系。

黄河流域通过不断地产业转型、产业升级、产业集聚，逐渐营造了良好的工业生态环境，人与自然的和谐程度大大提高，生态保护与高质量发展的耦合协调目标逐渐得以接近。

三、政府政策为生态保护与高质量发展提供耦合调控力

当市场这只"看不见的手"无法发挥作用时，政府作为"看得见的手"就应该发挥约束和制裁作用。表3-2为各级政府与黄河流域生态保护和高质量发展相关政策文件，从发文日期看，2020年与2021年政策数量较少，2022年政策数量较多，

即政策数量呈现出随时间增多的趋势；从发文单位看，各级政府均给予黄河流域生态保护与高质量发展极大的重视，并出台相应的具体政策进行调控，其中中央层面的政策数量最多，说明黄河流域生态保护与高质量发展的协同推进由中央政府进行顶层设计，把控全局，各级政府在中央的指导下因地制宜进行规划；从文件类型看，前期政策文件以规划、方案居多，后期出台了《中华人民共和国黄河保护法》作为黄河流域生态保护与高质量发展的法律依据，将这一战略规划上升到法律层面，真正实现了黄河流域生态保护与高质量发展的有法可依。需要说明的是，表格中列出的政策文件只是与黄河流域生态保护和高质量发展直接相关的法律法规，更多的实施细则与战略举措不胜枚举，无法一一列出。从政策文件和各项具体措施的实施中可以看出，政府对于黄河流域生态保护与高质量发展充分发挥了"看得见的手"的调控作用，有利于两者之间的耦合协调。

表 3 - 2　　　　　　黄河流域生态保护与高质量发展政策发布情况

日期	发文单位	文件名称
2020 年 12 月 10 日	甘肃省	《甘肃省黄河流域生态保护和高质量发展规划》
2021 年 8 月 19 日	宁夏回族自治区	《自治区支持建设黄河流域生态保护和高质量发展先行区的财政政策（试行）》
2021 年 10 月 8 日	中共中央、国务院	《黄河流域生态保护和高质量发展规划纲要》
2022 年 2 月 15 日	山东省	《山东省黄河流域生态保护和高质量发展规划》
2022 年 3 月 1 日	宁夏回族自治区	《宁夏回族自治区建设黄河流域生态保护和高质量发展先行区促进条例》
2022 年 4 月 7 日	山西省	《山西省黄河流域生态保护和高质量发展规划》
2022 年 4 月 26 日	中共中央、国务院	《国务院关于支持宁夏建设黄河流域生态保护和高质量发展先行区实施方案的批复》
2022 年 7 月 4 日	河南省	《河南省以数据有序共享服务黄河流域（河南段）生态保护和高质量发展试点实施方案》
2022 年 7 月 6 日	青海省	《黄河青海流域生态保护和高质量发展规划》
2022 年 8 月 24 日	财政部	《中央财政关于推动黄河流域生态保护和高质量发展的财税支持方案》
2022 年 10 月 8 日	科技部	《黄河流域生态保护和高质量发展科技创新实施方案》
2022 年 10 月 30 日	中共中央、国务院	《中华人民共和国黄河保护法》

资料来源：中共中央、国务院政府官网、黄河流域九省份政府官网。

黄河流域上、中、下游之间存在明显的区域差异，为各区域之间协同合作提供了良好的自然基础。在各级政府的政策措施中，精准施策、因地制宜理念得到淋漓尽致的表现。黄河上游是黄河水资源的涵养地和生物栖息地，因此黄河上游主要以生态保护为主，严守生态红线，保护自然资源；黄河中游是生态脆弱区，存在着严重的生态环境问题，因此以生态修复为主，限制开发区建设和盲目扩大耕地；黄河下游生态条件较为良好，因此是主要的经济发展地带，在这一地区大力推动创新型经济的发展，减少污染严重的重化工企业，发展生态友好型产业。通过中央政府的统筹谋划，各省政府的分类施策，黄河流域生态保护与高质量发展的统筹协调机制全面建立，协调发展性大大加强。

第四节　黄河流域生态保护与高质量发展耦合协调分析

一、黄河流域生态保护与高质量发展的耦合协调类型

依照耦合协调理论机理，分别构建黄河流域经济系统与环境系统的综合评价指标。经济系统综合评价指标选取经济发展的数量与质量进行测算，其中以人均 GDP 代表经济发展的数量，以全要素生产率代表经济发展的质量；环境系统选取水资源利用率及固体、液体、气体污染程度进行测算，其中以万元 GDP 耗水率代表水资源利用率，以工业固体废弃物代表固体污染程度，以工业废水排放量代表液体污染程度，以二氧化硫排放量代表气体污染程度。上述资料来源于《中国城市统计年鉴》《中国区域经济统计年鉴》及 CEIC 数据库。选取黄河流域 76 个地级市进行研究，并根据地理范围将其划分为上、中、下游城市，如表 3 - 3 所示。

表 3 - 3　　　　　　　　　黄河流域上、中、下游地级市划分

划分	地级市
上游	呼和浩特市、包头市、乌海市、赤峰市、通辽市、鄂尔多斯市、呼伦贝尔市、巴彦淖尔市、乌兰察布市、兰州市、嘉峪关市、金昌市、白银市、武威市、张掖市、酒泉市、定西市、西宁市、银川市、石嘴山市、吴忠市（21 个）
中游	太原市、大同市、阳泉市、长治市、晋城市、朔州市、晋中市、运城市、忻州市、临汾市、吕梁市、洛阳市、焦作市、三门峡市、南阳市、西安市、铜川市、宝鸡市、咸阳市、渭南市、延安市、榆林市、天水市、平凉市、庆阳市（25 个）
下游	济南市、青岛市、淄博市、枣庄市、东营市、烟台市、潍坊市、济宁市、泰安市、威海市、日照市、莱芜市、临沂市、德州市、聊城市、滨州市、菏泽市、郑州市、开封市、平顶山市、安阳市、鹤壁市、新乡市、濮阳市、许昌市、漯河市、商丘市、信阳市、周口市、驻马店市（30 个）

通过上述研究设计，本书测算了黄河流域生态保护与经济发展的协调发展水平，

并将其以图形的形式进行展示。如图 3 - 5 所示，在整体层面，2004 ~ 2018 年黄河流域生态保护与经济发展协调发展水平可分为两个阶段：2004 ~ 2013 年的增长期和 2014 ~ 2018 年的调整期，两时期均处于勉强协调阶段。在分区域层面，上、中、下游的协调发展水平走势和整体情况基本一致。此外，上游和中游在发展过程中同时跨越了不同协调发展水平等级类型，实现了从濒临失调阶段向勉强协调阶段的转变，而下游城市整体的协调发展水平始终保持在初级协调阶段。

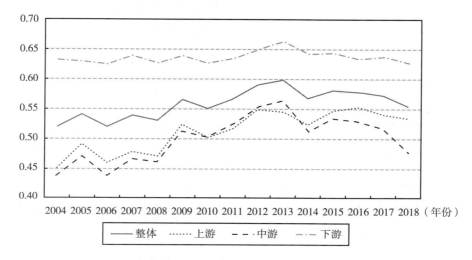

图 3 - 5　黄河流域城市经济增长与环境保护协调发展水平变动趋势

在耦合协调发展水平的分类方面，可借鉴唐晓华（2018）等学者的研究方法，将其分为四种类型：持续领先型、演化趋同型、双向互动波动型、单方驱动主导型。持续领先型城市是指环境保护和经济增长同步发展，高质量发展水平持续领先的城市，此类代表性城市为青岛市，如图 3 - 6 所示，其协调发展水平在样本考察期内始终保持在中级协调与良好协调阶段，环境保护与经济增长的差异较小。演化趋同型城市是指环境保护或经济发展单边落后的城市，在发展中的主要措施是着力提升短板，进而使协调发展水平整体提升，此类代表性城市是运城市，如图 3 - 7 所示，在 2004 年运城市经济发展落后于环境保护，随着农业现代化转型及第三产业的崛起，经济发展与环境保护逐渐趋同。双向互动波动型城市是指环境保护与经济发展良性互动，同时驱动整体协调发展水平提升的城市，此类代表性城市为呼和浩特市，如图 3 - 8 所示，在样本考察期内呼和浩特环境保护与经济发展指数均小幅波动上升。单方驱动主导型城市可分为环境保护主导型或经济发展主导型，是指由环境保护或经济增长单方提升整体协调发展水平的城市，此类代表性城市为渭南市，如图 3 - 9 所示，渭南市地处西北地区，经济发展动力不足，故主要由环境保护来推动整体协调发展水平的提高。

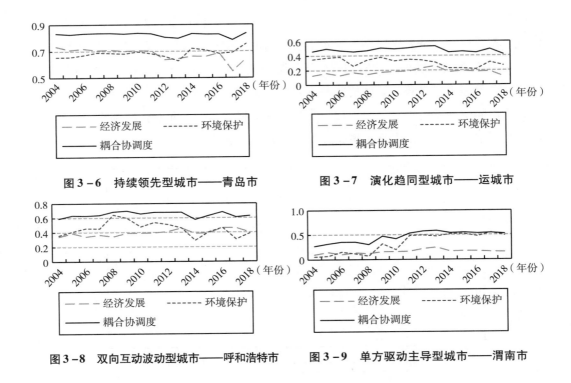

图 3 - 6　持续领先型城市——青岛市　　　图 3 - 7　演化趋同型城市——运城市

图 3 - 8　双向互动波动型城市——呼和浩特市　　图 3 - 9　单方驱动主导型城市——渭南市

二、黄河流域生态保护与经济发展协调发展水平的动态演进

　　为了解黄河流域城市经济增长与环境保护耦合协调度的时空变动趋势，选取 2004 年、2008 年、2012 年、2015 年和 2018 年协调发展水平数据，采用 Kernel 密度图来描绘其动态演进过程。Kernel 密度估计属于非参数检验方法之一，其密度曲线图对于展现样本分布形态及动态演进过程比较直观。

　　如图 3 - 10 所示，黄河流域生态保护与经济发展的核密度图呈现出以下几种特征：从移动趋势分析，黄河流域整体及上、中、下游协调发展水平的核密度曲线均存在先右移后左移的趋势，其中 2008 ~ 2012 年右移幅度较大，2012 ~ 2018 年左移幅度较小，说明黄河流域整体及分区域生态保护与经济发展的协调发展水平先上升后小幅回落。从波峰变化分析，黄河流域整体及分区域的波峰高度呈现"低—高—低"的变化趋势，波峰宽度呈现"宽峰—窄峰—宽峰"的变化趋势，说明黄河流域整体及分区域协调发展水平的区域内绝对差异先逐年缩小后又扩大。从时空变化分析，协调发展水平的区域间绝对差异 2018 年小于 2012 年且下游小于中、上游。

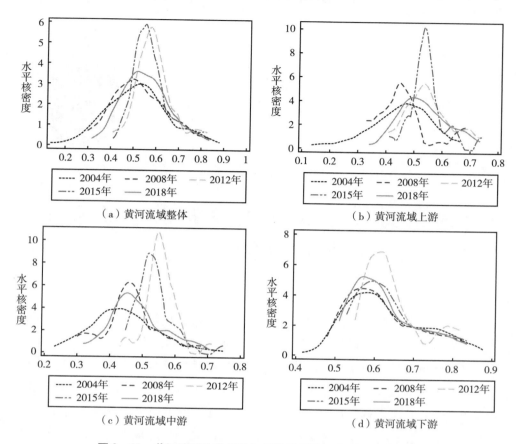

（a）黄河流域整体 （b）黄河流域上游

（c）黄河流域中游 （d）黄河流域下游

图 3 – 10 黄河流域生态保护与经济发展协调发展水平核密度

此外，通过核密度图我们发现，在协调发展水平的动态演进过程中存在极化和多峰现象。黄河流域整体及分区域均存在极化现象，且中、上游极化现象强于下游。2004 年之后，随着时间的推移多峰现象逐渐展现，其中，流域整体多峰现象较弱，上游城市自 2008 年起多峰现象明显，中、下游城市在 2012 年展现出显著的多峰形态，各区域的多峰现象在 2018 年基本消失，说明黄河流域协调发展水平的极化类型由单极极化转向轻微多极极化。

在新的时代背景下，构建黄河流域生态环境保护与高质量发展良性循环、向更高水平阶段协调发展的格局尤为重要。绿色发展理念深入人心，"共同抓好大保护，协同推进大治理"的政策设计更是阐明黄河流域必须走经济与生态的耦合协调发展之路。要以协同联动的统筹机制促进黄河流域高质量发展，充分释放发展的正外部性，以期进一步提升流域内耦合协调发展水平。

第四章

黄河流域生态环境保护和高质量发展耦合协调综合评价

　　习近平总书记在党的二十大工作报告中指出："大自然是人类赖以生存发展的基本条件，必须牢固树立和践行'绿水青山就是金山银山'的理念，站在人与自然和谐共生的高度谋划发展。"① 既要改善黄河流域的生态环境问题，引领沿黄人民追求蓝天、青山、绿水，还要全面推进黄河流域的经济社会发展，带领沿黄人民追求富裕、优质、共享的美好生活，就要探寻新发展形势下生态环境与经济社会和谐共生的发展道路。因此，研究黄河流域生态环境保护和高质量发展之间的耦合协调关系及其时空变化规律，对探寻黄河流域生态环境和高质量发展耦合协调发展道路具有重要意义。

---

　　① 习近平. 高举中国特色社会主义伟大旗帜为全面建设社会主义现代化国家而团结奋斗 [N]. 人民日报，2022－10－26.

第一节　耦合协调综合评价的研究设计

一、综合评价指标体系构建

为了综合评价生态保护和高质量发展的相互关系，本章参照课题组已有研究成果，按照指标体系构建的完备性、层次性和可操作性原则，分别构建黄河流域生态保护和高质量发展的评价指标体系。参考任保平等（2022）① 围绕新发展理念提出的黄河流域高质量发展评价的五大维度，构建以创新发展、协调发展、绿色发展、开放发展和共享发展为一级指标的评价体系（见表4-1）。其中，创新是黄河流域高质量发展的长期驱动力，本章分别从科技投入占比、R&D人员占比和申报发明专利数三个指标来进行测度；协调发展是高质量发展的内在需求，协调发展不仅体现在城乡经济的协调发展，还体现在产业的协调发展、经济金融的协调发展，因此选取城乡居民可支配收入比、产业结构高级化指数和金融相关率从三个层面测度黄河流域各省协调发展能力；绿色发展是黄河流域高质量发展的重要内容，绿色发展不仅体现在生产中减少环境污染，还体现在提高废物率和加强生态保护，选择单位国内生产总值（GDP）二氧化硫排放量、生活垃圾无害处理率和当年植树造林面积来综合测度绿色发展情况；开放发展是黄河流域高质量发展的外在推动力，不仅体现在"引进来"，还表现在"走出去"，选择外商投资占比、对外依存度和接待国际游客数来测度开放发展水平；共享发展则是黄河流域高质量发展的最终目标，通过社会保障、教育、医疗三个方面测度黄河流域民生改善水平。

生态环境保护方面则参考杨慧芳等（2022）② 对于环境保护指标体系的构建，围绕水资源利用和保护，从生态环境资源状况、生态环境承载能力和生态环境治理三个层次构建指标体系（见表4-1）。土地利用类型与水资源密切相关，在生态环境资源指标中选取人均森林面积、人均耕地面积、人均水资源拥有量作为具体指标项。生态环境承载则以单位GDP水资源消费量、工业废水排放强度和人均生活用水量三个指标来反映。生态环境治理测度中选取水污染处理率、自然保护区占比和水污染治理投入三个指标。

---

① 任保平，付雅梅，杨羽宸. 黄河流域九省份经济高质量发展的评价及路径选择 [J]. 统计与信息论坛，2022，37（1）.

② 杨慧芳，张合林. 黄河流域生态保护与经济高质量发展耦合协调关系评价 [J]. 统计与决策，2022，38（11）.

表 4-1　　　　　　　黄河流域高质量发展和生态环境综合评价指标体系

系统层	子系统	指标层	方向
黄河流域高质量发展	创新能力	科学技术支出占比（%）	正
		R&D 人员占比（%）	正
		国内专利申请受理量（项）	正
	协调发展	城乡居民人均可支配收入比	负
		产业结构高级化指数	正
		金融相关率	正
	绿色发展	单位 GDP 二氧化硫排放量（吨/万元）	负
		生活垃圾无害处理率（%）	正
		人工造林面积（千公顷）	正
	开放发展	外商投资占比（%）	正
		对外依存度（%）	正
		接待国际游客（百万人次）	正
	共享发展	最低保障居民占总人口比重（%）	负
		中小学师生比（%）	负
		医疗机构数（个）	正
环境保护	生态环境资源	人均森林面积（公顷/人）	正
		人均耕地（公顷/人）	正
		人均水资源量（立方米/人）	正
	生态环境承载力	单位 GDP 水消费量（立方米/万元）	负
		人均生活用水（立方米/人）	负
		工业废水排放量（万吨）	负
	生态环境治理	自然保护区占辖区面积比重（%）	正
		生活污水处理率（%）	正
		水污染治理投入（万元）	正

二、综合评价指数计算

分别构建黄河流域生态保护和高质量发展综合评价指标体系后，要计算得到指标体系中各分项指数的权重，再通过赋权法计算出综合评价指数。

1. 数据处理

由于指标体系中各个指标的计量单位不同、数值差异较大，在计算权重和综合评价指数前要对原始数据进行无量纲处理。具体处理方法如下：

$$正向指标标准化处理方法为：x'_{ij} = \frac{x_{ij} - \min(x_{ij})}{\max(x_{ij}) - \min(x_{ij})} \tag{4-1}$$

逆向指标标准化处理方法为：$x'_{ij} = \dfrac{\max(x_{ij}) - x_{ij}}{\max(x_{ij}) - \min(x_{ij})}$ （4 − 2）

$$(i = 1, 2, \cdots, n; j = 1, 2, \cdots, m; n = 9, m = 15 \text{ 或 } 9)$$

其中，x_{ij} 为原数据序列中第 i 个省的第 j 个指标数值，x'_{ij} 为标准化处理后的第 i 个省的第 j 项指标数值。为避免标准化后数据为零，则对标准化后为零的数值统一加上 0.0001。

2. 熵权 TOPSIS 法计算各项指标权重

熵权 TOPSIS 法在权重计算中，融合了熵值法和 TOPSIS 法，对于熵值法计算的权重结合 TOPSIS 法排序对结果进行修正，充分利用数据信息的同时，能够减小偏好对于权重的影响。

首先，将标准化处理后的数据构建数据权重 P_{ij}，计算得到第 j 项指标下第 i 个省在该指标中作占的比重。具体表示为：

$$P_{ij} = \frac{x'_{ij}}{\sum_i^n x'_{ij}}, i = 1, 2, \cdots, n \qquad (4 - 3)$$

其次，计算第 i 项指标的熵值 H_j、差异性系数 G_j，计算公式具体表示为：

$$H_j = -\frac{1}{\ln(n)} \sum_i^n P_{ij} \ln(P_{ij}) \qquad (4 - 4)$$

$$G_j = 1 - H_j \qquad (4 - 5)$$

最后，计算得到第 j 项指标的权重值 W_j，具体公式表示为：

$$W_j = \frac{G_j}{\sum_j^m G_j}, j = 1, 2, \cdots, m \qquad (4 - 6)$$

利用熵值法计算得到权重数后，再采用 TOPSIS 法对结果进行修正。构建加权标准化矩阵 R：

$$R = (W_j \times x'_{ij})_{n \times m} \qquad (4 - 7)$$

确定最优方案为 I^+，由每 R 矩阵中每列的最大值构成：

$$I_j^+ = (\max r_{i1}, \max r_{i2}, \cdots, \max r_{im}) \qquad (4 - 8)$$

最劣方案为 I^-，由每 R 矩阵中每列的最小值构成：

$$I_j^- = (\min r_{i1}, \min r_{i2}, \cdots, \min r_{im}) \qquad (4 - 9)$$

计算每一个评价对象与最优方案和最劣方案的距离：

$$正理想解距离：D_i^+ = \sqrt{\sum_{j=1}^{m} (I_j^+ - r_{ij})^2} \qquad (4-10)$$

$$负理想解距离：D_i^- = \sqrt{\sum_{j=1}^{m} (I_j^- - r_{ij})^2} \qquad (4-11)$$

计算各评价对象与最优方案的接近程度 C_i，

$$C_i = \frac{D_i^-}{D_i^+ + D_i^-} \qquad (4-12)$$

其中 C_i 值代表综合评价指数，C_i 越接近 1，或者数值越大，说明评价水平越好。

三、耦合协调度模型

耦合度用以衡量不同系统或不同要素间的相互作用程度强弱，耦合度越大说明两个系统的耦合状态越好。耦合协调度则通常用以描述系统间或要素间发展的协调性，耦合协调度越大说明两个系统发展水平越协调。根据参考文献，构建黄河流域生态系统服务价值和经济高质量发展耦合协调度的具体计算公式如下：

$$C = \sqrt{\left\{ \frac{U_1 \times U_2}{[(U_1 + U_2)/2]^2} \right\}} \qquad (4-13)$$

$$T = \alpha U_1 + \beta U_2 \qquad (4-14)$$

$$D = \sqrt{C \times T} \qquad (4-15)$$

其中，C 为两个系统间的耦合协调度，C 值越接近于 1，说明两个系统的耦合程度越好。T 为两个系统的综合协调指数，α 和 β 表示环境保护和经济高质量发展对系统整体的贡献水平，假设 $\alpha = \beta = 0.5$。D 值则是评价两个系统的耦合协调度，D 值越大，说明耦合协调水平越好。参考现有文献，按照耦合协调度数值进行等级划分，如表 4-2 所示。

表 4-2　　　　　　　　　　　耦合协调度等级划分标准

等级	耦合协调度	特征	等级	耦合协调度	特征
1	0~0.09	极度失调	6	0.50~0.59	勉强协调
2	0.10~0.19	严重失调	7	0.60~0.69	初级协调
3	0.20~0.29	中度失调	8	0.70~0.79	中级协调
4	0.30~0.39	轻度失调	9	0.80~0.89	良好协调
5	0.40~0.49	濒临失调	10	0.90~1.00	优质协调

四、脱钩指数

"脱钩"与"耦合"相同，都是来源于物理研究领域，不同的是耦合协调度反映的是两个系统的一体化发展程度，脱钩则主要用于描述相互联系的两个系统间响应关系淡化甚至完全脱离的现象。现有研究中最常使用的是两种脱钩指数计算模式，一种是 OECD 脱钩指数，另一种是 Tapio 脱钩指数。OECD 脱钩指数在计算中，容易受到计算指标量纲的影响。Tapio 脱钩指数是一种弹性分析方法，计算结果可以不受选取指标的量纲影响。Tapio 脱钩指数的常见表达式如下：

$$e_0 = \frac{(\Delta Y / Y)}{(\Delta X / X)} \tag{4-16}$$

基于 Tapio 脱钩指数的一般表达式，本章在黄河流域高质量发展和环境保护耦合协调综合评价的计算中，假设黄河流域高质量发展和环境保护的脱钩指数计算公式如下：

$$e_t = \frac{(Y_t - Y_{t-1}) / Y_{t-1}}{(X_t - X_{t-1}) / X_{t-1}}, t = 1, 2, \cdots, n \tag{4-17}$$

其中，e_t 是第 t 年黄河流域高质量发展和环境保护的脱钩指数，Y_{t-1}、Y_t 分别为第 t-1 年和第 t 年的生态环境指数，X_{t-1}、X_t 分别为第 t-1 年和第 t 年经济社会高质量发展指数。当 $e_t > 1$，为挂钩状态，说明生态环境和经济社会同步发展，e_t 越大说明经济社会发展对生态环境的依赖程度越大；当 $e_t < 1$ 为脱钩状态，即生态环境改善落后于经济社会发展，e_t 值越小，说明经济社会发展对生态环境的依赖程度越小。参考塔皮奥（Tapio，2005）、张扬（2022）在研究中根据脱钩指标大小与变量变动方向所定义的脱钩状态，本章将脱钩状态定义为以下 6 种状态（见图 4-1）。

如图 4-1 所示，象限 I、II 均为连接状态，其中象限 I 为扩张连接状态，表示经济社会发展与生态环境有较强的正向连接，生态环境对于经济社会高质量发展水平提高有较强的正向相应。象限 II 为衰退连接状态，表明生态环境在经济社会的高质量发展水平降低会引起生态环境出现较大程度恶化。

象限 III、IV 均为弱脱钩状态，其区别在于象限 III 为弱脱钩，象限 IV 则为弱负脱钩。处于象限 III 状态下，则说明经济社会高质量发展水平提高的同时生态环境同步改善，且在经济社会的高质量发展中对生态环境依赖程度较小。象限 IV 的状态则正好相反，表明经济社会发展倒退同时伴有生态环境恶化，但经济社会倒退对于生态环境恶化的影响程度较小。

象限Ⅴ、Ⅵ均为强脱钩状态，象限Ⅴ为强脱钩状态，象限Ⅵ则为强负脱钩状态。处于象限Ⅴ中脱钩指数小于零，但是经济社会发展变化为正向，生态环境变化为负向，说明经济社会发展同时伴有生态环境恶化。象限Ⅵ中脱钩指数小于零，但是经济社会发展变化为负向，而生态环境变化为正向，说明经济增长速度减缓且生态环境较好，此为工业化程度低、污染较少的地区，一方面经济发展水平低，另一方面生态环境好。

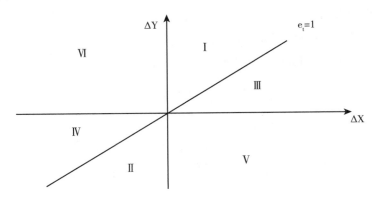

图4-1　Tapio 脱钩指数脱钩状态划分

五、空间自相关检验

黄河流域生态环境和经济社会是一个有机整体，流域内各省间在生态环境和经济社会发展间也紧密联系相互影响。当某一个省生态环境和经济社会耦合协调，进入到良性循环状态后，必然在空间上对流域内其他省产生影响。因此，为进一步研究黄河流域内各省耦合协调度是否存在相互影响，引入空间自相关性分析。空间自相关是指变量取值在空间上呈现出系统性变化规律[①]。当相邻地区的变量取值相似时，意味着该变量具有正的空间自相关。当相邻地区的变量取值相反时，则说明该变量具有负的空间自相关。

空间自相关的检验通常分为全局自相关和局部自相关两种。全局自相关是将空间内所有单元的空间关系和变量取值考虑进去，用一个数值来反映所有观测值的空间相关性。Morans'I 指数是最常用于全局空间相关性检验的方法，能够反映空间临接或邻近的区域单元属性值的相似程度。如果 Y 是位置的观察值，则该变量的全局 Morans'I 指数的计算公式如下：

① 魏学辉，张超，沈体雁. 空间计量分析软件：R 语言操作手册［M］. 北京：北京大学出版社，2022：82.

$$\text{Moran' I} = \frac{\sum_{i=1}^{n} \sum_{j=1}^{n} w_{ij}(Y_i - \bar{Y})(Y_j - \bar{Y})}{S^2 \sum_{i=1}^{n} \sum_{j=1}^{n} w_{ij}} \quad (4-18)$$

其中，$S^2 = \frac{1}{n} \sum_{i=1}^{n} (Y_i - \bar{Y})^2$；$\bar{Y} = \frac{1}{n} \sum_{i=1}^{n} Y_i$；$Y_i$ 表示第 i 个地区的观测值；n 为地区总数；w_{ij} 为空间权值矩阵的第 i 行第 j 列元素。Moran 指数一般在 [-1, 1]，其值小于 0 表明数据呈现空间负相关，等于 0 表示空间不相关，大于 0 表示为空间正相关；指数越接近于 -1 表示单元间的差异越大，越接近 1 表示单元间联系越密切。

局部空间自相关检验则可以反映某一地区观测值与其他观测值的相关性，是全局空间自相关在空间单元上的分解，表明变量取值在该观测值周围的空间聚集程度。局部 Moran 指数被定义为：

$$\text{Moran's I} = \frac{(x_i - \bar{x})}{S^2} \sum_{j} w_{ij}(x_j - \bar{x}) \quad (4-19)$$

正的 Moran's I 表示该空间单元与相邻单元的属性相似，负的 Moran's I 表示该空间单元与相邻单元属性不相似。

Moran 散点图常用于研究局部空间特征，图中变量均值点处的两条虚线将图形分为四个象限，散点图中第一、第三象限代表观测值的正空间相关性。第一象限为高—高聚集，表示本地变量观测值高于平均水平，周边邻居的加权平均值也高于均值；第三象限为低—低聚集，表明本地变量观测值和周边邻居的加权平均值都低于平均水平。第二、第四象限则代表观测值的负空间相关性，第二象限表示高—低聚集，表明本地观测值高于地区平均水平，但周边邻居加权平均值低于平均水平；第四象限为低—高聚集，则表明地区观测值低于平均水平，但周边相邻地区加权平均值高于平均水平。

第二节　评价结果分析

本章首先利用熵权 TOPSIS 法对 2002～2021 年黄河流域各省的面板数据进行相应处理，分别测算出黄河流域各省生态环境保护综合评价指数、高质量发展综合评价指数，继而计算出耦合协调度、脱钩指数和空间自相关检验数据。使用的原始数据均来自 2002～2022 年《中国统计年鉴》、沿黄九省份统计年鉴、CSMAR 数据库和国家统计局网站，对于缺失数据则选用插补法补充完整。

一、黄河流域高质量发展的综合评价分析

图4－2为2002～2021年黄河流域高质量发展综合评价指数变动情况。2002～2021年黄河流域各省份高质量发展的指数均值经历了缓慢下降—快速上升—缓慢上升三个阶段。结合时间节点来看，2002～2009年黄河流域各省份高质量发展平均水平出现缓慢小幅下降；2010～2013年，黄河流域各省份高质量发展指数以年均增长20%的水平快速增长；2013～2021年各省高质量发展指数则以年均2.7%的速度缓慢上升。总体来看，在2010年以后黄河流域整体经济发展质量稳步提升。

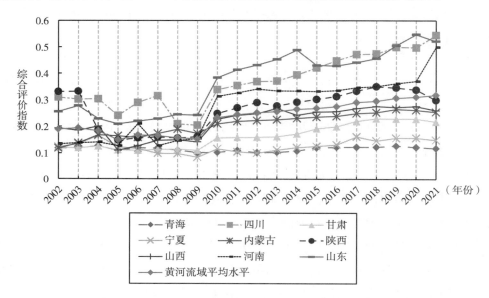

图4－2　2002～2021年黄河流域各省份高质量发展综合评价指数

从流域内各省份高质量发展评价指数的比较来看，2002～2009年，黄河流域各省份经济高质量发展的差距较小，高质量发展指数最高的山东是最低的青海的2倍；2010年后，黄河流域内各省份经济发展差距逐渐加大，2021年山东高质量发展指数是青海的4.5倍。山东、四川、河南和陕西的经济发展水平始终高于流域平均水平，其中山东、四川、河南三省份在2010年后的发展速度稳步提高，与其他省份经济高质量发展差距逐年扩大；陕西的高质量发展水平始终保持在略高于流域平均的水平上。内蒙古、山西两省份的经济高质量发展水平与流域平均发展水平相近，山西近几年发展缓慢，与流域平均水平差距逐渐扩大。青海、宁夏、甘肃三省份的经济高质量发展指数始终低于流域平均水平，且2016年后青海和宁夏经济社会发展增长速度落后于流域平均水平。

从流域内各省份高质量发展评价指数的时间变化情况来看,2002～2009年仅有内蒙古和河南经济高质量发展水平有小幅提高,其余七省份均出现不同程度的下降,其中陕西2009年的经济高质量发展指数较2002年降低了50%,使陕西经济发展水平由流域内的第一位下降到第四位。在2010年后,流域内各省份经济发展质量开始稳步提升,其中陕西、山西、甘肃、青海、宁夏五省份经济发展水平在2018年后开始逐渐下滑。

从2002～2021年黄河流域经济高质量发展综合评价来看,流域内经济发展在2010年后整体稳步向好。流域内各省的经济发展已形成,出现上下游经济发展不平衡、不充分问题:东部各省经济发展迅速,竞争优势日益显著;中部地区仅能维持在流域平均水平上,经济发展乏力;西部地区各省份经济发展长期动力不足,衰退趋势明显。

二、黄河流域生态环境保护的综合评价分析

图4-3为2002～2021年黄河流域各省份生态环境保护综合评价指标变化情况。总体来看,2002～2021年黄河流域生态环境平均水平有小幅提高,说明黄河流域水资源生态环境整体略有改善,但是水生态环境恶化、水资源短缺、水污染等问题仍没有得到较好缓解。从各省份的生态环境评价指数比较来看,流域内生态环境差距较大,上游青海、内蒙古和四川生态环境指数高于流域平均水平,其中青海、内蒙古的生态环境评价指数在0.4～0.7波动,生态环境发展水平远高于流域内其他省份,上游甘肃和宁夏两省份生态环境指数在0.2～0.4波动,略低于流域平均水平。黄河流域中游陕西和山西两省份的生态环境指数则始终维持在0.1～0.3的较低水平波动,与流域生态环境平均水平差距逐年缩小,两省生态环境有小幅度改善;黄河流域下游山东和河南两省份的生态环境指数远低于流域平均水平,在0.1～0.2波动变化,与流域生态环境平均水平差距呈扩大趋势。

从黄河流域九省份生态环境指数的时间变化趋势来看,2002～2012年黄河流域整体生态环境指数呈缓慢波动上升趋势,在2012年后出现快速上升,表明黄河流域整体生态环境在2012年后出现快速高水平改善。从各省份生态环境指数时序比较来看,仅青海生态环境有较大程度改善,其中宁夏和山东两省份生态环境指数上涨最大,宁夏2021年生态环境指数是2002年的1.56倍,山东2021年生态环境指数是2002年的1.11倍。其余各省份按照生态环境改善程度排序依次为:陕西、山西、青海、河南、内蒙古、甘肃和四川。

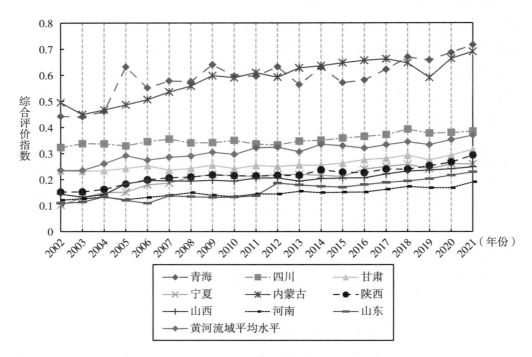

图 4 - 3   2002～2021 年黄河流域各省份生态环境综合评价指数

从 2002～2021 年黄河流域生态环境综合评价来看，流域内整体生态环境在 2012 年后得到迅速改善，有 6 省份的生态环境改善程度在 50% 以上。但是仍存在以下问题：一是流域内仍存在水资源短缺、水污染、水沙关系不协调等问题，生态环境问题并未得到根本改善；二是流域内各省生态环境差距较大，生态环境自西向东逐渐恶化。

三、黄河流域生态环境和高质量发展耦合协调度分析

图 4 - 4 为黄河流域高质量发展指数、生态环境指数和其耦合协调度在 2002～2021 年间变动的时序图。从图中可以看到，2002～2012 年，黄河流域经济社会生态环境与高质量发展反向变动，经济社会发展对生态环境依赖度高，经济社会发展以牺牲生态环境为代价，耦合协调度低于 0.5，黄河流域尚未形成经济社会发展和生态环境相互协调的发展模式。2012 年后，流域内生态环境整体有所改善，同时经济社会发展也出现高质量的快速增长，耦合协调度呈现出逐年上升趋势，黄河流域形成了生态环境和经济社会稳步协同发展的良好态势。

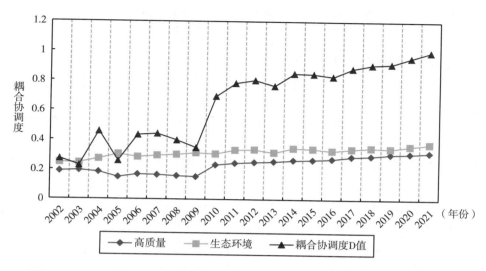

图 4－4　2002～2021 年黄河流域高质量发展指数、生态环境指数和其耦合协调度

表 4－3 为 2001～2021 年黄河流域九省份耦合协调度测算结果，从测算结果可以看出，各省份生态环境和经济社会系统耦合协调度均有改善，2018 年后沿黄九省份已全部进入生态环境和经济社会高质量发展耦合协调发展阶段。从各省比较来看，河南、宁夏、山西三省份的耦合协调发展缓慢，整体水平较低，直到 2018 年才形成了生态系统和经济高质量发展的协调发展状态；四川、内蒙古、陕西、山东最先进入耦合协调阶段，其中四川和内蒙古早在 2003 年进入到初级协调水平，形成了日益联系紧密的生态环境系统和经济社会系统，因此进入到以经济高质量发展带动生态环境改善的良性循环状态。宁夏、陕西、甘肃和青海四省份的耦合协调度变化相似，在 2012 年前耦合协调都出现了负向变动，同时期内四省份均出现了生态环境指数和高质量发展指数反向变化现象。山西和河南的耦合协调度整体较低，两省份在 2015 年后才先后进入勉强协调阶段，山西和河南两省在经济发展的同时未较好地兼顾生态环境保护，造成生态环境与经济发展的不协调现象。山东则是耦合协调度变化跨度最大的省，2002 年山东耦合协调度仍处于轻度失调状态，2012 年山东首次进入协调状态，2019 年已进入初级协调状态。党的十八大以来，扎实推进绿色发展，十年中习近平总书记先后数次考察黄河流域生态环境和经济发展情况，陆续提出了一系列关于黄河流域生态环境和高质量发展的重要指示，全面推动了黄河流域各省生态环境和经济协调发展。黄河流域生态环境和经济耦合协调度不断提高，但仍有部分省份仅能达到勉强协调，缩小流域内各省发展差距，实现黄河流域共享共建仍有较大的提升空间。

表 4 - 3　　　　2002～2021 年黄河流域各省份耦合协调度测算结果

年份	青海	四川	甘肃	宁夏	内蒙古	陕西	山西	河南	山东
2002	濒临失调	初级协调	轻度失调	轻度失调	濒临失调	濒临失调	轻度失调	中度失调	轻度失调
2003	濒临失调	初级协调	轻度失调	濒临失调	勉强协调	濒临失调	轻度失调	中度失调	轻度失调
2004	濒临失调	初级协调	轻度失调	濒临失调	勉强协调	轻度失调	轻度失调	中度失调	轻度失调
2005	濒临失调	勉强协调	轻度失调	濒临失调	勉强协调	轻度失调	轻度失调	中度失调	轻度失调
2006	濒临失调	初级协调	轻度失调	濒临失调	勉强协调	濒临失调	轻度失调	轻度失调	中度失调
2007	勉强协调	初级协调	轻度失调	轻度失调	初级协调	濒临失调	轻度失调	中度失调	轻度失调
2008	濒临失调	勉强协调	轻度失调	轻度失调	初级协调	濒临失调	轻度失调	轻度失调	轻度失调
2009	濒临失调	勉强协调	轻度失调	濒临失调	初级协调	濒临失调	轻度失调	轻度失调	轻度失调
2010	濒临失调	初级协调	濒临失调	濒临失调	初级协调	勉强协调	濒临失调	濒临失调	濒临失调
2011	濒临失调	初级协调	濒临失调	濒临失调	中级协调	勉强协调	濒临失调	濒临失调	濒临失调
2012	濒临失调	中级协调	濒临失调	濒临失调	初级协调	勉强协调	勉强协调	濒临失调	勉强协调
2013	濒临失调	中级协调	濒临失调	濒临失调	中级协调	勉强协调	勉强协调	濒临失调	勉强协调
2014	濒临失调	中级协调	濒临失调	濒临失调	中级协调	勉强协调	濒临失调	濒临失调	勉强协调
2015	勉强协调	中级协调	勉强协调	濒临失调	中级协调	勉强协调	勉强协调	濒临失调	勉强协调
2016	勉强协调	中级协调	勉强协调	濒临失调	中级协调	勉强协调	勉强协调	濒临失调	勉强协调
2017	勉强协调	中级协调	勉强协调	勉强协调	中级协调	勉强协调	勉强协调	濒临失调	勉强协调
2018	勉强协调	中级协调	勉强协调	勉强协调	中级协调	初级协调	勉强协调	勉强协调	勉强协调
2019	勉强协调	中级协调	勉强协调	勉强协调	中级协调	初级协调	勉强协调	勉强协调	初级协调
2020	勉强协调	中级协调	勉强协调	勉强协调	中级协调	初级协调	勉强协调	勉强协调	初级协调
2021	勉强协调	良好协调	勉强协调	勉强协调	中级协调	初级协调	勉强协调	初级协调	初级协调

四、黄河流域生态环境保护和高质量发展脱钩指数分析

　　表 4 - 4 为 2003～2021 年黄河流域各省域生态环境保护和高质量发展脱钩指数测算结果。从脱钩指数变化情况来看，2013 年前黄河流域各省经济高质量发展对生态环境没有形成显著的影响作用，2013 年后经济发展对生态环境的影响逐渐显现，大部分省生态环境都会随经济高质量发展水平提高出现正向响应。

表 4 - 4　　　2003～2021 年黄河流域各省域生态环境保护和高质量发展脱钩指数测算结果

年份	青海	四川	甘肃	宁夏	内蒙古	陕西	山西	河南	山东
2003	强负脱钩	强脱钩	弱负脱钩	扩张链接	弱负脱钩	弱脱钩	衰退链接	扩张链接	弱脱钩
2004	弱脱钩	强负脱钩	弱脱钩	弱脱钩	弱脱钩	强脱钩	弱脱钩	扩张链接	强脱钩
2005	强脱钩	强脱钩	弱脱钩	强脱钩	强脱钩	弱脱钩	弱脱钩	弱脱钩	衰退链接
2006	强负脱钩	弱脱钩	强脱钩	强脱钩	强脱钩	扩张链接	弱脱钩	弱脱钩	强负脱钩

年份	青海	四川	甘肃	宁夏	内蒙古	陕西	山西	河南	山东
2007	强脱钩	强负脱钩	强负脱钩	强脱钩	弱脱钩	扩张链接	强负脱钩	强脱钩	扩张链接
2008	弱负脱钩	强脱钩	扩张链接	强脱钩	弱脱钩	强脱钩	强负脱钩	弱脱钩	强负脱钩
2009	强脱钩	强脱钩	强脱钩	强脱钩	强脱钩	扩张链接	强脱钩	强负脱钩	衰退链接
2010	强负脱钩	弱脱钩	强负脱钩	弱负脱钩	强负脱钩	强脱钩	强脱钩	强负脱钩	弱脱钩
2011	强负脱钩	强负脱钩	扩张链接	弱负脱钩	弱脱钩	强负脱钩	弱脱钩	扩张链接	弱脱钩
2012	强脱钩	弱脱钩	强负脱钩	强脱钩	强负脱钩	弱脱钩	强脱钩	强负脱钩	扩张链接
2013	强负脱钩	弱脱钩	扩张链接	弱脱钩	扩张链接	强脱钩	强负脱钩	强脱钩	强负脱钩
2014	扩张链接	弱脱钩	弱脱钩	强负脱钩	弱脱钩	扩张链接	衰退链接	弱脱钩	强负脱钩
2015	强负脱钩	弱脱钩	弱脱钩	弱脱钩	强脱钩	弱脱钩	强脱钩	弱脱钩	强负脱钩
2016	扩张链接	弱脱钩	扩张链接	扩张链接	扩张链接	强负脱钩	弱脱钩	弱脱钩	强脱钩
2017	扩张链接	弱脱钩	弱脱钩	扩张链接	弱脱钩	弱脱钩	扩张链接	扩张链接	扩张链接
2018	扩张链接	弱脱钩	弱脱钩	强脱钩	强脱钩	强脱钩	扩张链接	扩张链接	弱脱钩
2019	强负脱钩	弱脱钩	衰退链接	强负脱钩	强脱钩	弱脱钩	强脱钩	强负脱钩	弱脱钩
2020	强脱钩	弱脱钩	强脱钩	扩张链接	强脱钩	弱脱钩	扩张链接	弱脱钩	弱脱钩
2021	强脱钩	弱脱钩	强脱钩	弱负脱钩	强脱钩	强脱钩	强脱钩	弱脱钩	强脱钩

从各省份的变动情况来看，青海在 2013 年之前始终处于强脱钩和强负脱钩交替出现的状态，说明此时生态环境与经济社会发展脱钩；2014～2019 年青海脱钩状态改善，进入生态环境和经济发展协调发展阶段，且生态环境发展速度大于经济社会发展；2020 年后脱钩状态恶化，生态环境在经济社会发展过程中恶化。四川在 2013 年也表现出强脱钩和强负脱钩交替出现的状态，说明当时生态环境和经济发展不协调，经济发展模式以牺牲生态环境为代价；2014～2021 年四川稳定在弱脱钩状态，说明生态环境和经济社会发展之间存在协调发展关系，经济高质量发展的同时生态环境也有一定程度改善，但是生态环境改善的速度落后于经济社会发展。甘肃则始终处于强脱钩—弱脱钩—扩张连接—弱脱钩—强脱钩的循环交替状态，说明甘肃并未形成一个稳定的生产环境和经济社会高质量发展协调推进的发展模式。宁夏在 2003～2013 年处于脱钩—负脱钩波动出现的状态，说明这一时期内经济发展和生态环境反向变动；2013～2021 年宁夏则进入扩张连接和弱脱钩交替出现的波动状态，说明经济社会发展和生态环境已进入协调发展阶段，但是经济社会发展速度依然快于生态环境保护。内蒙古在 2003～2007 年以后就进入扩张连接和弱脱钩交替出现的相对稳定状态，生态环境和经济高质量发展进入同向协调发展阶段；2008～2021 年，内蒙古出现了强脱钩和强负脱钩，生态环境和经济社会反响变动状态，经济高质量发展的同时生态环境恶化。陕西 2003～2013 年处于强脱钩和扩张连接交替出现

的不稳定状态，2013 年后稳定在脱钩状态，生态环境与经济增长反向变动，生态环境改善对于经济发展质量提高的响应水平减弱。山西与河南的变化趋势相近，都经历了从无序状态到有序连接，其中山西较河南更早进入生态环境对经济社会高质量发展变化有响应的阶段，经济社会高质量发展的同时生态环境得到相应改善。山东脱钩指数都大于零，说明山东生态环境和经济社会高质量发展始终保持同向变动，二者的相互关系存在一个弱脱钩—连接—弱脱钩的循环状态。

五、黄河流域生态环境和高质量发展耦合协调度的空间相关性检验

图 4－5 为 2002～2021 年黄河流域九省份生态保护和高质量发展耦合协调度的全局 Moran 指数估计结果。2002～2005 年的全局 Moran 指数估计结果为负，2005～2021 年全局 Moran 指数估计结果为正，且 20 年中有 13 年通过显著性检验。全局 Moran 指数检验结果表明，黄河流域九省份经济高质量发展和生态环境耦合协调度有空间相关性，且相关性表现出空间负自相关到空间正自相关的变化。全局 Moran 指数在 2005～2011 年间为正，且表现出快速上升趋势，说明这期间黄河流域各省份耦合协调度的空间聚集效应增强；2012～2021 年，莫兰指数为正，表现为波动下降趋势，黄河流域内各省份耦合协调度依然具有正的空间聚集效应，且空间聚集效应逐年减弱。从变化情况来看，黄河流域内各省份生态环境和高质量发展耦合协调的空间聚集特征较弱，各省份虽然已经在省内形成了经济社会系统和生态环境保护耦合协调的发展状态，但是流域内各省间的空间聚集效应较弱，流域内各省间的协调发展有待加强。

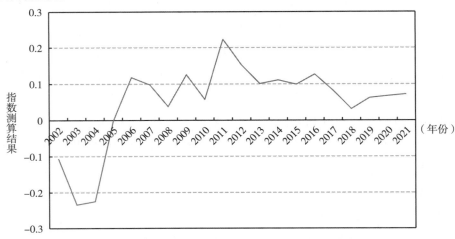

图 4－5　2002～2021 年黄河流域生态保护和高质量发展
耦合协同度的全局 Moran 指数测算结果

为了进一步考察各省份耦合协调度的局部空间特征，本书给出了 2005 年和 2021 年各省份耦合协调度的莫兰散点图（见图 4-6）。图 4-6 为 2005 年 Moran 散点图，可以看到，大部分省份的局部莫兰指数处于第二象限和第四象限，呈现"低—高"型或者"高—低"型集聚特征。2021 年 Moran 散点图显示大部分省份的局部莫兰指数处于第一象限和第三象限中，表明大多数省份的耦合协调度呈现"高—高"型或者"低—低"型集聚特征。具体来看，当前黄河流域上游地区仍然表现为"低—低"聚集现象，上游各省份经济发展落后，生态资源较为丰富，呈现出生态环境和经济高质量发展的不协调发展。青海及其周边省份地广人稀，生态资源丰富，是黄河流域的水源涵养地，生态系统保护较好，但是产业结构相对落后，经济发展水平低，产生了经济发展和生态环境保护不协调现象，最终导致耦合协调度较低的地区形成聚集现象。

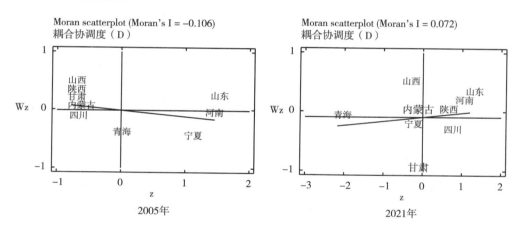

图 4-6 2005 年、2021 年莫兰散点图

黄河中下游地区则表现出"高—高"聚集现象，黄河流域中下游地区经济高质量发展的同时，注重生态环境保护和修复，形成了生态环境保护和经济高质量发展协调推进的良好态势，且对周边地区形成正向的空间溢出效应。山东最早进入生态环境保护和经济高质量发展协同推进的状态，且对周边地区形成正向溢出效应。在山东的正向溢出效应影响下，周边河南、山西、陕西等省份陆续形成生态环境和高质量发展耦合协调状态，形成"高—高"聚集现象。

从空间自相关性检验中可以看到，耦合协调度较高的地区具有显著的正向空间溢出效应，能够带动黄河流域整体形成生态环境保护和经济高质量发展协调发展的良好局面。流域中耦合协调度高的地区逐渐增多，第二象限中的省份陆续进入第一象限，并且在地理空间上形成聚集效应。但是流域上中游地区仍有部分省份处于第二、第四象限，表明黄河流域中上游地区间彼此割裂，相互联系有待加强。

第三节　研究结论与路径

一、结论

本章分别构建黄河流域生态保护和高质量发展的综合评价指标，运用耦合协调度模型、Tapio 脱钩指数和空间自相关检验分析了二者耦合协调的时空演变特征。研究结论如下。

第一，从黄河流域生态保护和高质量发展的综合评价指标变动情况来看，2002 ~ 2021 年经济社会和生态环境均有所改善，尤其是在党的十八大之后均出现稳定向好的变动趋势。但是在这 20 年的发展中，形成了黄河流域自东向西经济社会发展水平逐渐落后及自西向东生态环境逐渐恶化的局面。

第二，从黄河流域生态环境保护和高质量发展耦合协调度的变化情况来看，流域整体形成了经济社会系统和生态环境系统协调推进的发展模式，但是仍有部分省份仅能达到勉强协调，且各省间耦合协调度差距较大，缩小流域内各省份发展差距，实现黄河流域共享共建仍有较大的提升空间。从黄河流域生态环境保护和高质量发展的脱钩指数变化情况来看，2013 年以前，黄河流域各省份经济高质量发展对生态环境没有形成显著的影响作用，2013 年以后，经济发展对生态环境的影响逐渐显现，大部分省份已出现生态环境保护对经济高质量发展水平提高的正向响应，但正向响应效应较小。

第三，从黄河流域生态保护和高质量发展耦合协调度的空间相关性检验结果来看，黄河流域内各省份生态环境和高质量发展耦合协调的空间聚集特征较弱，上游地区"低—低"聚集特征有所改善，中下游地区存在正向空间溢出效应，"高—高"聚集范围扩大，黄河流域内各省间的协调发展有待加强。

二、实现路径

一是要构建黄河流域以生态产品实现为主线的生态补偿机制，加强流域内要素流动，促进生态环境保护和高质量发展耦合协调。黄河流域各省份沿黄河而生，是生态环境和经济社会共生共享的有机整体，要改善黄河流域内生态环境资源不协调、经济发展水平差距大等问题，要利用生态补偿机制平衡利于内要素分配，实现流域内生态资源共享，经济社会发展共建。一方面，构建以生态产品价值核算为基础的横向生态补偿机制，促使中下游地区技术、资本要素向上游流动，强化中下游地区对上游形成生态环境保护和经济高质量耦合协调的空间溢出效应。另一方面，通过构建黄河流域污染物排放权交易中心、碳排放权交易中心和水权交易中心，利用市场化手段实现生态产品价值，带动黄河流域上游地区经济发展。

二是要数字经济赋能绿色发展，以数字经济驱动黄河流域生态环境保护和高质量发展耦合协调。绿色发展是黄河流域经济社会和生态环境和谐共生的发展模式，而数字技术能提高生产技术的研发效率。数字产业相较于传统产业具有天然的绿色属性，在节能减排上表现出更大的发展潜力。因此，一方面要加快对黄河流域中上游地区数字基础设施建设，加快数字产业化发展和产业数字化转型，完成以数字技术驱动的产业转型升级；另一方面是在流域生态环境保护中引入数字技术，打造流域内共享的环境资源数据监测数据库，提高流域内生态补偿效率。

黄河流域生态环境保护与高质量发展耦合协调的创新驱动

　　黄河流域是我国重要的生态功能区、生态脆弱区、粮食主产区和资源能源富集区，在整个国民经济社会发展格局中具有重要地位①②。发展质量、生态保护及创新驱动是进一步推进黄河流域实现生态环境保护与高质量发展的重要推手。整体来看，生态保护是高质量发展和创新的保障，创新是生态保护和高质量发展的动力，高质量发展是创新驱动和生态保护的总体目标，三者相互联系，共同影响着黄河流域的协调发展。本章重点研究黄河流域生态保护、高质量发展及创新驱动三者的耦合协调关系。

---

　　①　任保平．黄河流域高质量发展的特殊性及其模式选择［J］．人文杂志，2020（1）：1–4.
　　②　苗长虹，张佰发．黄河流域高质量发展分区分级分类调控策略研究［J］．经济地理，2021（10）：143–153.

第一节　黄河流域生态环境保护、高质量发展
与创新驱动的耦合协调机理

"耦合"最初为物理概念，它是指两个或两个以上系统（或运动形式）经过相互之间作用，进而相互影响最终呈现出相互促进及协同发展的现象，可以通过耦合度测度系统之间的协调程度。当前，耦合分析的方法被广泛应用到经济学的分析中，用来刻画系统之间的相互作用、影响关系。生态环境保护、高质量发展与创新驱动水平作为推动黄河流域发展质量提升的重要手段，三大系统之间的耦合协同发展及其变化趋势直接影响黄河流域发展质量。

高质量发展是体现新发展理念的发展，生态环境保护是着力解决因经济发展所带来的水资源、大气、土壤等环境污染问题，实现经济的绿色发展。创新是指增加创新研发投入、提高创新产出效率、培育创新环境，最终落实到创新成果并有效提升经济发展后劲，提高经济发展效率的过程。三者相互影响、相互作用，形成了交互促进与制约相结合的复杂机制。

一、黄河流域生态环境保护对技术创新和经济发展质量的影响逻辑

（1）生态环境保护的驱动作用。生态环境约束的降低会进一步给企业运行效率的提升和发展提供前提，促进经济运行效率的提升；同时当地生态环境限制的减少，也会为当地发展提供更多的资源和条件，有利于区域经济发展规模的扩展和产业的升级，提高经济发展质量水平；在环境治理水平不断提升时就会对企业提出更高的要求，这就倒逼企业内部生产技术亟须转型升级，从而有利于企业增加对创新的投入及重视程度，驱动企业创新能力的上升[①]。综合来看，生态环境保护一方面可以通过提高企业运行效率、发展质量，实现经济高质量发展；另一方面，通过提高企业创新能力，提升区域创新水平。

（2）生态环境保护的抑制作用。生态环境治理能力的增强、治理水平的提升必然伴随的是治理成本的提升，这一方面会降低企业利润率，显著降低企业的运行效率，降低企业生产的积极性；另一方面地方政府在环境治理政策执行中可能

---

① 张彦博，李想. 环境规制、技术创新与经济高质量发展——基于中央环保督察的准自然实验［J］.工业技术经济，2021（11）：3-10.

会出现"一刀切"式的管制性政策，这在一定程度上对地方经济发展质量形成负向激励，降低地方经济发展的集聚度和专业度，不利于发展质量的提升，进而在一定时期表现为对经济发展质量的阻碍作用。

二、黄河流域高质量发展对生态环境保护与技术创新的影响逻辑

经济运行效率的提升、发展质量的升高，这必然会减少企业的资源使用、污染排放，从而有利于生态环境的涵养；发展质量的提升、新技术新设备的使用会显著增强环境治理能力、降低环境治理成本，从而有效处理工业所产生的污染物，有利于生态环境的恢复[①]；经济高质量发展可以有效降低污染物的排放，减轻对生态环境所带来的压力；发展质量提升的同时，也会为当地带来更多的经济收益，从而为改善环境质量提供比较强大的资金保障。经济发展质量的提升意味着生产效率、配置效率的升级，进而可以优化创新环境，提高企业创新能力，从而更好发挥创新的驱动作用。

三、黄河流域创新驱动对生态环境保护与高质量发展的影响逻辑

创新是驱动生态保护水平提升、经济的高质量发展的持续动力源泉。创新能力的提升，企业一方面会采用更加低耗能、高效率、少污染的设备、要素进行生产，更有效率的要素配置组合及管理方式，从而提升经济运行效率，减少资源浪费以及污染物的排放；另一方面技术创新会驱动更加有效的污染治理方式的出现，从而提高区域治污水平，因此创新从减污、治污两方面驱动生态保护水平提升。创新对经济增长质量的提升作用可以追溯到索洛在 20 世纪 50 年代提出的经济增长模型，根据模型的数理推导提出技术创新才是经济增长的根源。创新能够从多维度推动经济高质量发展[②]：科技创新会给企业带来新的发展机遇，数字经济、人工智能等创新成果的出现会有效提升企业生产配置效率、降低生产成本；制度创新会提升经济长期持续发展的能力，通过体制机制的优化，促进经济增长潜能的发挥；财税和金融体系创新会推动创新环境改善，赋予经济主体提升发展质量的各种便利条件，从而有助于引领高质量发展的趋势，从多方面赋能经济发展质量。

---

① 亚琨，罗福凯，王京. 技术创新与企业环境成本——"环境导向"抑或"效率至上"？[J]. 科研管理，2022（2）：27 - 35.

② 辜胜阻，吴华君，吴沁沁，余贤文. 创新驱动与核心技术突破是高质量发展的基石[J]. 中国软科学，2018，（10）：9 - 18.

第二节　研究方法与数据说明

一、研究方法

（一）综合评价与指标赋权的方法：熵权法

生态环境保护、经济高质量发展及创新驱动水平的评价涉及诸多指标，因此评价的关键就是指标权重的确定问题。关于评价赋权的方法，常用的评价方法有主观赋权法和客观赋权法。主观赋权方法主要包括层次分析法和专家咨询系数法等，客观赋权法包括熵权法、标准离差法和优劣解距离法（TOPSIS 法）等。主观赋权法和客观赋权法各有优劣，不同方法的联用可以弥补各个方法的不足，使得综合评价更具科学性和合理性。因此本章采用了主观和客观赋权相结合的方法来确定权重，先利用主观赋权法确定二级指标的权重，再通过客观赋权法确定一级指标的权重。由于难以量化各个指标的重要程度，本章选择均等赋权法对二级指标赋权。一级指标合成中，选择熵权法，其具体计算步骤如下。

标准化数据：其中 $i = 1, 2, 3, \cdots, n$，代表了不同的指标；$j = 1, 2, 3, \cdots, m$，代表了不同的年份。x_{ij} 代表未进行标准化的指标的原数据，x_{max}，x_{min} 分别代表原数据中的最大值和最小值，x_{ij}' 代表进行标准化后的数据。

$$\text{正项指标标准化}: x_{ij}' = \frac{x_{ij} - x_{imin}}{x_{max} - x_{min}} \tag{5-1}$$

$$\text{逆向指标标准化}: x_{ij}' = \frac{x_{max} - x_{ij}}{x_{max} - x_{min}} \tag{5-2}$$

利用标准化后的数据进行计算，计算第 i 个指标下，第 j 年贡献度：

$$q_{ij} = \frac{x_{ij}}{\sum_{i=1}^{n} x_{ij}} \tag{5-3}$$

计算第 i 个指标的熵：

$$p_i = -\frac{1}{\ln n} \sum_{j=1}^{n} q_{ij} \ln(q_{ij}) \tag{5-4}$$

差异系数计算：

$$\omega_i = 1 - p_i \tag{5-5}$$

确定综合得分:

$$w_i = \frac{\omega_i}{\sum_{j=1}^{m} \omega_i} \qquad (5-6)$$

(二) 耦合协调的测度方法:耦合协调度模型

黄河流域生态保护、经济高质量发展与创新驱动水平之间耦合作用是一个非常复杂的系统,涉及要素也很丰富。而耦合度模型可以反映多个系统之间的协调水平以及相互影响、相互作用的程度大小,可以代表生态保护、经济高质量发展与创新驱动水平的协调强度。参照现有研究[①],三者耦合协调度的具体计算公式如下:

$$C = \left[\frac{(\mu_1 \times \mu_2 \times \mu_3)}{\left(\frac{\mu_1 + \mu_2 + \mu_3}{3}\right)^3}\right]^{\frac{1}{3}} \qquad (5-7)$$

式 (5-7) 中, μ_1、μ_2、μ_3 分别代表生态保护、经济高质量发展和创新驱动的综合水平, C 值为三者的耦合度,介于 0~1,一般来说 C 值越大,耦合度越高,表现如下:

$$T = \alpha \mu_1 + \beta \mu_2 + \gamma \mu_3 \qquad (5-8)$$
$$D = \sqrt{C \times T} \qquad (5-9)$$

由于耦合度只能测度生态保护、经济高质量发展和创新驱动的相互影响程度,但是无法区分正负,因此需要进一步利用耦合协调模型来反映三者的协调发展程度,计算公式如式 (5-17)、式 (5-18)。其中, D 值为生态保护、经济高质量发展和创新驱动的耦合协调度, D 值介于 0~1,并且 D 值越大,协调效果越好。本章根据物理学中对耦合协调度的划分情况,并且借鉴以往学者的研究成果[②],将生态保护、经济高质量发展和创新驱动的耦合协调度分为 3 个阶段,阶段划分如下表 5-1 所示。

① 陆远权,张源. 汉江生态经济带交通状况—区域经济—生态环境耦合协调发展研究 [J]. 长江流域资源与环境,2022:1-19.
② 师海猛,张扬,叶青青. 黄河流域城镇化高质量发展与生态环境耦合协调时空分异研究 [J]. 宁夏社会科学,2021 (4):55-63.

表 5 - 1　　　　　　　　　　耦合协调度分级表

发展阶段	失调阶段			过渡阶段		协调发展阶段		
D	[0, 0.2)	[0.2, 0.3)	[0.3, 0.4)	[0.4, 0.5)	[0.5, 0.6)	[0.6, 0.7)	[0.7, 0.8)	[0.8, 1]
发展类型	极度失调	严重失调	中度失调	濒临失调	勉强协调	初级协调	中级协调	高度协调

（三）区域差异的测度方法：Dagum 基尼系数分解法

测度差异的方法有很多，Dagum 基尼系数有诸多优点，不仅可以测度地区间差异，可以测算地区内的差异，还可以测度差异的来源，测算贡献度等诸多优点，基于此，本章选择 Dagum 基尼系数作为测度区域差异的研究方法。

$$G = \sum_{j=1}^{k} \sum_{j=1}^{k} \sum_{h=1}^{k} \sum_{i=1}^{n_j} \sum_{r=1}^{n_h} |y_{ji} - y_{hr}| / 2n^2 \, \overline{y} \qquad (5-10)$$

$$G_{jj} = \frac{\dfrac{1}{2\overline{Y}} \sum_{i=1}^{n_j} \sum_{r=1}^{n_h} |y_{ji} - y_{hr}|}{n_j^2} \qquad (5-11)$$

$$G_w = \sum_{j=1}^{k} G_{jj} p_i s_j \qquad (5-12)$$

$$G_{jh} = \frac{\sum_{i=1}^{n_j} \sum_{r=1}^{n_h} |y_{ji} - y_{hr}|}{n_j n_h (\overline{Y}_j + \overline{Y}_h)} \qquad (5-13)$$

$$G_{nb} = \sum_{j=2}^{k} \sum_{h=1}^{j-1} G_{jh} (p_i s_h + p_h s_j) D_{jh} \qquad (5-14)$$

$$G_t = \sum_{j=2}^{k} \sum_{h=1}^{j-1} G_{jh} (p_i s_h + p_h s_j)(1 - D_{jh}) \qquad (5-15)$$

$$G_{jh} = \frac{d_{jh} - p_{jh}}{d_{jh} + p_{jh}} \qquad (5-16)$$

$$d_{jh} = \int_0^\infty dF_j(y) \int_0^y (y - x) dF_h(x) \qquad (5-17)$$

$$p_{jh} = \int_0^\infty dF_h(y) \int_0^y (y - x) dF_j(x) \qquad (5-18)$$

其中，G 为总体的基尼系数，k 为划分的地区数量，n 为城市的数量，$\overline{y}$ 是黄河流域各城市的三大系统耦合协调度的平均值，y_{ji}、y_{hr} 分别是 j、h 地区的三大系统协调发展水平。基尼系数 $G = G_w + G_{nb} + G_t$，其中 G_w 为某个地区内差距的贡献度，代表了地区内各城市发展差异的来源；G_{nb} 为地区间差距的贡献度，衡量了地区之间差异和地区间的交叉效应，G_t 为超变密度的贡献。

（四）空间自相关性的测度方法：莫兰指数（Moran's I）

莫兰指数是用来衡量空间相关性的一个重要指标，莫兰指数分为全局莫兰指数

（Global Moran's I）和局部莫兰指数（Local Moran's I），莫兰指数取值范围在 $-1 \sim 1$，指数大于 0 时代表存在正的空间相关性，指数越大相关性越强，本章通过全局莫兰指数和局部莫兰指数分析黄河流域地级市三系统耦合协调水平的空间聚集性情况。

全局空间自相关的莫兰指数统计可表示为：

$$I = \frac{\sum_{i=1}^{n} \sum_{j=1}^{n} w_{ij}(x_i - \bar{x})(x_j - \bar{x})}{s^2 \sum_{i=1}^{n} \sum_{j=1}^{n} w_{ij}} \qquad (5-19)$$

局部空间自相关的莫兰指数统计可表示为：

$$I = \frac{x_i - \bar{x}}{S^2} \sum_{j=1}^{n} \left[w_{ij}(x_i - \bar{x}) \right] \qquad (5-20)$$

其中，x_i 表示第 i 个城市的数字经济综合指数，$\bar{x}$ 为样本均值，s^2 为样本方差，w_{ij} 为地级市空间权重矩阵的（i，j），表示城市 i、j 之间的邻近关系。

关于空间权重矩阵，本章借鉴相关研究[①]，从经济特征和地理特征两个方面构建空间权重矩阵：

$$W = \theta W_1 + (1 - \theta) W_2 \qquad (5-21)$$

其中，W_1 为城市地理权重矩阵，其元素为第 i 个城市与第 j 个城市地理距离的倒数；W_2 为经济距离权重矩阵，其元素为第 i 个城市人均 GDP 均值与第 j 个城市人均 GDP 均值绝对差值的倒数，为简化分析，θ 取 0.5。

（五）耦合协调驱动因素的测度方法：灰色关联分析

灰色关联分析相对于回归分析，更能比较出不同因素间影响程度的差异，因此本章选择灰色关联分析来研究不同因素对于耦合系统的影响及其大小关系。具体步骤如下：

（1）以黄河流域各地级市的高质量发展、生态保护与创新驱动耦合协调度为参考序列 Y(k)，以创新能力、经济基础、政府能力为比较序列 $X_i(k)$。X_i 为驱动因素（i = 1，2，…，n，n 表示驱动因素数量），k 为具体指标数据（k = 1，2，…，m，m 表示指标数据维度）。

① 邵帅，李欣，曹建华，杨莉莉. 中国雾霾污染治理的经济政策选择——基于空间溢出效应的视角 [J]. 经济研究，2016，51（9）：73 - 88.

（2）对指标数据进行初值化处理：

$$x_i(k) = \frac{x_i(k)}{x_i(1)} \qquad (5-22)$$

（3）计算关联系数：

$$\xi_i(k) = \frac{\min_i \min_k |y(k) - x_i(k)| + \rho \max_i \max_k |y(k) - x_i(k)|}{|y(k) - x_i(k)| + \rho \max_i \max_k |y(k) - x_i(k)|} \qquad (5-23)$$

其中，分辨系数 $\rho = 0.5$。

（4）计算关联度：

$$r_i = \frac{1}{m} \sum_{k=1}^{m} \xi_i(k) \qquad (5-24)$$

二、指标体系与资料来源

（一）指标体系构建

借鉴现有的研究成果构建了生态保护、经济高质量发展和创新驱动的指标体系，从生态保护、经济高质量发展和创新驱动三个维度共选取了 25 个指标，构建指标体系如表 5-2 所示。

表 5-2　　　　　　　　　　　　　　指标体系构建

系统层	子系统	指标层	方向
生态环境保护	生态环境压力	单位 GDP 烟尘排放量（吨/万元）	负
		单位 GDP 二氧化硫排放量（千克/万元）	负
		单位 GDP 废水排放量（千克/万元）	负
	生态环境现状	城市人口密度（人/平方公里）	负
		人均绿地面积（平方米）	正
		年度 PM2.5 均值（微克/立方米）	负
	生态环境治理	固体废物处理率（%）	正
		污水综合处理率（%）	正
		垃圾无害化处理率（%）	正

续表

系统层	子系统	指标层	方向
经济高质量发展	发展效率	全要素生产率增长率（%）	正
		技术进步率（%）	正
		技术进步变化率（%）	正
		技术效率变化率（%）	正
		配置效率变化率（%）	正
	发展水平	人均 GDP（元）	正
		非农产值占 GDP 比重（%）	正
		失业人数（千人）	正
		人均可支配收入（元）	负
		医院数（个）	正
		高等学校在校生人数（万人）	正
创新驱动水平	创新投入	科技支出占财政支出比重（%）	正
		科学研究、技术人员就业占比（%）	正
	创新产出	区域创新指数（%）	正
		人工智能专利数（个）	正
		工业机器人专利数（个）	正

在生态环境保护的测度指标构建上，本章借鉴了相关研究成果①，从生态环境压力、生态环境现状、生态环境治理三个子系统来测度生态保护水平。其中选取单位 GDP 烟尘排放量、单位 GDP 二氧化硫排放量、单位 GDP 废水排放量来反映生态环境压力情况；选取城市人口密度、人均绿地面积、年度 PM2.5 均值来反映生态环境现状；选取固体废物处理率、污水综合处理率、垃圾无害化处理率来反映生态环境治理情况。

在经济高质量发展的测度指标构建上，本章从发展效率、发展水平两个子系统来测度经济高质量发展水平。其中选取全要素生产率增长率、技术进步率、技术进步变化率、技术效率变化率、配置效率变化率来反映经济高质量发展效率；选取人均 GDP、非农产值占 GDP 比重、人均可支配收入、失业人数、医院数、高等学校在校生人数来反映经济高质量发展水平。

在创新驱动水平的测度指标构建上，本章借鉴了相关研究成果②，从创新投入、

---

① 郭晗，胡晨园. 黄河流域生态环境保护与工业经济高质量发展：耦合测度与时空演化 [J]. 宁夏社会科学，2022（6）：132－142.

② 武宵旭，任保平，葛鹏飞. 黄河流域技术创新与绿色发展的耦合协调关系 [J]. 中国人口·资源与环境，2022，32（8）：20－28.

创新产出两个子系统来测度创新驱动水平。其中选取科技支出占财政支出比重、科学研究技术人员就业占比来反映创新投入情况；选取区域创新指数、人工智能专利数、工业机器人专利数来反映创新产出情况。

（二）区域划分

参照水利部黄河水利委员会划定的自然流域范围，本章将选取包括黄河上游的青海、甘肃、宁夏，中游的内蒙古、山西、陕西，下游的河南、山东8个省份75个地级市，由于陕西的汉中、安康、商洛3个地级市属于长江流域，内蒙古的呼伦贝尔市、赤峰市、通辽市不属于黄河流域，青海的海东、内蒙古的阿拉善盟、山东的莱芜数据缺失较为严重，因此这些区域不纳入本次研究黄河流域考察范围之中，确定黄河流域地级市划分如表5-3所示。

表5-3
黄河流域地级市划分

划分	地级市
黄河上游	兰州市、白银市、武威市、金昌市、平凉市、张掖市、嘉峪关、酒泉市、庆阳市、定西市、陇南市、天水市、西宁市、银川市、固原市、青铜峡市、石嘴山市、中卫市
黄河中游	呼和浩特市、包头市、乌海市、鄂尔多斯市、乌兰察布市、巴彦淖尔市、太原市、大同市、阳泉市、长治市、临汾市、晋中市、运城市、晋城市、忻州市、朔州市、吕梁市、西安市、咸阳市、榆林市、宝鸡市、铜川市、渭南市、延安市
黄河下游	郑州市、开封市、洛阳市、平顶山市、焦作市、鹤壁市、新乡市、安阳市、濮阳市、许昌市、漯河市、三门峡市、南阳市、商丘市、信阳市、周口市、驻马店市、济南市、青岛市、淄博市、枣庄市、东营市、烟台市、潍坊市、济宁市、泰安市、威海市、日照市、滨州市、德州市、聊城市、临沂市、菏泽市

注：本章资料来源于2011～2021年的《中国城市统计年鉴》、《中国环境统计年鉴》、国泰安数据库、CEIC数据库及各省份统计年鉴，对于缺失数据采用插值法进行完善。

第三节　黄河流域生态环境保护、高质量发展与创新驱动的耦合协同实证

一、黄河流域生态环境保护、高质量发展与创新驱动时序演变

（一）黄河流域生态环境保护、高质量发展与创新驱动综合发展水平

图5-1展示的是2011～2020年黄河流域生态保护、高质量发展与创新驱动平均综合评价值。如图5-1所示，黄河流域生态保护、高质量发展与创新驱动三大系

统的综合水平呈现稳步抬升态势，三大系统的综合水平指数在研究期内都出现了一定水平的抬升，其中生态保护指数提升速度最快，创新驱动指数次之，经济高质量发展水平指数提升速度最慢，呈现波动上升的趋势。对比三系统指数的大小可以看出，在研究期内，生态保护水平平均综合评价指数遥遥领先，经济高质量发展水平平均综合评价指数次之，创新驱动水平的平均综合评价指数最低，可以看出创新驱动水平的落后是制约三系统协调关系提升及经济整体发展质量提升的关键因素。

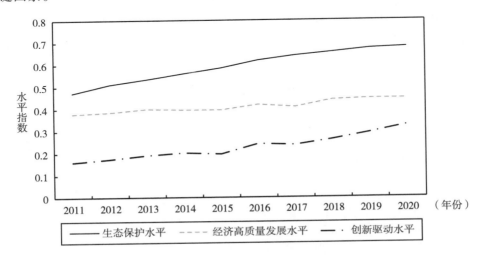

图 5-1 黄河流域生态保护、高质量发展与创新驱动
三大系统综合水平指数（2011~2020 年）

如图 5-2 所示，2011~2020 年黄河流域生态保护水平及其分维度的综合评价指数均值。近 10 年来，黄河流域的生态保护水平发展指数介于 0.47~0.68，整体发展水平较高。2011 年黄河流域生态保护各分维度得分均值排序为生态环境治理（0.643）＞生态环境压力（0.533）＞生态环境现状（0.241）；2020 年黄河流域各地级市生态保护各分维度得分均值均上升，且排序顺序改变为生态环境压力（0.914）＞生态环境治理（0.778）＞生态环境现状（0.339）。其中，2011~2020 年生态环境压力得分提升幅度最大，增长 71.36%；生态环境治理得分提升幅度最小，增长21.04%。研究期各分维度指标大小关系出现了变动，从生态环境治理分项因子得分大于生态环境压力，变动到生态环境压力分项因子得分大于生态环境治理，且均高于生态环境现状，这一结果与现实情况也是相吻合的。黄河流域城市近年来积极践行绿色发展理念，推行各种污染的治理工作，基于此后期生态环境的压力得以降低，生态环境现状有所提升。整体上，生态环境出现了一定的好转，且主要受益于生态环境治理的推行，生态环境压力的减少。

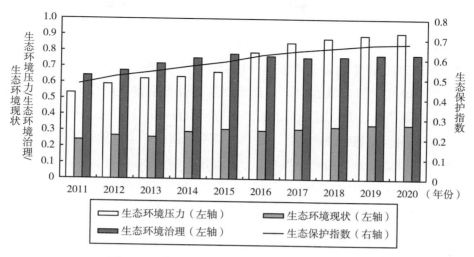

图 5 - 2　黄河流域生态环境保护分维度年际变化

　　黄河流域经济高质量发展指数及其分维度的综合评价指数均值演变如图 5 - 3 所示，近 10 年来，黄河流域的经济高质量发展指数在 0.37 ~ 0.45，整体发展水平不高。2011 年黄河流域各分维度得分均值排序为发展效率（0.496）> 发展水平（0.261）；2020 年黄河流域各地级市经济发展质量各分维度排序顺序依旧为发展效率（0.491）> 发展水平（0.399），但发展水平分维度指标得分逐年上升，发展效率分维度指标得分呈现平稳波动态势。数据分析的结果基本上与现实情况吻合，黄河流域大多数地级市经济发展水平不高，但是伴随着近年来创新发展战略、高质量发展理念的落实，发展质量得以提升，并且落实到涉及国计民生的领域，人民的生活水平出现一定程度的抬升，也就促使发展水平分维度指标得分的上扬。总的来看，经济发展质量得到了一定的提升，并且主要受益于发展水平的抬升。

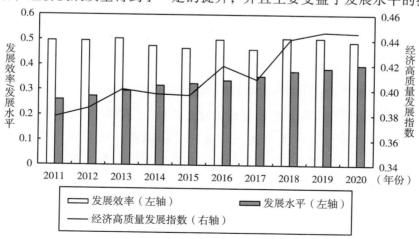

图 5 - 3　黄河流域经济高质量发展分维度年际变化

　　黄河流域创新驱动发展指数及其分维度的综合评价指数均值演变如图 5－4 所示，近 10 年来，黄河流域的创新驱动发展指数在 0.16～0.32，整体发展水平不高。2011 年黄河流域创新驱动各分维度得分均值排序为创新投入（0.265）>创新产出（0.057）；2020 年黄河流域各地级市创新驱动各分维度排序顺序依旧为创新投入（0.325）>创新产出（0.323），但创新产出指标得分逐年上升且上升速度较快，创新投入指标得分呈现稳定波动趋势，在研究期末，创新产出指标得分逐渐接近创新投入指标得分。数据分析的结果基本上与现实情况吻合，黄河流域地级市不断落实创新理念，增加创新投入，但是由于创新从投入到产出的过程是具有一定时滞性的，故表现为创新产出落后于创新投入的提升而增长，在持续的创新投入增加下，创新产出出现了稳步提升。总的来看，创新驱动水平得到了一定的提升，并且主要受益于创新产出的增加。

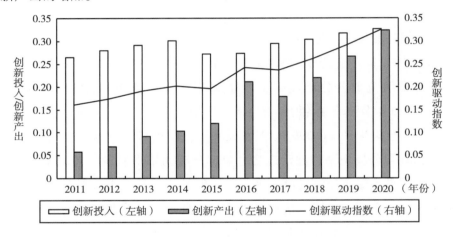

图 5－4　黄河流域创新驱动水平分维度年际变化

（二）黄河流域生态环境保护、高质量发展与创新驱动耦合协同关系

　　图 5－5 展示了黄河流域各地级市生态保护、高质量发展与创新驱动耦合协调度代表年份的时序变动。从图中可以看出，黄河流域各地级市生态保护、高质量发展与创新驱动耦合协调度存在着比较明显的时空差异，随着时间的变化，不同城市的耦合协调度会发生变化，大多数地级市的耦合协调度在研究期内呈现增长态势。2011～2020 年黄河流域各地级市生态保护、高质量发展与创新驱动的耦合协调存在着大范围的失调现象，大多数地级市的耦合协调度都处于严重失调或中度失调的范围，并且随着时间变化个体的耦合协调度发生了变化，但这一整体趋势依然存在。由于黄河流域资源禀赋、经济发展等存在较大差异：黄河上游自然环境恶劣，人口稀少，经济发展质量较低；黄河中游资源开发利用严重，生态环境较为脆弱，经济

发展可持续性不足；黄河下游人口较多，经济发展水平相对较高但受自然资源限制较多。因此黄河流域经济生态环境保护与高质量发展、创新驱动的耦合协同出现大范围失调的现象，经济质量进一步抬升受限。

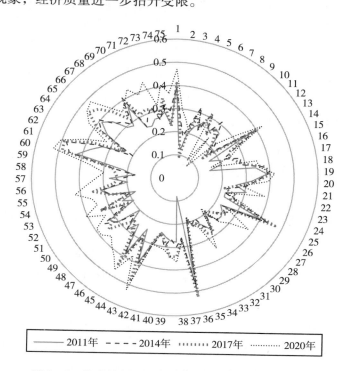

**图 5-5　代表性年份黄河流域生态保护、高质量发展
与创新驱动耦合协调度雷达**

注：图中数字与黄河流域地级市的对应关系为 1－兰州市，2－嘉峪关市，3－金昌市，4－白银市，5－天水市，6－武威市，7－张掖市，8－平凉市，9－酒泉市，10－庆阳市，11－定西市，12－陇南市，13－银川市，14－石嘴山市，15－吴忠市，16－固原市，17－中卫市，18－西宁市，19－呼和浩特市，20－包头市，21－乌海市，22－鄂尔多斯市，23－巴彦淖尔市，24－乌兰察布市，25－太原市，26－大同市，27－阳泉市，28－长治市，29－晋城市，30－朔州市，31－晋中市，32－运城市，33－忻州市，34－临汾市，35－吕梁市，36－西安市，37－铜川市，38－宝鸡市，39－咸阳市，40－渭南市，41－延安市，42－榆林市，43－郑州市，44－开封市，45－洛阳市，46－平顶山市，47－安阳市，48－鹤壁市，49－新乡市，50－焦作市，51－濮阳市，52－许昌市，53－漯河市，54－三门峡市，55－南阳市，56－商丘市，57－信阳市，58－周口市，59－驻马店市，60－济南市，61－青岛市，62－淄博市，63－枣庄市，64－东营市，65－烟台市，66－潍坊市，67－济宁市，68－泰安市，69－威海市，70－日照市，71－临沂市，72－德州市，73－聊城市，74－滨州市，75－菏泽市。

　　从局部来看，以省份为划分单元，山东省地级市的耦合协调度相对较高，从中度失调发展到濒临失调甚至勉强协调阶段，出现了空间上的聚集，其原因在于山东的经济发展水平在黄河流域范围内处于比较高的水平，受东部发达城市辐射效应明显，企业创新能力较强，并且其生态基础较好，因此表现为三系统的耦合协调水平较高；甘肃省地级市耦合协调度相对较低，在研究期内表现为在严重失调的阶段内聚集，其原因在于甘肃原始生态基础较差，生态进一步发展的起步点较低，并且身处西部内陆，相对人口较少，经济发展较为落后，因此三系统的耦合协调水平不太理想。从个体来看，以郑州、济南、青岛、西安为代表的地级市经济生态环境保护与高质量发展、创新驱动的耦合协调水平较高，其原因在于这些城市多为省会城市或者经济发展水平较高的区域，该区域的经济发展质量受到更多的重视，从而辐射影响到其他两大系统，推动整体耦合协调度的提升；并且这些城市发展起步较早，更早落实经济高质量发展的各项举措并收到了发展成效，而对于其他地级市来说，其高质量发展成果还未完全显现。

二、黄河流域生态保护、高质量发展与创新驱动空间演变分析

（一）黄河流域生态保护、高质量发展与创新驱动耦合协同空间自相关性

图 5 – 6 展示了黄河流域生态保护、高质量发展与创新驱动耦合协调度全局 Moran's I 指数，反映了黄河流域各地级市三系统耦合协调度的空间相关性。如图 5 – 6 所示，黄河流域生态保护、高质量发展与创新驱动耦合协调度全局 Moran's I 指数估计值均为正，且多年份均通过显著性检验，表明黄河流域 75 个地级市生态保护、高质量发展与创新驱动耦合协调度呈现空间集聚效应。全局 Moran's I 指数在 2011 ～ 2012 年呈现下降趋势，由 2011 年的 0.226 下降至 2012 年的 0.173，在 2013 年又上升至 0.275，之后出现长期回落，在 2018 年降至 0.192，又再次回升至 2020 年的 0.280。从整体变化趋势来看，全局 Moran's I 指数总体呈现波动中上升的趋势，这表明黄河流域 75 个地级市三系统耦合协调度的空间集聚效应在增强，流域内地区之间的联系在不断提升。

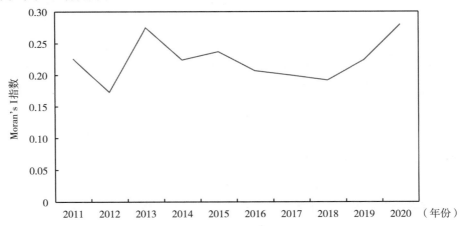

图 5 – 6 黄河流域生态保护、高质量发展与创新驱动耦合协调度全局 Moran's I 指数

全局空间自相关只能反映黄河流域生态保护、高质量发展与创新驱动耦合协调度的整体关联程度，为了克服这一缺陷，接下来选择局部莫兰指数来测度耦合协调度的集散情况。表5－4展示了2011～2020年黄河流域各地级市耦合协调度空间集散关系及其变化。其中，各地区耦合协调度空间集聚类型根据 Moran's I 散点图分为四个区域：高－高（HH）型表示地区自身耦合协调度高且周围地区的耦合协调度高；低－低（LL）型表示地区自身耦合协调度低且周围地区的耦合协调度低；高－低（HL）型表示地区自身耦合协调度高但周围地区的耦合协调度低；低－高（LH）型表示地区自身耦合协调度低但周围地区的耦合协调度高。

如表5－4所示，多数地级市处于 HH 型、LL 型区域，表明生态保护、高质量发展与创新驱动耦合协调度较高的地级市及耦合协调度较低的地级市均出现了明显的聚集效应。具体来看，HH 型聚集区域主要包括山东多数城市，以及西安、郑州等省会城市。产生这一现象的原因是山东在所考察区域中经济发展水平相对较高，并且地处黄河下游，临近海域，自然生态基础好，这些优势也会逐渐影响其他系统，从而表现为这些地区耦合协调度较高并出现了集聚现象；省会城市自身发展资源丰富，经济发展水平普遍较高，并且会辐射到邻近城市，从而会出现在省会城市的高耦合水平的集聚现象。从时间趋势来看，HH 型聚集区在不断扩张，所包含地级市数量增多且逐渐向中游扩散。LL 型聚集区域主要包括甘肃省的地级市。产生这一现象的原因主要是甘肃省地广人稀、经济发展水平较低，创新能力较差，而生态保护系统较好因此出现了不协调的现象，导致耦合协调度较低。从时间趋势来看，LL 型聚集区在波动中减少，所包含地级市数量降低。黄河流域内属于 HL 型、LH 型的地级市相对较少并且比较分散，原因在于这些区域与周围地区耦合协调度的差异较大。总的来看，黄河流域生态环境保护与高质量发展、创新驱动耦合协调度存在着明显的 HH 型、LL 型的空间集聚特征，并且 HH 型聚集集中在黄河下游，LL 型聚集集中在黄河上游，随着时间变动两种聚类出现波动但总体呈现稳定。

表5－4　　　　2011～2020年黄河流域耦合协调度空间变化分类

空间相关模式	HH	HL	LH	LL
2011年	青岛、郑州、烟台、威海等21个城市	安阳、南阳、滨州、新乡等14个城市	金昌、嘉峪关、石嘴山、鹤壁等13个城市	中卫、陇南、商丘、驻马店等27个城市
2012年	济南、青岛、太原、郑州等20个城市	天水、张掖、南阳、滨州等15个城市	金昌、嘉峪关、朔州、乌海等14个城市	中卫、陇南、吴忠、定西等26个城市
2013年	济南、青岛、太原、郑州等23个城市	新乡、南阳、张掖、天水等10个城市	金昌、嘉峪关、朔州、阳泉等12个城市	中卫、陇南、吴忠、定西等30个城市

续表

空间相关模式	HH	HL	LH	LL
2014 年	济南、青岛、太原、郑州等 20 个城市	新乡、南阳、张掖、天水等 15 个城市	金昌、鄂尔多斯、朔州、延安等 12 个城市	周口、陇南、漯河、定西等 28 个城市
2015 年	济南、青岛、太原、西安等 22 个城市	酒泉、南阳、张掖、天水等 9 个城市	金昌、鄂尔多斯、朔州、延安等 14 个城市	周口、陇南、漯河、定西等 30 个城市
2016 年	济南、青岛、太原、郑州等 18 个城市	新乡、南阳、武威、菏泽等 13 个城市	金昌、鄂尔多斯、朔州、延安等 16 个城市	白银、陇南、商丘、定西等 28 个城市
2017 年	济南、青岛、太原、郑州等 21 个城市	新乡、南阳、张掖、临沂等 8 个城市	乌海、鄂尔多斯、朔州、延安等 14 个城市	临汾、陇南、漯河、定西等 32 个城市
2018 年	济南、青岛、太原、西安等 24 个城市	新乡、南阳、商丘、渭南等 9 个城市	金昌、鄂尔多斯、朔州、乌海等 12 个城市	临汾、陇南、中卫、定西等 30 个城市
2019 年	济南、青岛、太原、西安等 24 个城市	新乡、南阳、西宁、咸阳等 10 个城市	金昌、鄂尔多斯、榆林、乌海等 16 个城市	临汾、陇南、中卫、定西等 25 个城市
2020 年	济南、青岛、太原、西安等 27 个城市	菏泽、南阳、济宁、运城等 13 个城市	金昌、延安、朔州、乌海等 13 个城市	临汾、陇南、吕梁、固原等 22 个城市

（二）黄河流域生态环境保护与高质量发展、创新驱动耦合协同空间差异

表 5 - 5 展示了 2011～2020 年黄河流域生态保护、高质量发展与创新驱动耦合协调水平的基尼系数及其差异来源。总体来看，黄河流域三系统耦合协调度 Dagum 基尼系数在研究期内仅出现小幅的波动，整体变动不大，这表明黄河流域耦合协调度的不平衡现象依然存在，区域之间发展水平存在差异依旧显著。

从区域内差异来看，以流域为划分单元，2011～2020 年各地级市耦合协调度的 Dagum 基尼系数均值排序为下游地区（0.170）> 中游地区（0.148）> 上游地区（0.128），说明相对于中上游地区，下游区域内各地级市差异更加明显。并且从整体演变趋势来看，上游地区的耦合度差异在不断降低，中游地区耦合协调度差异整体稳定，而下游地区的耦合协调度差异在波动中上升。这说明下游地区间耦合协调度的差异性逐渐增大，上游地区的地区间耦合协调度的差异性逐渐减小。

从地区间差异来看，区域间差异基尼系数均值排序为上游—下游（0.180）> 中游—下游（0.165）> 上游—中游（0.158），上游地区与下游地区耦合协同水平的差异最为显著，其主要原因在于两区域经济发展水平的差异，因此缩小黄河流域上游与下游的差距有助于实现黄河流域生态保护、高质量发展与创新驱动耦合协调水平的均衡发展。从整体演变趋势来看，虽然各地区间差异呈现增减交替的特征，但总体是轻微上扬趋势。区域之间的差异性在研究期内出现了上移，考虑其原因主要在

于不同地区对近年来国家提出的创新、高质量发展理念的落实程度不同,从而在本身经济水平导致差异的基础上出现了差异程度的进一步深化。

从区域差异来源及贡献率情况来看,第一,整体上 2011～2020 年黄河流域三系统耦合协调度的超变密度平均贡献率为 35.52%,这是造成区域差异的主要来源。第二,从演变趋势来看,区域间差异的贡献率波动较大,总体呈现上升趋势;超变密度的贡献率波动也比较明显,整体呈下降趋势;而区域内差异的贡献率相对平稳,且总体呈轻微下降的变化趋势。总的来说,2011～2017 年超变密度是造成黄河流域三系统耦合协调度各地区差异的主要来源,2018～2020 年地区间差异是造成黄河流域三系统耦合协调度各地区差异的主要来源。

表 5-5　　　　2011～2020 年黄河流域三系统耦合协调水平区域差异及其贡献

年份	地区内差异				地区间差异				贡献率（%）		
	总体	上游	中游	下游	上—中	上—下	中—下	地区内	地区间	超变密度	
2011	0.155	0.133	0.144	0.178	0.145	0.177	0.172	33.17	26.26	40.57	
2012	0.138	0.122	0.105	0.172	0.127	0.166	0.151	32.50	27.83	39.67	
2013	0.149	0.129	0.134	0.166	0.145	0.171	0.157	32.86	29.12	38.02	
2014	0.140	0.135	0.136	0.130	0.147	0.141	0.135	34.52	18.64	46.83	
2015	0.158	0.162	0.160	0.131	0.170	0.160	0.148	34.81	19.06	46.13	
2016	0.168	0.144	0.157	0.184	0.167	0.191	0.175	32.94	30.75	36.31	
2017	0.160	0.142	0.148	0.170	0.159	0.181	0.163	33.25	32.30	34.46	
2018	0.176	0.130	0.190	0.176	0.191	0.190	0.185	31.41	37.00	31.58	
2019	0.168	0.107	0.163	0.186	0.177	0.207	0.182	28.69	46.64	24.67	
2020	0.156	0.079	0.144	0.205	0.155	0.220	0.183	26.16	56.94	16.91	

三、黄河流域生态保护、高质量发展与创新驱动耦合的驱动因素

黄河流域生态保护、高质量发展与创新驱动耦合协同是一个复杂的机制,同时也是多要素共同作用的结果,为了进一步探讨其驱动因素,选择灰色关联分析来对三大耦合系统的驱动因素及其发挥作用大小进行研究。综合考虑黄河流域发展的实际情况,并借鉴相关研究①,选取以下三个因素作为黄河流域生态保护、高质量发展与创新驱动耦合协同的驱动因素:(1)创新能力。创新是经济发展、经济质量增加的核心动力,也深刻影响着耦合系统的各个方面,并且流域内城市之间的创新能

---

① 任保平,巩羽浩. 黄河流域城镇化与高质量发展的耦合研究 [J]. 经济问题,2022 (3):1-12.

力差异明显，一个区域创新能力的提升，可以有效提升发展质量，走绿色高效的可持续发展道路，同时也是进一步协调生态保护、经济发展质量及创新驱动的有效途径。具体指标以北京大学国家发展研究院统计的区域创新创业指数表示。（2）经济基础。黄河流域内各地级市经济发展基础的差异是显著的，而一个地区经济基础又是进一步发展的巨大优势，三大系统进一步地耦合协同需要流域内各地级市先从数量上积累良好的发展基础，才能进一步促进三大系统的协调程度提升，具体指标以区域国内生产总值（GDP）表示。（3）政府能力。区域内政府干预的有效性、政策落实的准确程度也是影响三系统协调的关键因素，政府可以为三大系统的进一步协调发展起到积极引领和促进作用。具体指标以地区财政支出占 GDP 比重表示。

黄河流域代表性城市生态保护、高质量发展与创新驱动耦合协调度与三大驱动因素的关联度测度结果如表 5-6 所示。由表 5-6 可知，三大驱动因素与黄河流域三大系统耦合协调度的关联度大多都在 0.6 以上，表明各驱动因素与耦合协调度均存在着密切的联系，并且不同地级市间存在差异。

表 5-6　　　　　　　　　　代表性地区三系统耦合协调水平与驱动因素关联度

代表性地区	创新能力	经济基础	政府能力
西宁市	0.873	0.747	0.918
兰州市	0.913	0.855	0.753
银川市	0.909	0.778	0.809
呼和浩特市	0.881	0.952	0.732
太原市	0.893	0.895	0.717
临汾市	0.899	0.959	0.836
西安市	0.913	0.610	0.691
郑州市	0.903	0.495	0.714
新乡市	0.899	0.947	0.835
濮阳市	0.893	0.929	0.967
济南市	0.923	0.591	0.659
青岛市	0.920	0.418	0.683
黄河流域	0.871	0.830	0.806

政府能力与三大系统间耦合协调度的关联度最低，说明政府能力对耦合协调度的影响作用最小。其中，濮阳、西宁的政府能力的关联度较高，说明政府行为对其耦合协调度影响较高，政府推动有效。政府能力的提升可以将高质量发展的目标更好落实，同时政府通过直接干预和间接干预的方式引导市场发展，就可以进一步推动创新、落实绿色发展、提升增长质量，从而推动三大系统协调水平提升。

经济基础与三大系统间耦合协调度的关联度处于第二位，其中，呼和浩特、临汾、濮阳的经济基础关联度较高。其原因可能是这些地区经济发展水平整体不高，三大系统进一步协调的基础较差，因此该区域三大系统耦合协同水平对经济水平变动的反应最为敏感；与经济基础关联度较低的城市，例如，郑州、济南、西安，这些城市经济发展水平较高，经济基础好，耦合协同水平进一步发展受经济基础的影响较小，更多是质量的提升才能促进协调水平的上移。因此，需要更加重视流域内经济基础的提升，特别是经济发展水平较差地区，从而减少对三大系统协调关系进一步升级的制约。

创新能力与三大系统间耦合协调度的关联度最高，创新能力对于三大系统耦合协同发展的影响程度最大，其中郑州、济南、青岛等城市创新能力的关联度水平较高。其原因可能是由于这些城市多为省会城市或发展水平较高的地区，是流域内创新产出的主要区域，而一个创新的出现势必会更新区域的生产、生活、交换方式，从而有助于三大系统的协同关系改善。创新能力是流域内城市生态保护、高质量发展与创新驱动协同发展的最关键要素，必须要重视区域创新能力的培养，来推动三大系统的耦合协同发展。

根据以上分析结果，在进一步推进黄河流域生态保护、高质量发展与创新驱动耦合协同发展的基础上，需要充分尊重各地级市的异质性，应当竭力消除短板，破除限制自身发展的主要因素，选择推动三大系统耦合协同发展的最优路径，从而提升流域整体的发展协同水平。

第四节　结论与政策建议

本章在对生态保护、高质量发展与创新驱动耦合机理阐释的基础上，以黄河作为研究区域，构建了黄河流域生态保护、高质量发展与创新驱动耦合协同的指标体系，并运用耦合协调度模型、莫兰指数、Drgum 基尼系数、灰色关联模型研究了黄河流域生态保护、高质量发展与创新驱动耦合协调度的时空变化及驱动因素，主要结论如下。

第一，2011～2020 年生态保护指数、高质量发展指数及创新驱动指数均呈现稳步上升态势，总体向好。其中，生态保护在研究期内发展水平更高，高质量发展指数次之，创新驱动指数最低，创新是制约黄河流域三大系统耦合协同的最关键因素，黄河流域整体还未达到三者协同发展的状态。

第二，2011～2020 年各地级市黄河流域生态保护、高质量发展与创新驱动耦合协调度呈上升态势，但整体耦合协同水平不高，仍存在着大范围失调现象。在空间上，黄河流域生态保护、高质量发展与创新驱动耦合协同水平总体呈现下游 > 中游 > 上游的空间特征。

第三，黄河流域生态保护、高质量发展与创新驱动耦合协调度全局空间自相关为正，局部空间自相关呈现集聚特征，表现为高水平与低水平的聚集。黄河流域各地级市三大系统的耦合协同水平差异依旧显著，并且在研究期内呈现稳定发展态势，同时近年来区域间差异是导致各地区耦合协同水平差异产生的主要原因。黄河流域三大系统耦合协同推进是政府能力、经济基础、创新能力等多种因素共同驱动的结果，其影响力依次增强，但不同地级市的主要影响因素存在差异。

根据本章研究的主要结论，提出以下政策建议。

（1）坚持创新是第一动力，持续发挥创新对经济质量提升、可持续发展落实的推动作用。创新是制约黄河流域三大系统耦合协调水平的关键因素，同时也是与耦合协同水平相关性最高的因素，对进一步提升流域协同发展水平、实现流域发展现代化目标具有重要意义。首先，要进一步健全和完善黄河流域基础研究创新的体制机制，利用好创新优势，增加创新投入，发挥好国家社会科学基金对支持源头创新和理论研究的关键作用[1]。其次，营造更加宽松、和谐的创新环境，完善创新基础设施建设，推进创新平台落实，简化行政审批环节，提升经济主体创新意愿。再次，要增强创新主体的重视，一方面，积极发挥税收优惠等政策的积极作用，增强企业创新的积极性，另一方面要推动数字普惠金融发展，解决创新主体的融资约束。最后，完善创新市场准入与交易机制，推动建立产学研深度融合的开放式创新平台，加速创新成果落实。

（2）坚持因地制宜，实施差异化协调发展战略。黄河流域作为一个整体，需进一步解决流域内不平衡发展的问题，应在构建统一体制机制的基础上，进一步划分功能能区，发挥各区域优势，形成聚合发展、优势互补的区域发展格局[2]。黄河上游地区是黄河的源头区，生态地位重要，因此需要更加重视上游地区的生态保护，提高源头地区水源涵养、生态修复能力，提升黄河流域生态水平。黄河中游矿产资源丰富，需进一步发挥资源优势，推动相关产业体系的完善和配套设施的健全，同时要积极推进相关开采、研发等技术创新，培育产业优势，实现高效、绿色发展。黄河下游是粮食主产区，同时经济发展水平较高，因此一方面要稳定粮食生产，保障

① 任晓刚，刘菲. 坚持科技创新推动经济高质量发展 [J]. 人民论坛·学术前沿，2022（13）：101 – 104.
② 郭晗，任保平. 黄河流域高质量发展的空间治理：机理诠释与现实策略 [J]. 改革，2020（4）：74 – 85.

流域的粮食供应稳定，另一方面要积极落实创新，不断提升企业发展质量，提升流域整体发展水平。

（3）推动区域间联动，发挥高水平城市的引领作用。山东省域内高水平聚集效果更为显著，而对于郑州、西安等发展水平较高的城市，其辐射带动效果并不显著。因此需要进一步推进此类高水平城市与周边城市的区域合作，通过技术成果引入、产业合作、区域共建等方式，推动高水平城市群建设。对于协同发展水平较低的城市，需要从城市自身资源出发，利用比较优势，发展重点领域，提升经济发展基础，从而驱动城市协同发展水平提升。

第六章

黄河流域生态环境保护与高质量发展耦合协调的产业驱动

　　基于国家宏观战略对黄河流域发展前景进行展望，黄河流域一方面需要依据高质量发展推进经济现代化发展，为现代化强国建设奠定区域协调基础；另一方面，面对黄河流域生态环境脆弱的生态安全问题，水少沙多、水沙关系不协调等流域治理问题，以及黄河流域作为生态主体功能区的战略地位，需要在发展的基础上强调黄河流域生态保护，创造兼顾经济与生态的黄河流域协调发展道路。黄河流域生态环境保护与高质量发展的耦合协调已成为流域发展战略布局的关键着力点，而从其耦合协调的动力支撑出发，中共中央、国务院印发的《黄河流域生态保护和高质量发展规划纲要》指出，"根据各地区资源、要素禀赋和发展基础做强特色产业，加快新旧动能转换，推动制造业高质量发展和资源型产业转型，建设特色优势现代产业体系"，从国家宏观战略视角为黄河流域生态环境保护与高质量发展耦合协调提出了具体路径，以现代产业体系的构建作为黄河流域转型发展的重要支撑与关键动力①。

---

① 中共中央 国务院印发《黄河流域生态保护和高质量发展规划纲要》[EB/OL]. 新华社, 2021 – 10 – 08.

第一节　黄河流域生态环境保护与高质量发展耦合协调产业驱动理论机制

　　黄河流域生态环境保护与高质量发展的耦合协调，即生态环境保护与高质量发展两个体系之间通过相互促进、共同提升、协调发展的现象，而从产业驱动的视角出发，黄河流域产业结构优化升级通过同步推进流域生态环境保护与高质量发展促进其耦合协调，也为其实现耦合协调提供了合作载体。基于产业发展视角，根据黄河流域发展的基本特征，流域产业布局已初步形成，其产业发展集中于结构升级视角，即产业结构高级化与合理化。产业结构的高级化常作为衡量产业升级的重要维度，指生产要素从低生产率部门向高生产率部门转移的过程，进而通过要素的流动实现"免费"的经济增长，偏重于产业生产效率的提升，具体表现为在要素维度从劳动密集、资本密集到知识密集型的产业转型，在产出维度从初级产品、中间产品到最终产品生产的顺次转换。而产业结构的合理化反映产业间协调程度与资源有效利用程度，衡量生产要素结构和产出结构间的耦合程度，常用产业结构对均衡状态的偏离度进行测算。

　　产业结构高级化与合理化两个维度对黄河流域生态环境保护与高质量发展的耦合协调既存在双重提升效应，也存在区域协调效应。

一、产业结构变迁的双重提升效应

　　从产业结构变迁对黄河流域生态环境保护与高质量发展的耦合协调存在的双重提升效应出发，流域生态环境保护与高质量发展的耦合协调关系，即经济系统与生态系统相互促进、协同发展的状态，而其失调问题则主要体现为两个系统的发展错位现象，单系统驱动因素存在扩大发展落差的可能性，产业结构升级则可以通过对经济系统与生态系统的双重提升推进黄河流域生态环境保护与高质量发展的耦合协调。

　　基于产业结构变迁的高级化视角，一方面，产业结构高级化本身便是黄河流域高质量发展提升的重要内容，产业作为经济发展中观维度的基本组成，产业结构高级化就是高质量发展的一部分，因此产业结构高级化水平提升与流域高质量发展存在明显正向联系。另一方面，产业结构高级化可通过能源结构优化推动黄河流域生态环境保护。从能源结构视角出发，黄河作为我国能源富集区，被称为"能源流域"，具有煤炭、石油、天然气等丰富的能源资源。以煤炭为例，2019年我国焦炭产量排名前五的分别是山西、内蒙古、陕西、河北与山东，其中 4 个省份都位于黄河流域。流域内资源型省份依靠其禀赋优势发展煤炭产业，实现了短期的经济增长，但也带来了较为严重的环境问题，对黄河流域的生态环境产生了一定负面影响。而随着产业结构高级化中产业的依次转型，生产要素需求结构与产品生产类型发生明显转变。基于要素投入视角，产业结构高级化表现为从劳动密集、资本密集到知识密集型的产业转型，对自然资源的依赖度逐步降低，在能源维度也逐渐从煤炭、石油等传统能源转向太阳能、风能等新能源的开发和利用，通过能源结构优化减少了经济发展对生态环境的压力。从产出维度出发，从初级产品、中间产品到最终产品生产的顺次转换，也降低了煤炭等初级产品开采利用对生态环境的破坏与污染，为生态环境保护提供了关键支撑。

产业结构变迁合理化视角下，对黄河流域生态环境保护与高质量发展的耦合协调存在的双重提升效应则主要作用于资源维度。黄河流域产业结构合理化的关键在于生产要素结构和产出结构间耦合程度的提升，即推进黄河流域产业结构适应于流域资源供给结构。黄河流域产业结构合理化可通过资源禀赋比较优势的发挥推进经济的高质量发展，通过构建适应于资源条件的产业结构，黄河流域各省份得以发挥地区比较优势，提高流域产品附加值，提升流域产业竞争力，为经济高质量发展提供产品基础。而从产业结构合理化推进黄河流域生态保护水平提升的视角出发，通过生产要素结构和产出结构的耦合协调缓解供需结构性错配问题，推进供需结构的动态平衡，避免部分产业产能过剩与流域各省份的重复建设问题，通过结构调整降低单位地区生产总值能耗，从节能维度推进黄河流域生态环境改善，进而通过对经济系统与生态系统的双重提升推进黄河流域生态环境保护与高质量发展的耦合协调。

二、产业结构变迁的区域协调效应

黄河流域生态环境保护与高质量发展的耦合协调不仅包括经济系统与生态系统的共同提升，也需要二者实现融合发展，实现相互促进的正向循环，以经济护生态，以生态促经济。而从黄河流域的基本特征出发，黄河流域作为一个区域整体，其生态环境保护与高质量发展的耦合协调不仅依靠各省份单独发展，各自为政的产业发展只能导致流域差异不断扩大，且中上游产业布局具有明显的外部性，威胁到整个流域的用水安全。因此，黄河流域生态环境保护与高质量发展的耦合协调必须以区域协调为基础，在区域协同合作的基础上共同抓好大保护，协同推进大治理。从产业结构变迁对黄河流域生态环境保护与高质量发展耦合协调存在的区域协调效应出发，产业结构高级化与合理化一方面可以以产业作为生态系统与经济系统的衔接，进而实现两个系统的耦合协调，另一方面，产业结构高级化与合理化也可以以产业链构建为抓手，推进区域合作，借助产业基础高级化实现高效的区域产业转移与产业承接，为黄河流域生态环境保护与高质量发展的耦合协调提供区域协调基础。

以产业作为生态系统与经济系统的衔接，通过传统产业转型升级与战略性新兴产业的不断推进，现代产业体系可以通过降低经济发展的生态成本推进黄河流域生态环境保护与高质量发展的耦合协调。在黄河流域产业结构变迁的过程中，产业结构高级化强调产业生产效率的提升，从生产率提升的产业视角出发，主要包括低生产率产业效率提升，与高生产率产业占比提高两条关键路径。从传统产业转型升级视角出发，传统产业常借助新技术、新能源的广泛应用提升其生产率，新技术与新能源的应用可减少传统产业生产中的能源消耗，降低生产污染物排放，降低企业生产对生态环境的负外部性，在推动经济增长的同时兼顾生态环境保护。战略性新兴产业则不仅基于其自身的环境资源友好属性降低了经济发展的生态成本，还通过新能源产业、节能环保产业等将经济系统与生态系统紧密连接在一起，特别是节能环保产业，为黄河流域生态环境保护与高质量发展耦合协调提供了绿色发展的新思路。依据"谁投资、谁治理、谁收益"的发展思路将经济效益与生态效益结合起来，通过构建黄河流域经济系统与生态系统相互促进的正向循环，推进流域生态环境保护与高质量发展的耦合协调。

基于黄河流域生态环境保护与高质量发展耦合协调的区域协同要求，产业结构优化升级可通过产业链现代化与产业基础高级化，推动区域协调发展，以区域协调助推流域经济系统与生态系统的耦合协调。从产业链现代化视角出发，通过产业结构高级化与合理化，黄河流域各省份通过产业结构与要素结合的耦合协调充分发挥其比较优势，以优势产业发展推进产业集群、带动区域产业链构建，进而以产业链为纽带推进区域分工合作，以省域合作促进区域协调，最终实现黄河流域生态环境保护与高质量发展耦合协调。基于产业基础高级化视角，黄河流域各省份产业结构升级优化也为区域产业转移与产业承接奠定了基础，要实现黄河流域协调发展，在各省份生态环境保护与高质量发展耦合协调的基础上推进省域差异缩小，避免各省份差异过大导致流域发展不平衡、不充分现象。着眼于黄河流域存在的省域差异，流域中上游地区面对生态环境脆弱、水资源相对匮乏、地形地貌复杂、人口密度低等客观发展制约，经济发展水平与产业结构滞后于下游地区，形成了区域经济落差，而以产业发展为抓手，将黄河流域省份间的区域梯度落差转化为经济转型升级的持久动力，关键则在于区域产业转移与产业承接，即充分发挥欠发达地区的资源禀赋优势，通过产业承接中资本、技术等各类生产要素的流入促进本区域发展，在推动本地经济发展、缩小区域经济差异的同时，也通过具有节能减排属性的技术引进降低了生产的负外部性，避免中上游地区发展高耗能、高污染产业对整个流域带来生态威胁。而在这一过程中，流域中上游地区以产业结构高级化与合理化通过本地产业承接能力的提升与配套产业的构建为产业转移提供了基本支撑，为推进区域产业转移与产业承接、实现区域协调、最终推进黄河流域生态环境保护与高质量发展耦合协调奠定了产业基础。

基于产业结构变迁促进黄河流域生态环境保护与高质量发展耦合协调的理论机理分析，提出相应理论假设，即产业结构升级通过产业结构高级化和合理化两个基本维度推进黄河流域生态环境保护与高质量发展的耦合协调。

第二节　产业结构升级驱动黄河流域生态环境保护与高质量发展耦合协调实证检验

在理论分析的基础上，进一步构建相应的计量模型对理论假说进行实证检验，在确定主要变量的基础上选取相应的代表性指标，并通过对数据的简要分析构建与现实情况相适应的计量模型。

一、指标选取与数据描述性分析

基于产业结构变迁推动黄河流域生态环境保护与高质量发展耦合协调的理论分析，构建相应的计量模型，可以发现本书的核心被解释变量即黄河流域各省份生态环境保护与高质量发展耦合协调度，核心解释变量则为产业结构高级化指标与产业结构合理化指标。基于本书的连续性与数据的可得性，黄河流域生态环境保护与高质量发展耦合协调度采用上文构建的指标体系与测算结果，产业结构高级化指标则参考黄亮雄、安苑等（2013）构建的产业结构高度化指数[①]，采用地区产业结构中国高生产率产业所占比重进行衡量，公式如下：

$$H_{it} = \sum_{j=1}^{J} S_{ijt} \times F_{ijt} \qquad (6-1)$$

式（6-1）中，i，j，t 分别表示地区、产业和时间，J 为行业总数。其中，i 取

[①] 黄亮雄，安苑，刘淑琳. 中国的产业结构调整：基于三个维度的测算 [J]. 中国工业经济，2013，10：70-82.

1，…，31，代表中国 31 个省区市①，包括黄河流域 9 省份与非黄河流域地区 22 个省份，为识别黄河流域产业结构的异质性，以构建与其相适应的计量模型，故 i 的取值范围不限于 1~9，取 1~31 包括黄河流域与非黄河流域地区，进而对两个区域进行对比分析。产业 j 则取 1，2，3，分别代表第一产业、第二产业与第三产业，t 取 1，…，21，代表 2000~2020 年。S_{ijt} 为 i 地区在 t 时间 j 产业的增加值占总增加值的比重，F_{ijt} 为 i 地区在 t 时间 j 产业的生产率指标，在常用的劳动生产率、资本生产率、全要素生产率等指标中，进一步选择劳动生产率，即产业增加值与该产业就业人数作为生产率指标。H_{it} 则为 i 地区在 t 时间各产业占比与其劳动生产率的乘积之和，即产业结构高级化指标。产业结构合理化指标则基于干春晖（2011）对产业结构合理化指标的设计，利用泰尔指数（也称泰尔熵）衡量黄河流域各省域产业结构的合理化水平②，公式如下：

$$TL_{it} = \sum_{j=1}^{J} \left(\frac{Y_{ijt}}{Y_{it}}\right) \ln\left(\frac{Y_{ijt}}{L_{ijt}} \Big/ \frac{Y_{it}}{L_{it}}\right) \tag{6-2}$$

式（6-2）中的 Y_{it} 和 L_{it} 分别代表 i 地区在第 t 期的生产总值与就业人数，j 表示产业，Y_{ijt}/Y_{it} 即产出结构，Y_{ijt}/L_{ijt} 为 j 产业的劳动生产率，Y_{it}/L_{it} 则为 i 地区在第 t 期的总劳动生产率，若 $Y_{ijt}/L_{ijt} = Y_{it}/L_{it}$，从而 $\ln\left(\frac{Y_{ijt}}{L_{ijt}} \Big/ \frac{Y_{it}}{L_{it}}\right)=0$，则产业结构合理化指标 TL=0，产业结构处于均衡状态，即地区产业合理化水平越高，产业结构合理化指标越接近 0。在产业结构高级化与合理化指标选取与测算的基础上，进一步对黄河流域产业结构变迁的一般规律进行对比分析，以识别黄河流域产业结构变迁的特殊性，进而结合黄河流域的一般特征构建相应计量模型。

从产业结构高级化视角出发，首先对不同区域各省区市生产总值、各产业增加值与产业就业人数进行加总，进而依据上文指标构建方法对黄河流域与非黄河流域地区的高级化指标进行测算，测算结果如图 6-1 所示。

图 6-1 测算结果表明，黄河流域作为我国重要经济地带，其产业结构高级化程度与其他地区未出现显著差异，产业结构高级化指标的绝对量与相对变化均存在明显一致性。但从产业结构高级化水平的绝对值出发，黄河流域产业结构高级化水平始终低于非黄河流域地区，且二者的绝对差值呈先减少再增加的趋势。从产业结构高级化指标变动的一般规律出发，2000~2020 年的 20 年间，我国产业结构高级化水平不断提升，无论是黄河流域还是非黄河流域地区，均呈现出产业结构高级化不

① 受限于数据可得性，观测区域仅为中国 31 个省份，不包括中国香港、中国澳门与中国台湾。
② 干春晖，郑若谷，余典范. 中国产业结构变迁对经济增长和波动的影响 [J]. 经济研究，2011（5）：4-16.

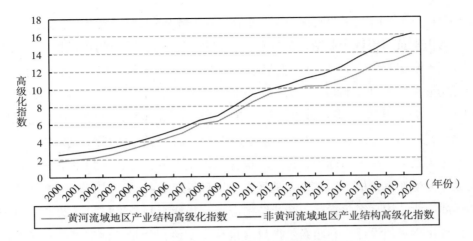

图 6-1   2000～2020 年产业结构高级化指标变动

断推进，且未来将进一步提升的发展态势。但通过黄河流域与非黄河流域地区产业结构高级化的对比分析可以发现，新时代以来，随着我国经济增长进入新常态，相对于非黄河流域地区，黄河流域产业结构高级化水平提升速度明显变缓，区域间产业结构高级化水平差异扩大，利用原始数据进行进一步分析，结果表明，随着产业结构转型发展，各区域第二产业占比呈现出先上升后下降的发展趋势，而在第二产业占比开始下降后，由于黄河流域第三产业劳动生产率相对非黄河流域地区较低，因此出现两区域产业结构高级化水平差异扩大的现象。

基于产业结构合理化视角，对黄河流域的产业结构变迁基本特征进行分析，首先对不同区域各省区市生产总值、各产业增加值与产业就业人数进行加总，进一步测算得到图 6-2。

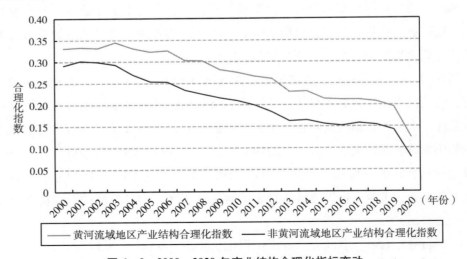

图 6-2   2000～2020 年产业结构合理化指标变动

如上文所述，产业结构合理化指标在均衡时趋于0，在其指标均为正的情况下，合理化指数越小产业结构越合理。可以发现，我国产业结构合理化水平不断提升，但黄河流域产业结构合理化指标数值偏大，合理化水平始终低于非黄河流域地区。从产业结构合理化水平变动的一般规律出发，我国整体产业结构合理化水平不断提升，且从2019年开始出现产业结构合理化水平骤升的现象，存在不断趋于均衡状态的发展趋势。基于对比分析视角，我国产业结构合理化发展呈现出较为明显的区域同步特征，黄河流域与非黄河流域地区产业结构变化态势较为相似，在产业结构合理化维度不存在明显的区域异质性。从产业结构合理化水平的绝对值差异出发，黄河流域产业结构合理化水平明显低于非黄河流域地区，两个区域产业结构合理化差异呈先上升后下降的发展趋势，但差值波动较小。

从黄河流域产业结构变迁的一般规律出发，流域产业结构高级化与合理化指标变动呈现出明显的连续性特征，虽然产业结构合理化指标在2019年出现指标数据突然下降的发展趋势，但由于未观测到这一变化的长期规律，结合前文对黄河流域生态环境保护与高质量发展耦合协调度的描述分析，其指标呈现波动上升趋势，也未表现出分段式特征，因此在计量模型构建中，暂不考虑门槛效应模型或分段回归模型，选择经典的面板回归模型进行实证检验。

二、模型构建与回归结果分析

在指标选取的基础上，进一步构建相应的计量模型以对上文理论假设进行实证检验，在进行实证检验前，通过简单的散点图描述黄河流域生态环境保护与高质量发展耦合协调度随产业结构高级化与合理化指标变化的大致趋势，据此选择合适的计量模型进行拟合，其中，考虑产业结构合理化指标越趋于零越合理，为方便计量分析，对其先取绝对值后取倒数，此时产业结构合理化指数越大，则代表该地区产业合理化水平越高（见图6-3）。

从黄河流域产业结构高级化及合理化指标与生态环境保护与高质量发展耦合协调度的散点图出发，可以发现黄河流域产业结构高级化与合理化指标，均与耦合协调度存在明显正向关联，可进一步构建相应模型进行拟合。而回顾模型构建的理论基础，从产业结构高级化与合理化推动黄河流域生态环境保护与高质量发展耦合协调的具体作用机理出发，可以构建相应的面板回归模型，但这一回归模型只能对各省份产业结构高级化与合理化推动本地区生态环境保护与高质量发展耦合协调的直接效应进行分析，而产业结构高级化与合理化的区域协调效应分析表明，产业结构变迁推动流域间协同合作过程中，无论是流域内产业转移，还是区域产业链构建，

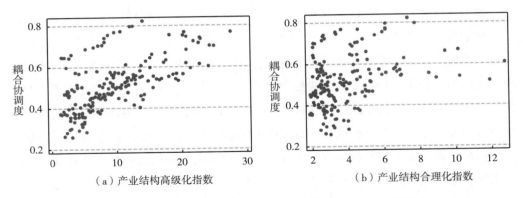

图 6-3　黄河流域产业结构高级化、合理化指数与耦合协调度散点

都存在明显的空间溢出特征，故在基准回归的基础上，进一步利用空间计量模型，对产业结构升级存在的空间溢出效应进行回归分析。通过对产业结构高级化与合理化推动黄河流域生态环境保护与高质量发展耦合协调的理论假设进行实证检验，并进行相应的稳健性检验，以科学的研究方法增强结论的可靠性。

首先，构建本书基准回归模型，以黄河流域各省份生态环境保护与高质量发展耦合协调作为被解释变量，以产业结构高级化与合理化指标作为核心被解释变量进行回归分析，对本书的基本理论假设进行验证，即黄河流域各省份产业结构高级化与合理化是否能推进其生态环境保护与高质量发展的耦合协调，若 α_1 与 α_2 显著为正，则验证了本书理论假设。

$$C_{it} = \alpha_1 H_{it} + \alpha_2 TL_{it} + \varepsilon_{1.} \qquad (6-3)$$

其次，在基准模型构建的基础上，利用空间计量模型对产业结构高级化与合理化推进黄河流域生态环境保护与高质量发展耦合协调的空间溢出效应进行进一步分析，在构建空间计量模型前，先进行莫兰指数检验核心变量的空间自相关性，可以发现 P 值小于 0.01，核心解释变量与被解释变量均呈现出显著的空间相关性，可以利用空间计量模型进行进一步检验（见表 6-1）。

表 6-1　　　　　　　　　　　　　　莫兰指数

变量	Moran's I				
	I	E (I)	sd (I)	z	p-value*
耦合协调度	0.224	-0.006	0.057	4.021	0.000
产业结构高级化指数	0.613	-0.006	0.057	10.848	0.000
产业结构合理化指数	0.396	-0.006	0.056	7.152	0.000

基于各变量存在的空间自相关性，进一步利用 LM 检验、LR 检验与 Wald 检验选择模型形式，以此构建科学合理的空间计量模型，各检验结果如表 6-2 所示。

表 6 - 2　　　　　　　　　　　LM 检验、LR 检验与 Wald 检验结果

检验	统计量	P 值
LM lag	15.398	0.0000
Robust LM lag	14.856	0.0000
LM error	2.088	0.1480
Robust LM error	13.309	0.0000
LR test（SLM）	16.34	0.0003
LR test（SEM）	51.13	0.0000
Wald test（SLM）	16.48	0.0003
Wald test（SEM）	41.53	0.0000

LM 检验的结果表明，多个检验均拒绝"无空间自相关"原假设，表明应进行计量分析，而在空间误差模型与空间滞后模型的选择中，由于空间滞后模型的 LM 检验与稳健的 LM 检验均在 1% 的水平上显著，而空间误差模型仅通过稳健的 LM 检验，故在空间误差模型与空间滞后模型的选择中应选择空间滞后模型。而 LR 检验与 Wald 检验的结果均表明，在 1% 的显著性水平下拒绝空间杜宾模型退化为空间误差模型或空间滞后模型的原假设，故最终选择空间杜宾模型（SDM），对产业结构高级化与合理化推进黄河流域生态环境保护与高质量发展耦合协调的空间溢出效应进行分析，模型如下：

$$C_{it} = \lambda_0 W \times C_{it} + \lambda_1 H_{it} + \lambda_2 W \times H_{it} + \lambda_3 TL_{it} + \lambda_4 W \times TL_{it} + \lambda_5 Z_{it} + \lambda_6 W \times Z_{it} + \upsilon$$

$$(6 - 4)$$

其中，W 为二进制邻接空间权重矩阵，矩阵元素为 1 则代表相邻，矩阵元素为 0 则代表不相邻，C，H，TL 与 Z 分别为生态环境保护与高质量发展耦合协调度，产业结构高级化指数，产业结构合理化指数与其他控制变量。基于空间杜宾模型，对黄河流域各省份产业结构高级化与合理化推进流域生态环境保护与高质量发展耦合协调的直接效应与间接效应进行实证分析。

在基础回归模型构建的基础上，为进一步加强计量结果的可靠性，加入影响黄河流域生态环境保护与高质量发展耦合协调的其他控制变量。在模型控制变量的选择上，基于已有研究，选择影响经济生态环境保护与高质量发展的关键因素，从人口聚集、对外开放、基础设施建设与政府能力四个主要维度出发选择相应的控制变量。在指标选择过程中，考虑到数据的可得性，以人口密度作为衡量地区人口集聚程度的代表性指标，以地区进出口总额与地区生产总值之比作为地区开放程度的衡量指标，以地区用水普及率与每万人拥有公共交通车辆数作为地区基础设施建设水

平的代表指标，以地区财政收入与地区生产总值之比衡量政府能力。

（一）产业结构升级对黄河流域生态环境保护与高质量发展耦合协调的基准回归分析

基于基准计量模型的构建，选取 2002～2021 年 20 年间的省域数据，以黄河流域各省份生态环境保护与高质量发展耦合协调作为被解释变量，以产业结构高级化与合理化指标作为核心被解释变量进行回归分析，利用混合回归模型、固定效应模型与随机效应模型 3 个不同模型增强实证结果的稳健性，并观察控制变量加入前后回归结果的变动情况。

表 6-3　　　　　　　　　　　　　基准回归结果

变量	混合 OLS 耦合协调度	固定效应 耦合协调度	随机效应 耦合协调度	混合 OLS 耦合协调度	固定效应 耦合协调度	随机效应 耦合协调度
产业结构高级化指数	0.011819 *** (0.001193)	0.010667 *** (0.000749)	0.010687 *** (0.000742)	0.008311 *** (0.002025)	0.006432 *** (0.001210)	0.009297 *** (0.002262)
产业结构合理化指数	0.017288 *** (0.003818)	0.017476 *** (0.002487)	0.017455 *** (0.002463)	0.020943 ** (0.010208)	0.022269 *** (0.007324)	0.024542 ** (0.010650)
Constant	0.335692 *** (0.018437)	0.346006 *** (0.009792)	0.345898 *** (0.034561)	0.661257 *** (0.108628)	0.345880 *** (0.057727)	0.610732 *** (0.124554)
控制变量	否	否	否	是	是	是
Observations	180	180	180	135	135	135
R^2	0.435534	0.708313		0.632919	0.828962	
Number of pro		9	9		9	9

注：**、*** 分别代表在 0.05、0.01 水平上显著。

基准回归结果表明，在未加入控制变量情况下，无论在混合回归模型、固定效应模型还是随机效应模型中，产业结构高级化指数与合理化指数均在 1% 的显著性水平上为正，即产业结构升级对黄河流域生态环境保护与高质量发展耦合协调度存在明显正向作用。在加入控制变量后，混合回归模型与随机效应模型中产业结构合理化指标系数的显著性有所降低，但仍在 5% 的显著性水平下显著，且作用方向未发生变化，而加入控制变量后产业结构高级化系数的显著性与作用方向均未发生改变。而根据加入控制变量前后产业结构高级化与合理化指标系数绝对值的变化，可以发现产业结构高级化指标系数整体降低，而产业结构合理化指标系数整体有所增加，表明未加入控制变量的回归模型高估了产业结构高级化对黄河流域生态环境保护与高质量发展耦合协调度的提升作用，低估了产业结构合理化的积极作用。多次回归结果均表明，黄河流域产业结构高级化与合理化指标均对其生态环境保护与高质量发展的耦合协调存在显著正向作用，产业发展是黄河流域生态环境保护与高质量发展耦合协调的重要驱动力。

（二）产业结构升级对黄河流域生态环境保护与高质量发展耦合协调的空间溢出效应

产业结构升级对黄河流域生态环境保护与高质量发展耦合协调的理论机理分析表明，区域产业结构高级化与合理化可推进区域合作与协调发展，存在明显的空间溢出效应，因此在基准回归的基础上进一步利用空间杜宾模型分析产业结构升级的空间溢出效应，在固定效应模型与随机效应模型的选择中，豪斯曼检验结果为负，接受原假设，选择随机效应模型进行回归，回归结果如表6－4所示。

表6－4　　　　　　　　　　空间杜宾模型的影响效应分解

变量	直接效应	间接效应	总效应
产业结构高级化指数	0.002507 * (0.001330)	0.005686 ** (0.002702)	0.008193 ** (0.003420)
产业结构合理化指数	0.004759 * (0.002699)	0.011779 ** (0.004752)	0.016538 *** (0.005287)
人口密度	－0.000009 ** (0.000003)	－0.000014 (0.000011)	－0.000023 * (0.000013)
对外开放	0.000014 ** (0.000007)	0.000038 ** (0.000019)	0.000052 ** (0.000023)
用水普及率	－0.000248 (0.000637)	0.006026 *** (0.002278)	0.005778 ** (0.002734)
每万人拥有公共交通车辆	0.005889 *** (0.001882)	－0.003062 (0.005340)	0.002827 (0.006316)
政府能力	0.091948 (0.287650)	－0.734111 (0.557354)	－0.642164 (0.635716)
Observations	180	180	180
Number of pro	9	9	9

注：*、**、***分别代表在0.1、0.05、0.01水平上显著。

根据空间杜宾模型的模型设定，变量的直接效应表示该变量对本地区生态环境保护与高质量发展耦合协调度的影响，包括两个关键内容，一方面包括该变量直接影响本地区生态环境保护与高质量发展耦合协调度的程度，另一方面也包括该变量通过影响其他地区继而对本地区生态环境保护与高质量发展耦合协调产生作用的反馈效应。而变量的总效应即当流域所有省份的该变量变动一个单位时，所有省份生态环境保护与高质量发展耦合协调度变动的平均值即为总效应。而变量的间接效应即其空间溢出效应，作为总效应与直接效应之差，代表相邻省份变量变化对各地生态环境保护与高质量发展耦合协调度的影响。而表6-4回归结果表明，黄河流域产业结构高级化与合理化对流域生态环境保护与高质量发展的耦合协调存在显著正向直接效应、间接效应与总效应，进一步验证了本书理论假设，黄河流域各省份产业结构高级化与合理化不仅对本地区的生态环境保护与高质量发展耦合协调存在显著正向影响，也可以推进相邻省份的生态环境保护与高质量发展耦合协调，对流域协调发展存在关键意义。

在基准回归与空间杜宾模型回归的基础上，为增强本书研究结果的可靠性，进一步通过模型更换、数据剔除等常见方法进行稳健性检验，检验结果表明，空间滞后模型与空间误差模型的回归结果均与空间杜宾模型的检验结果相似，黄河流域各省份产业结构高级化与合理化提升可以明显推进流域生态环境保护与高质量发展耦合协调，而剔除2010年之前年份的数据回归结果也与本书回归结果保持一致，虽然存在系数大小与个别变量显著性的差异，但不影响产业结构高级化与合理化对流域生态环境保护与高质量发展耦合协调存在显著正向影响这一基本结论。

第三节　黄河流域生态环境保护与高质量发展耦合协调产业驱动路径与政策

产业结构优化升级是黄河流域生态环境保护与高质量发展耦合协调的重要支撑与关键动力，而从推动产业变迁实现流域经济系统与生态系统耦合协调的具体路径出发，结合党的二十大精神对黄河流域产业发展进行宏观战略规划，党的二十大报告指出，建设现代化产业体系，坚持把发展经济的着力点放在实体经济上，推进新型工业化，加快建设制造强国、质量强国、航天强国、交通强国、网络强国、数字中国。黄河流域作为我国经济发展的重要区域，必须坚持贯彻国家战略指导，在产业发展中以实体经济为着力点，以新型工业化为主线，以数字化为产业结构升级赋能。在国家战略指导的基础上，进一步结合流域特殊性，以战略性新兴产业作为流域产业结构升级的重要突破口。

一、以实体经济为着力点

实体经济不仅是提供有效供给、增加就业机会的现代产业体系关键支柱，也是我国市场稳定运行的核心支撑。特别是面对复杂严峻的国际形势，实体经济也是促进我国经济稳定恢复、保障基本民生的关键基石。对黄河流域而言，其生态环境保护与高质量发展的耦合协调同样需要以实体经济为着力点，推进产业基础高级化与产业链现代化，以产业结构优化升级作为流域生态环境保护与高质量发展耦合协调的关键驱动力。

基于黄河流域的产业发展驱动流域生态环境保护与高质量发展耦合协调的理论分析与实证检验，流域各省份产业结构高级化与合理化均对生态环境保护与高质量发展耦合协调存在显著正向影响，既存在明显的直接效应，也对邻近区域具有较为显著的正向作用。而从黄河流域产业发展的现状出发，黄河流域产业结构高级化与合理化水平不断提升，但二者均明显低于非黄河流域地区，且近年来，黄河流域产业结构高级化水平提升速度变缓，呈现出区域差异扩大的趋势。且根据前文分析可以发现，黄河流域第三产业劳动生产率相对非黄河流域地区较低，是导致两区域产业结构高级化水平差异扩大的关键原因。因此，黄河流域在产业发展的过程中，一方面，需要通过技术创新提升各产业劳动生产率，以推动产业结构升级优化；另一方面，也需要关注产业发展中的实体经济比重，在宏观层面保持实体产业比重的稳定性，以实体经济为着力点推进产业结构优化升级和生态环境保护与高质量发展耦合协调。而从产业结构合理化视角出发，黄河流域合理化水平相对偏低的一个关键原因在于其第一产业劳动生产率较低，与其他产业形成了明显落差，因此就产业结构合理化维度，黄河流域也应以实体经济为着力点，提升农业的生产率水平，避免各产业劳动生产率差异过大导致的发展不平衡问题。除此之外，面对流域部分区域存在的脱实向虚问题，各省份需要强调实体经济与虚拟经济间的主次关系，在以实体经济为主体的基础上发挥虚拟经济对实体经济的辅助作用，引导金融资源投入制造业与农业领域，通过虚拟经济与实体经济的协同发展推进黄河流域产业结构优化升级，为流域生态环境保护与高质量发展耦合协调提供产业支撑。

二、以新型工业化为主线

根据黄河流域产业发展的基本特征，新型工业化不仅是推进产业结构高级化与合理化的核心动力，也是实现流域生态环境保护与高质量发展耦合协调的重要抓手。一方面，新型工业化带来的产业劳动生产率提升可以通过推进产业结构高级化与合理化逐步实现黄河流域生态环境保护与高质量发展的耦合协调；另一方面，新型工业化也可以通过环境治理技术创新与新能源开发利用，切实降低流域发展的生态成本，促进黄河流域实现经济系统与生态系统的耦合协调。基于全面建设社会主义现代化强国的战略目标，根据党的十八大提出坚持走中国特色新型工业化、信息化、城镇化、农业现代化道路的道路规划，黄河流域需要以新型工业化作为现代化建设与产业发展的主线，推进流域生态环境保护与高质量发展耦合协调。

面对新型工业化的发展要求与工业化的一般逻辑，黄河流域各省份需基于"能源—动力—运输"三位一体的工业发展基本框架，在"煤—电—铁路"的基础上，推进产业转型发展，实现"新能源—互联网—高速铁路"的转型升级，促进黄河流域生态环境保护与高质量发展耦合协调，满足流域人民日益增长的美好生活需要。基于能源转型视角，黄河流域各省份需要在宏观战略维度重视能源产业的转型发展，对区域产业布局进行合理规划，避免新能源产业的盲目扩张或各省份出现过度竞争，建立健全流域产业管理机制，采取合理的政府引导政策与适当的资金扶持帮助新能源产业解决核心技术缺乏、配套设施不足等问题，以新能源产业的健康发展推进黄河流域生态环境保护与高质量发展实现耦合协调。从新时代发展动力出发，黄河流域各省份可以通过新型基础设施的大规模建设为新型工业化提供基本支撑，与新型工业化要求相适配的新型基础设施建设具有投资金额较高、连续性强、收益回报期长、正外部性较强等特点，往往需要政府发挥投资主体与引导投资的作用，形成以政府为主导、充分发挥市场资源配置作用的基础设施建设格局，为生态环境保护与高质量发展的耦合协调提供基础设施建设。面对新型工业化过程中，黄河流域部分省份存在的交通不便制约，需要结合铁路"十四五"规划，科学有序推进黄河流域铁路网规划建设，提升流域各省份互联互通水平，为区域合作提供交通基础，最终通过新型工业化发展为流域生态环境保护与高质量发展耦合协调提供产业支撑。

三、以数字化为产业发展赋能

新时代以来，随着数字技术的不断发展，数字经济已然成为重塑全球经济结构、改变各国经济格局的关键力量，也为我国产业升级与区域协调发展提供了重要机遇。对黄河流域而言，以数字化为产业发展赋能不仅是新时代流域产业发展的重要要求，也是推进流域生态环境保护与高质量发展耦合协调的关键举措。

着眼于黄河流域产业发展的现状与制约因素，以数字化为产业发展赋能必须推进数字产业融合发展，强调数据这一核心要素在产业发展中的开发与利用。基于产业发展的生产维度，在劳动力、资本、自然资源等生产要素基础上加入数据这一生产要素，缓解黄河流域产业发展的资源制约，通过数据这一要素的加入降低流域产业发展对自然资源的依赖性，发挥数据要素价值、促进数字产业变革，进一步挖掘黄河流域发展潜力，推进流域产业结构升级优化，为流域生态环境保护与高质量发展耦合协调提供要素支撑。针对黄河流域产业发展过程中面对的生态环境相对脆弱、水资源过度开发等制约因素，数字化赋能产业发展也可以通过利用物联网、云计算、大数据、人工智能等数字技术推动流域资源合理分配与科学利用，将数字技术、产业发展与黄河治理联系起来，以数字化为产业发展赋能，推进黄河流域生态环境保护与高质量发展耦合协调。

四、以战略性新兴产业培育为关键

中共中央、国务院印发的《黄河流域生态保护和高质量发展规划纲要》中指出，根据各地区资源、要素禀赋和发展基础做强特色产业。而基于黄河流域生态保护功能区的战略定位，其特色产业构建必须以生态环境保护与高质量发展耦合协调为目标导向。而战略性新兴产业作为以重大技术突破和重大发展需求为基础，对经济社会全局和长远发展具有引领带动作用，既符合黄河流域高质量发展的产业需求，也满足保护生态环境的基本要求。战略性新兴产业的培育不仅可以加强生态保护，保障黄河长治久安，推进水资源节约集约利用，推进黄河流域高质量发展，还可以推进黄河文化的保护、传承与弘扬，进而为黄河流域生态环境保护与高质量发展耦合协调提供有力支撑。

战略性新兴产业发展的历史经验表明，各国战略性新兴产业起步往往采取政府主导与市场选择相结合的发展模式，而根据黄河流域产业发展现状，其战略性新兴产业培育也需要在政府主导的基础上发挥市场在资源配置中的决定性作用，通过有为政府与有效市场的结合，提升流域战略性新兴产业竞争力。从战略性新兴产业发展的资源配置视角出发，黄河流域的核心资源是水资源问题，产业发展、产业规模、产业结构等均需以水而定、量水而行，黄河流域战略性新兴产业的发展同样需要水资源的合理分配。在这一过程中，黄河流域各省份可通过完善用水指标转让与补偿制度，为市场水权交易转让等提供制度支撑与法律保障，提高水资源利用效率，推动水资源流向资源耗费少、环境友好型的战略性新兴产业，通过资源配置优化自发推进战略性新兴产业起步。在资源合理配置的基础上，结合战略性新兴产业的基本特征，通过创新机制完善激发战略性新兴产业创新活力，强化企业创新主体地位，推动黄河流域产业结构优化升级，最终实现流域生态环境保护与高质量发展耦合协调。

黄河流域生态环境保护与高质量发展耦合协调的数字经济驱动

　　黄河流域自古以来都是我国主要的经济发展区域和生态区域，更是中华文明的发源地。随着改革开放以来，由于未能摆脱粗放式发展模式的路径依赖，黄河流域的经济发展水平逐渐低于全国的平均水平，并且呈现出流域之间发展不均衡的状况。尤其是黄河中上游流域的西北地区、中原地区由于兼具经济、生态资源等特征，面临着相似的协调发展问题①。党的二十大报告强调了要推动黄河流域生态保护和高质量发展，伴随着数字经济不断发展，产业数字化和数字产业化的不断兴起，带来了巨大的技术变革，也为黄河流域的高质量发展带来了新的机遇。因此，本书基于数字经济的视角，对黄河流域生态环境保护与高质量发展的耦合协调发展道路进行研究，不仅对我国实现经济高质量发展具有较强的实践意义，也为解决黄河流域生态、经济发展相对不平衡的区域实现绿色发展提供了参考与借鉴。

---

① 任保平，张倩. 黄河流域高质量发展的战略设计及其支撑体系构建 [J]. 改革，2019 (10)：26–34.

第一节　数字经济背景下黄河流域生态环境
保护与高质量发展的新内涵

黄河流域的高质量发展是我国经济成功转型，实现经济高质量发展中的关键一环。随着数字经济孕育的新产业、新技术、新产品、新市场等不断涌现，为黄河流域的高质量发展带来了新的契机。黄河流域的生态环境保护与高质量发展并不是割裂的，二者是相互依存、相互制约的，黄河流域的高质量发展要求最优的发展路径、最佳的社会效应、最佳的环境效应。随着数字经济不断渗透到社会经济生产过程的方方面面，同时数字经济作为创新的一种具体形式，能够对现有的发展模式、治理模式，甚至传统的内涵进行创新。因此，在数字经济发展的背景下，需要对黄河流域的生态环境保护与高质量发展的内涵重新进行阐释。

一、数字经济背景下黄河流域高质量发展的内涵

习近平总书记在 2021 年 10 月 22 日黄河流域生态保护和高质量发展座谈会上的讲话中指出，黄河流域生态保护和高质量发展的主要任务包括加强生态环境保护、保障黄河长治久安、推进水资源节约集约利用、推动黄河流域高质量发展，以及保护、传承、弘扬黄河文化五个方面①。黄河流域的高质量发展不仅是经济的高质量发展，而且是全方位、多维度的发展，是包含社会、生态等各个维度的全面增长。要实现黄河流域的高质量发展，就必须要实现黄河流域的经济高质量发展。尽管经济高质量发展与传统的经济增长相比拥有可实现长期可持续的发展，涵盖更丰富内容等特点，但经济高质量的发展与经济增长一样，存在着经济高质量发展的成本或代价。

戴利和法利（Herman E. Daly and Joshua Farley，2014）将经济系统看作社会运行的机器，能够增加人们的福利水平。以自然资源为代表的生产要素通过经济系统加工处理，形成人造资本和自然资本，并且在生态系统各元素的相互作用下为人们提供服务，这些人造资本与自然资本所带来的服务能够为人们提供一定的福利水平。戴利和法利强调了经济系统的生物物理基础，他们认为经济过程不仅产生了能增加人们福利水平的服务，但同时也产生了生产要素退化形成的废弃物，包含生产和消费增长所产生的边际牺牲，即劳动的边际无效用、休闲的牺牲、消耗、污染、环境

---

① 让黄河成为造福人民的幸福河［N］. 人民日报，2021 - 11 - 1.

破坏、拥挤等方面①。这些废弃物为生态系统增加了承载压力，也相应减少了人们通过经济系统所获得的福利水平，阻碍了经济的高质量发展。当前黄河流域的发展模式仍是以投资驱动为主的粗放式增长，依靠资本投资的方式追赶相对发达的城市。黄河流域城市群产业多以采矿业、原材料等低端产业链存在，并且低端产业链构成了黄河流域各省份经济发展的支柱产业。这些低端产业链尽管带动了当地的经济发展，提升了居民的福利水平，但低端产业链同样对黄河流域城市群产生了路径依赖，使得各城市的发展难以突破桎梏。粗放式的经济增长模式产生的成本包含环境污染、破坏生态等，如果这些问题不能随着黄河流域的发展得以解决，这些问题会在未来某个时日获得负的贴现值，造成不可逆转的损害。与此同时，黄河流域的绿色产业、产业数字化和数字产业化程度相对落后，缺少产业高级化和产业结构合理化的激励。根据赛迪智库的《黄河流域工业高质量发展白皮书（2021年）》的数据显示，黄河流域省份（以下简称"沿黄省份"）的工业化水平总体处于工业化后期的前半段，但黄河流域研发投入显著不足，沿黄中上游省份多以原材料、采矿业等低端产业链行业带动经济发展，存在较强的路径依赖，资源环境的治理和技术创新仍需进一步加强。

2019年，国家发展改革委下发了《国家发展改革委关于加快推进战略性新兴产业集群建设有关工作的通知》，公布了第一批66个国家级战略性新兴产业集群名单，包括新一代信息技术产业集群、高端装备制造产业集群、新材料产业集群、生物医药产业集群、节能环保产业集群等产业集群推进产业数字化的进行，但黄河流域数字创意、相关服务等数字产业化进程相对滞后，此外，诸如新能源等新型能源行业、生物产业发展也相对缓慢。黄河流域新型能源行业仅有16个，占全国24%②，战略新兴产业集中分布在山东、河南、四川及陕西，黄河中上游地区暂不具备发展战略性新兴产业集群的条件。

因此，黄河流域生态保护与高质量的发展应该与创新驱动有机结合，一方面，可以对现有经济系统进行创新，实现发展模式的转变。另一方面，能够妥善处理经济高质量发展过程中所产生的废弃物，减缓生态系统的承载压力。在创新驱动中摸索出符合黄河流域特点的发展模式，通过数字经济培育出黄河流域生态环境保护与高质量发展耦合协同的新动能。

二、数字经济背景下生态保护的内涵

依据冀朝鼎（2014）的研究结果，黄河流域作为基本经济区，自古以来就是我

---

① ［美］赫尔曼·E. 戴利，［美］乔舒亚·法利著. 生态经济学：原理与应用［M］. 北京：中国人民大学出版社，2014：19.

② 张守凤. 黄河流域产业结构升级的就业效应研究［J］. 济南大学学报，2022（6）.

国经济发展的重心之地①。但古人的发展理念相对短视，在黄河流域无限制地扩大耕地面积、大面积砍伐森林，虽然为黄河流域城市群的经济发展作出巨大贡献，但同时为黄河流域的水土流失等问题埋下伏笔。由于黄河流域生态、水资源、治理等问题涉及多领域、多部门，其复杂性导致遗留问题尚未得到解决，导致黄河流域的发展形成了以粗放型、投资驱动的发展模式为主的路径依赖。黄河流域的低端产业链向自然系统排放大量污染物，对环境、生态系统造成过大压力，造成了生态系统的生态赤字。

　　黄河流域现阶段是以"棕色"模式进行发展，表现出粗放、投资驱动，生态系统的承载力下降等特征，这种发展模式及其表现出来的特征实质上是缺乏环境治理的创新，受到环境外部性和知识市场失灵两方面因素的限制。一方面，对黄河流域生态问题的传统解决方法是从外部性的角度入手。一是让污染者承担破坏环境的经济成本，通过外部性内部化降低污染对环境产生的成本，进而刺激环保方面的投入；二是限制污染排放，通过排污许可证等方式限制污染的排放，但这类环境政策会产生经济增长的代价，企业的产品质量下降，诸如企业寻租、研发新技术等其他可变因素的投入量会增加。传统的治理方式是以命令与控制型监管为主，通过衡量生态保护的边际收益和污染的边际成本制定相关的环境保护政策，但侧重于污染排放的前后端着手，而忽略了更远端的创新主体。这种治理方式并不是真正的可持续发展，只是通过技术手段将污染与环保之间的均衡点向后延，但最终结果仍是资源枯竭，只是短期内的可持续发展。但技术进步也不能解决所有问题，技术进步尽管提升了能源效率，但也有可能陷入"杰文斯悖论"的困境中②。另一方面，知识市场的失灵导致创新主体缺少激励。"互联网1.0"时期，各产业领域形成了近似完全竞争的市场，由于模仿成本极低，各企业争先模仿先进企业以获取最大利润。在数字经济背景下的"互联网2.0"时期，新兴产业的发展模式与"互联网1.0"时期本质上是一致的，但数据成为了新的生产要素，生产方式发生了巨大变革。以互联网公司为代表的第三产业的兴起同样是以模仿为主，在巨大的竞争压力下导致创新主体并未获取应有的创新利润就被挤出市场或是被收购，遏制了创新主体的创新动能；以传统制造业为代表的第二产业由于具有较高的固定成本，收益周期长等特点导致准入门槛提高，模仿成本极高，创新主体的创新风险较大，缺少政府方面的激励，以致传统的制造业的数字化转型进程相对滞后。

　　生态保护是解决黄河流域的生态环境问题的最直接方法。现有文献对于黄河流

①　冀朝鼎. 中国历史上的基本经济区 [M]. 北京：商务印书馆，2014.
②　Jevons W S. The Coal Question：Can Britain Survive? [M]. London：Macmillan，1865.

域生态保护的讨论多是研究黄河流域本身的生态问题和黄河治理问题①，以及黄河本身高质量发展所需的产业升级，如提升能源效率、向新型工业化转型等措施通过技术变革实现绿色发展②。既往研究几乎都是着眼于生态保护或黄河流域发展的本身，相对忽视了二者之间的耦合关系的分析。伴随着数字经济的发展，社会经济发展的思维方式发生了转变，许多毫不相关的事物之间甚至也会相互影响，事物之间的相关关系取代了原本的因果关系。大数据、云计算等数字化技术以效率为导向，取代了传统的抽样分析，追求全面而大规模的数量，通过对海量数据储存、分析为人们提供新的认知、创造新的价值源泉。数字经济本身就是一种创新，由数字经济驱动的生态保护要优先转变发展的思维方式，达到真正的可持续发展。生态保护不仅是生态系统保护的本身，以绿色发展为核心，还包括传统的产业的绿色转型升级，还需要培育全新的绿色产业，推动可再生能源、生态圈内部的循环，在黄河流域形成绿色创新经济带，走一条全新的绿色创新的发展道路。

因此，黄河流域的生态保护在数字经济背景下的内涵是高质量的生态保护，本质上是我国向绿色发展转型的基础。绿色发展是一个由社会、经济、自然共同推动的人与自然和谐可持续发展的模式，由绿色增长、绿色福利、绿色财富三个部分代表了绿色发展的衡量标准。

三、数字经济背景下黄河流域生态环境保护与高质量发展的耦合协调关系

耦合与协调是两个不同的概念，前者衡量两个系统间相互作用的强弱程度，后者衡量两个系统相互作用的好坏程度。传统的生态保护观念侧重于生态保护本身，相对忽视了黄河流域生态环境保护与高质量发展的耦合与协调关系，尤其是二者之间的协调关系。伴随着数字经济的快速发展，黄河流域的生态环境保护与高质量发展都有了新的内涵，因此，黄河流域生态环境保护与高质量发展的耦合协调关系就是两个系统之间在良性作用下的相互依赖、相互协调、相互促进的动态关联关系③。

（一）黄河流域生态环境保护与高质量发展的耦合协调机制

党的二十大报告强调了推动绿色发展，促进人与自然和谐共生。将推动经济社

①　郭晗. 黄河流域高质量发展中的可持续发展与生态环境保护［J］. 人文杂志, 2020（1）: 17－21.
②　金凤君. 黄河流域生态保护与高质量发展的协调推进策略［J］. 改革, 2019（11）: 33－39.
③　吴勤堂. 产业集群与区域经济发展耦合机理分析［J］. 管理世界, 2004（2）: 133－134, 136.

会发展绿化、低碳化作为实现高质量发展的关键环节，同时也对绿色发展提出了更高的要求：要推动制造业的绿色化发展、构建绿色环保新的增长引擎、深入推进环境污染防治、提升生态系统多样性、稳定性、持续性等。黄河流域的高质量发展是多维度、并联式的发展，是社会、经济、资源环境等多方面的协同发展，生态保护的发展会推动黄河流域的高质量发展，会对社会、经济、资源环境等方面产生较强的外溢效应，通过外溢效应对上述三方面的影响实现与黄河高质量发展的耦合协调。生态保护与生态系统之间的耦合协调是整个机制的基础，在此基础上的耦合协调促进了生态保护与经济系统的耦合协调，二者耦合协调推动了社会系统的耦合协调发展。

第一，生态保护与生态系统的耦合协调。生态保护是生态系统不断循环生产的保障。尽管生态系统自身具有可再生性，但随着人类社会文明的发展，对生态系统的攫取不断增加，生态系统的自我恢复能力逐渐减弱，导致生态系统的承载力阈值下降。自西汉时期起，黄河中上游的草原、林地被开发成农田，水土流失加剧，导致黄河泥沙增多，下游河道淤积严重，水灾频发。加上当时西汉朝廷懈怠治水，导致水灾对黄河下游地区造成极大影响。伴随着科学技术的发展，黄河流域的矿产资源丰富，沿黄城市群的经济发展大多以价值链低端产业推动，对黄河流域生态系统造成巨大负担。这样的发展模式并非可持续的，并且存在极限。在这种发展模式下，对生态保护的不断重视一方面提升了生态系统中的自然资本的数量和质量，自然资本发挥社会资本的作用，通过社会服务在给定其他投入要素的前提下增加整个系统的福利水平[1]，进而增强了整个生态系统的自我修复能力，提升了环境承载力。另一方面，高质量的生态保护要求整个能源产业、传统工业的绿色转型升级，减少人类的生态足迹，在一定程度上延缓了经济增长达到极限的极点。生态系统在生态保护的作用下产出和生产效率不断提升，进一步丰富了生态保护的内容，提高生态保护的质量，形成良性的正反馈效应。

第二，生态保护与经济发展的耦合协调。生态保护与传统的环境政策相比，侧重于从经济发展的源头解决减少发展的代价。生态保护提升了生态承载力，经济运行始终处于生态系统的边界以下，主要从以下三个方面与经济发展进行耦合协调。

首先，生态保护的成果具有极大的正外部性，提升了社会收益和私人收益。一方面，高质量的生态保护改变了企业的利润动机，改变了企业的行为。生态保护取

---

① 陈诗一. 能源消耗、二氧化碳排放与中国工业的可持续发展 [J]. 经济研究，2009，44 (4)：41 - 55.

代了传统的命令控制型的生态保护政策，由市场自发驱动企业改变自身的生产函数，改进技术寻找低成本的生产方式，致使企业的研发创新自发转移到绿色发展的方向，提升了整个社会的收益水平。此外，生态保护会充分激发企业家精神，不断实现绿色创新，生态保护增加了社会收益和私人收益，并存在自我激励的作用。另一方面，高质量的生态保护催生了大规模绿色新兴产业，减少了企业在处理污染废弃物方面的支出，在此基础上形成的绿色产品供给体系为黄河流域居民提供了新的就业模式和消费模式，实现就业模式和消费模式的绿色转型升级。

其次，生态保护为黄河流域的经济高质量发展提供了规模经济的基础。受环境库兹涅茨曲线的启发，生态保护与生态系统之间存在正反馈关系，能够降低环境污染的峰值：（1）高质量的生态保护增加了自然资本的投入，推动产业的绿色化转型。自然资本是推动黄河流域高质量发展的绿色生产要素，自然资本投入的提升减少了产业绿色转型的成本，增加了绿色产业链的收益水平，进而推动绿色产业的规模经济。（2）高质量的生态保护增加了对自然资本的投入，推动了绿色金融的发展，解决了资金链短板问题。绿色金融与绿色产业之间形成正向互动关系，促进了经济的高质量发展。（3）高质量的生态保护为绿色发展提供了绿色基础设施，减少了未来支付的成本。

最后，生态保护与社会系统的耦合协调。生态保护是绿色发展模式的直接措施，生态保护与社会系统的耦合协调体现在生态保护与生态系统、经济系统的耦合协调的成果与社会系统进行耦合协调发展。一是依靠高质量的生态保护，使社会系统的发展从不公平转向公平发展。一方面，生态保护改善了生态系统，自然资源有限的特性得到改善，为每位居民提供相同的社会服务，提升居民的幸福感及健康程度。另一方面，依托生态保护，减少了环境污染等问题，进而减少了环境污染等问题对人力资本产生的负面影响[1]。二是高质量的生态保护推动了绿色城市的建设，居民的传统观念被绿色观念替代。随着绿色理念的扩散，黄河流域居民的绿色素质不断提升，政府部门的治理由被动转换为居民主动环保，从根源上改变了居民"集体行动的逻辑"，极大降低了治理成本和政府部门的治理难度，推动黄河流域的治理水平和效率的稳步提升。

（二）数字经济黄河流域生态环境保护与高质量发展耦合协调的制约因素

黄河流域高质量发展与其他经济带、经济区的发展战略不同，黄河流域高质量发展要将生态保护放在首要位置，将生态保护和创新驱动、绿色发展等新发展理念

---

① 陈诗一，陈登科. 雾霾污染、政府治理与经济高质量发展 [J]. 经济研究，2018，53（2）：20-34.

有效地结合在一起①。黄河流域生态环境保护与高质量发展的耦合协调是一个复杂的系统，生态保护的内涵包含了创新驱动和绿色发展。高质量的生态保护，要充分考虑到黄河流域生态环境保护与高质量发展耦合协调系统之间内部和外部各因素的约束条件和特殊性。

一方面，黄河流域生态环境保护与高质量发展的耦合协调受到系统内部因素的影响。黄河流域高质量发展是多维度的，不仅包含了生态保护，还包含了黄河流域的经济发展、社会发展及文化道德等的协调发展。生态保护是实现黄河流域高质量发展的关键部分，但单纯的生态环境保护却不一定实现黄河流域的高质量发展，二者是包含与被包含的关系。传统的生态保护侧重于环境治理、生物保护等，着眼于生物圈较为表面的措施，如建立国家性质的公园或是保护区，为绿色治理作出巨大贡献。随着高质量发展不断推进，生态保护也应当从质量上进行考虑。单纯的生态保护并不能实现黄河流域的高质量发展，其原因有以下三点：一是高质量的生态保护动能不足。单纯的生态保护缺乏高新技术的支持，缺乏创新驱动，导致生态保护的供给端动能不足。并且创新者缺乏创新激励，创新者获得的回报与社会回报差异过大。二是企业的利润导向存在问题。企业发展的方向就是利润的方向，企业作为创新的主要贡献者，始终坚持利益最大化的原则，企业的发展目标也就朝向利益最大化的方向发展，而忽视了企业的社会责任和造成的负的外部性影响。此外，生态保护具有极强的外部性，社会成本与私人成本之间差异过大，导致"搭便车"等行为大量出现，降低了生态保护的需求端动能。另外高质量生态保护的效率不足。由于生态保护的供给端和需求端的动能缺失，致使对生态保护的研究停留于生态保护本身，并未将生态保护的关联性和外部性考虑在内，并未系统地解决生态保护的问题。三是生态保护的质量不足。动能和效率的缺失，导致生态保护并不能实现高质量，进而导致黄河流域的高质量发展进程放缓。

另一方面，黄河流域生态环境保护与高质量发展耦合协调的系统容易受到系统外部因素的影响。耦合系统的正常运行不仅需要两个系统分别正常运行，还需要整个系统的稳健运行。一是黄河流域产业链的筒仓效应导致耦合协调的效率保持在较低水准。相关产业之间的信息、数据等存在壁垒，形成的"数据孤岛"造成了较高的交易成本，导致资源的利用效率较低。由于筒仓效应的存在进一步增加了创新活动的成本，导致企业总是继续沿着路径依赖的生产方式进行生产而不愿意进行技术

---

① 任保平. 黄河流域生态保护和高质量发展的创新驱动战略及其实现路径 [J]. 宁夏社会科学，2022（3）：131－138.

研发，滞后了技术推广。二是黄河流域的发展由于"资源诅咒"和对传统产业之间的动态反馈形成了路径依赖，制约了黄河流域生态环境保护与高质量发展的耦合协调。水资源的严峻形势是黄河流域高质量发展的最大刚性约束，水资源的供需矛盾日益尖锐。黄河流域丰富的自然资源决定了黄河流域最开始以粗放的模式发展，导致以能源重化工为代表的第二产业占比较高，并在此基础上逐渐形成路径依赖，对水资源和生态环境造成很大压力。由于在发展过程中产生的负外部性没有得到合理解决，导致环保技术变革日趋复杂，缺乏新的发展动能。

第二节　数字经济驱动黄河流域生态环境保护与高质量发展耦合协调的理论机理

黄河流域生态环境保护与高质量发展的耦合协调是依托生态保护与生态、经济、社会三个系统之间的正反馈效应进行耦合协调，传统的生态保护是黄河流域高质量发展的主线内容而不能作为黄河流域高质量发展的动能基础。伴随着数字经济的发展，生态保护被赋予高质量的内涵，在数字经济作用下培育了新的动能，进而驱动黄河流域生态环境保护与高质量发展的耦合协调。

一、数字经济赋能生态保护高质量的内涵，驱动了黄河流域生态环境保护与高质量发展的耦合协调

数字经济发展在梅特卡夫定律的作用下产生了前所未有的海量数据和信息，这些数据和信息作为数字经济时代的新型生产要素在生态保护的过程中发挥了举足轻重的作用，为黄河流域的生态保护培育了新动能，借由新动能提升了生态保护的效率。通过在动能端和效率端的作用，提升了生态保护的质量，驱动黄河流域生态环境保护与高质量发展的耦合协调。

首先，数字经济为高质量的生态保护提供了全新的动能来源。数字经济本身就是一种全新的经济形态，依靠创新推动自身的发展，在创新中产生了海量数据，数据创造的价值构成了动能源泉的基础。在这一过程中，创新取代了传统的价格竞争机制，只有率先将创新转化为成果的企业才能在市场中获取超额利润，这为创新者提供了充足的激励。数字经济背景下的产权界定逐渐完善，将数据要素产生的网络效应和外溢效应提供的外部性内部化，充分发挥企业家精神，促使企业披露自身的

创新信息①，并为整个社会的创新提供了充足的激励。此外，数字经济时代的观念、分析范式发生了转变，从寻找事物之间的因果关系转换为事物之间的关联性，从分析样本数据转换为分析全面数据，从单一竞争关系转变成多方合作关系。这种转变促使传统的非生产建设或非生产经济活动在数字经济下也能创造价值，生态保护在数字化技术的赋能下产生海量数据，并对数据进行分析处理，根据分析结果及时对相关措施进行调整、改进。

其次，数字经济提升了高质量生态保护的效率。高质量生态保护的效率体现在生态保护的供给端和需求端上。供给端效率上，黄河流域与长江经济带、粤港澳大湾区等不同，由于其地理环境的特殊性并不具备航运功能，降低了黄河流域各地区的货物传输效率，在一定程度上导致黄河流域各地区的经济发展水平不均衡。需求端效率上，数字化技术可以将自然资源所在地虚拟化，对周围地形、气候、植被等因素进行数据收集和分析，提升资源的开采效率和使用效率。数据作为新型生产要素，其地位越来越高，产业数字化、数字产业化及数字治理都离不开数据的传输。数据颠覆了传统的生产要素的作用，数据要素具有非排他性和非竞争性，并且数据要素使用、传输、储存的边际成本近乎为零，可在云端进行实时共享，供用户修改。新型基础设施颠覆了传统的生产、消费、分配和交换的过程，形成数据传输网络，为黄河流域产业结构绿色化、数字化转型创造有利条件。数据要素以新型基础设施为驿站，以互联网为通道进行传输，极大减少了交易成本，提升了产业内部、产业之间甚至跨行业之间的沟通效率，打破了传统的信息壁垒。高质量的生态保护在数字化技术下具有全面、高效、多维度的特点，以产学研为核心的部门高效沟通合作，以智能化手段提升生态保护的效率。

最后，数字经济赋予了生态保护高质量内涵。高质量的生态保护不仅是对污染前后端的治理、对生态环境的保护，而且应该是以生态、经济、社会协调发展的绿色创新发展模式。数字经济是一场以绿色生产要素投入为主的绿色工业革命②，能够优化能源的供给配置，在数字化技术的作用下培育我国经济高质量发展的新优势③，探索了一条全新的发展路线。一是数字经济带来的新变化提升了人力资本的质量。生态保护是实现黄河流域高质量发展的关键措施，但仅靠政府引导的生态保护措施是不够的，黄河流域的治理状况、生态环境的现状及产业发展现状通过数字

① 周泽将，汪顺，张悦. 知识产权保护与企业创新信息困境 [J]. 中国工业经济，2022 (6)：136 – 154.

② 张鸿，刘中，王舒萱. 数字经济背景下我国经济高质量发展路径探析 [J]. 商业经济研究，2019 (23)：183 – 186.

③ 任保平，孙一心. 数字经济培育我国经济高质量发展新优势的机制与路径 [J]. 经济纵横，2022 (4)：38 – 48.

化技术传递到居民手中，让当地居民更加了解发展现状，提高居民的绿色素养，进而让居民参与到黄河治理中。同时，数字经济共享合作的特点降低了黄河流域产业结构的绿色化、数字化转型的成本。数字经济的网络效应和外溢效应有利于缓解产业之间的筒仓效应，通过数据共享打破各企业甚至各产业的"数据孤岛"现象，进而在转型过程中摆脱路径依赖，寻找新的绿色利润动机。二是数字经济推动了黄河流域产业结构的绿色化、数字化转型。产业结构的绿色化、数字化转型意味着产业结构的质量提升，以此基础形成的黄河流域"绿色发展经济带"进一步反哺生态保护，促进了黄河流域生态环境保护与高质量发展的耦合协调发展。三是数字经济提升了政策决策的质量。以大数据为基础技术提升了决策的科学性，制定科学的环境政策同时也促进技术创新的政策，以此加强了黄河流域生态环境的保护与高质量发展的耦合协调。

二、数字经济为黄河流域生态环境保护与高质量发展的耦合协调系统提供了新动能

数字经济实现了耦合协调系统的动能转换。黄河流域生态环境保护与高质量发展的耦合协调系统是通过生态、经济、社会三大系统共同发挥作用的，三大系统依靠传统的动力难以实现黄河流域的高质量发展。三大系统中最为核心的是经济系统，经济系统得到健康发展，生态系统和社会系统才能耦合协调发展。传统的经济发展模式是依靠要素、投资驱动，产业结构呈现出低技术、低效益、高能耗、高污染的特点。因此，经济系统的动能转换可以从驱动力和外在表现两个维度进行分析[1]。

一是经济系统的增长动力转换。首先是人力资本的转型升级。社会网络要素之间的复杂关系构成了社会发展的内在动能[2]，人是构成社会网络要素的最基本单位，社会发展的动能源于人的发展，取决于人力资本。人口红利是我国经济增长奇迹的重要因素之一，传统经济增长模式下的人力资本流水线化，替代效应较强，竞争力较低。数字经济时代是合作与分散不断发展的时代。以往的企业运营模式难以负担如今的目标，需要跨行业、跨地域进行合作，共同完成。这种分散式合作的特点要求更高水平的人力资本，随着产业数字化和数字产业化的不断发展，各行各业要求复合型的人才，增强了专业之间的关联性。其次是创新的驱动升级。依靠投资、自

---

① 李晓华. 数字经济新特征与数字经济新动能的形成机制 [J]. 改革, 2019 (11)：40-51.
② 范如国. 复杂网络结构范型下的社会治理协同创新 [J]. 中国社会学, 2014 (4)：98-120, 206.

然要素投入的粗放型增长是不可持续的发展，并且会使经济增长提前到达增长的极限，依靠创新、知识、技术驱动的增长方式才是可持续的。最后通过数字化技术，使产学研各部门以模块的形式在云端连接，极大提升了创新的效率。由于知识替代了传统的要素，新市场、新业态为企业家建立了新的利润导向，能够充分激发企业家精神，进而推动次级创新的发展，为创新转换成果提供了充足的激励。

二是经济系统的产业结构的绿色化和数字化转型。黄河流域的产业链多以高污染、高排放的劳动密集型的第二产业为主，数字经济通过推动黄河流域产业的合理化和高级化，实现黄河流域产业结构的绿色化和数字化转型，进而提升生态系统的生态效率。传统的产业与创新驱动的绿色产业发展形成了新的二元结构，传统产业的发展由于经济必然性以生态系统的损耗为代价，环境影响和资源损耗而稀缺引起社会压力，是一种非持续性的发展方式。由于存在路径依赖，资源仍能在传统产业链中获得巨大收益，数字经济的发展要求产业的绿色化、数字化转型，促使资源从传统产业向数字经济驱动的绿色产业流动，致使传统的低端产业链向高端产业转型升级。产业及结构在数字化和绿色技术的渗透下转型升级，通过本地和外部的正向效应提高当地及其他省份的生态效率[1]，进而提升经济增长的可持续能力。此外，绿色金融在数字经济的渗透作用下进一步发挥了资源配置的中介作用和金融与生态环境的衔接作用，数字化技术作用于绿色金融体系的输出端，推动绿色制造、绿色消费以及绿色服务的发展，为生态效率的提升提供充分的激励机制[2]。

数字经济为黄河流域生态环境保护与高质量发展的耦合协调发展提供了新的发展模式。从工业时代的蒸汽动能与传统的新闻媒体的诞生，到电气时代的电力与电信技术，再到互联网时代的可再生能源与互联网技术的有机结合，里夫金将通信技术与能源系统的变革的交汇视作新型工业革命的标志。数字经济时代的通信技术在数字技术的渗透下获得颠覆性改变，可再生能源的逐渐普及为新的工业革命提供了爆发潜力，化石能源的成本不断上升，可再生能源成本不断下降，二者成本差异不断缩小，催生了新的经济范式，推动通信技术与能源系统的有机结合，为黄河流域的生态环境保护与高质量发展的耦合协调提供了新的发展方向。伴随着数字经济的发展，新型基础设施的建设以及研发的投资会不断流向既定的方向，同时会不断从未被选择的方向中流出。资本的流动方向为企业的颠覆性创新创造了新的"风口"，为黄河流域的数字经济发展和绿色发展提供了新的契机。黄河流域的新的发展模式

① 韩永辉，黄亮雄，王贤彬.产业结构优化升级改进生态效率了吗？[J].数量经济技术经济研究，2016，33（4）：40-59.
② 王馨，王营.绿色信贷政策增进绿色创新研究[J].管理世界，2021，37（6）：173-188，11.

能够通过规模经济巩固成本优势，并且随着数字经济的发展形成一系列的发明创新，驱动黄河流域的生态环境保护与高质量发展的耦合协调。企业为了在既定发展方向获取最大利益，通过创新和次级创新开发互补性技术，形成新的发展路径，进而摆脱传统的要素、投资驱动的发展模式。

第三节 数字经济驱动黄河流域生态环境保护与高质量发展耦合协调的路径

黄河流域的流域特点决定了黄河流域的高质量发展应该以生态保护为首要前提，数字经济赋予生态保护高质量的内涵，同时也为黄河流域生态环境保护与高质量发展的耦合协调提供了新动能。因此，本书针对数字经济驱动黄河流域生态环境保护与高质量发展的耦合协调的制约因素对实现路径进行阐述。

一、加快黄河流域数字经济的发展

数字经济的发展水平与区域创新能力密切相关，数字经济发展水平高的区域影响发明创新，数字经济发展水平低的区域主要影响外观设计创新，发明创新才是真正的创新而非模仿式创新①。因此，要提升黄河流域的创新能力，形成真正的创新，就需要提升黄河流域的数字经济发展水平。一是加快部署新型基础设施的建设，为新型生产要素的自由流动及优化配置提供通道。新型基础设施是数字经济发展的基础，其数据枢纽站的功能能够为社会经济活动及相关要素产生集聚效应和规模效应。传统的基础设施建设多以政府购买、财政支出为主，融资结构单一问题显现。为此，需要培育多元化的融资方式，建立起高效的金融机制，加快新型基础设施的建设步伐。二是促进数字经济与实体经济的融合，推动农业、工业、服务业的绿色和数字化转型。依托大数据、云计算、移动互联网、物联网、人工智能等数字化技术赋能传统产业，各产业以模块化的形式连接，有利于各产业之间的跨界融合，进而产生规模经济和范围经济，进而推动三大产业的协同发展。三是通过数字化技术连接黄河流域各大城市群，建立黄河流域城市群数字平台。通过数据、信息的实时共享，一方面，极大降低了城市群之间的交易成本，提升了黄河流域城市群的关联性。以产学研相结合的优势为出发点，结合黄河流域各城市群、各经济区的特点，建立技

---

① 王馨，王营. 绿色信贷政策增进绿色创新研究［J］. 管理世界，2021，37（6）：173－188.

术开发中心及其相关配套设施，提升次级创新的效率，打造现代化新型城市。另一方面，黄河流域城市群在云端共同探索全新的发展道路，依托绿色发展理念和数字化技术致力于更高附加价值、以创新为基础的生产。

二、完善黄河流域人才培养体系

由于数字经济驱动的黄河流域生态环境保护与高质量发展的耦合协调发展涉及跨行业、跨领域的共享合作，相关领域的优质复合型人才供不应求。人力资源是区域竞争力形成的决定性因素，区域经济的发展状况在很大程度上取决于这个区域人口的教育水平、科技开发能力和技术创新精神。因此，人才的培养与应用是实现数字经济驱动黄河流域生态环境保护与高质量发展的耦合协调发展所依赖的关键要素。一是要针对黄河流域发展面临的问题打造高水平的复合人才队伍。黄河流域各段面临的具体问题不同，根据上游、中游、下游三个流域的具体问题，借助黄河流域的特色研究机构，通过"数字+"的人才培养模式，打造高水平数字素养人才班底，为黄河流域生态环境保护与高质量发展耦合协调的发展提供充足的人才储备，带动就业结构升级优化。二是以人才队伍为基础，全面深化产学研的协同发展。单纯的理论研究收益的可占有性非常低，企业由于自身路径依赖，并不会自发选择创新技术，传统的产学研机制会因此陷入恶性循环，基础研究由于资金不足无法推进，企业无法根据基础研究实现成果转换而无法获得收益。因此，需要政府发挥好引导者的作用，充分发挥政府"看得见的手"的作用调节产学研之间存在的问题，促进创新从理论研究到应用生产的正常循环。三是完善人才激励机制。数字经济驱动下黄河流域的生态环境保护与高质量发展的耦合协调发展的创新首先源于知识经济，其次才是产品与服务市场的竞争。要充分激发企业家精神以及基础研究者的研究能力就需要合理的报酬决定机制，以健全产权制度为核心构建创新激励机制，有效矫正知识市场的外部性。

三、培育黄河流域新型要素市场和产品市场

黄河流域生态环境保护与高质量发展的耦合协调是一种绿色、创新的发展模式，伴随着黄河流域的绿色、数字产业体系逐渐完善，在黄河流域新兴产业的生产过程中使用的新型生产要素、生产的产品和服务通过交换、分配的形式转移到消费市场，进而为新兴产业的再生产提供要素和资金的准备。为此，需要培育新型要素市场和产品市场确保生产、消费、交换、分配的过程的正常循环流通。一是培育新型的要

素市场。数据已成为新型生产要素，具有低复制成本、非排他性、非竞争性等技术经济特征，能够提升微观运行效率，促进宏观的高质量发展①。但数据由于没有完善市场机制支撑导致数据泄露、数据垄断等问题出现，进而对经济发展产生负面影响。因此，要通过政府相关部门和立法机构的合作，在吸收学术界相关研究成果的基础上自上而下地推进要素市场的建设。一方面，完善相关法律法规或政府条例对数据的产权及产生的收益进行明晰界定。另一方面，加大对非法数据交易的监管，杜绝由此引发的社会危害问题。二是培育新型的产品市场。首先，要提升新产品的市场化程度。凭借价格信号引导资本向高效增资领域转移，促使企业进行符合市场需求的新产品开发，新产品竞争的加剧会进一步激励企业的创新投入，进而形成循环的正向反馈。其次，要培育创新型市场主体。创新型市场主体是激发新型市场体系建设的核心力量，借助数字化技术搭建共享平台，催生一大批促进新业态形成的创新型企业，助力创新成果向现实生产力转换。

四、构建黄河流域生态环境保护与高质量发展耦合协调的特色治理体系

黄河流域发展存在的问题"表象在黄河，根子在流域②"，要解决黄河流域的根本问题就需要从流域的治理问题着手，构建黄河流域的特色治理体系。数字经济的发展为黄河流域的城市群碎片化治理转化为流域协同治理提供了技术支撑。一是通过数字化技术建立区域协同合作机制，解决管理权归属不清导致的"公地悲剧"问题。以新型基础设施为枢纽，建设沿黄河流域合作治理机构，打破地理界限的硬性约束让黄河流域各城市群都参与黄河治理，强化黄河流域城市之间的协同发展关系。二是推动数字政府的建设，提升黄河流域生态问题的治理效率。要加快政府职能的数字化转型，在参与黄河流域治理中的各部门通过数字技术进行点对点交流，各部门收集的相关数据在数字平台上实时共享，提升了黄河流域治理的效率。同时，还要加速数字化监测设备在黄河流域生态问题的应用，数字化设备在黄河流域固有生态问题上可实时上传数据至云端，为相关政策的制定和实施提供了精确指导。三是针对黄河流域主体功能区进行分类治理。黄河流域的主体功能区可划分为提供生态产品供给的生态涵养区，提供农业产品供给的粮食主产区，包括郑州、西安、济南

① 蔡跃洲，马文君. 数据要素对高质量发展影响与数据流动制约 [J]. 数量经济技术经济研究，2021，38（3）：64-83.
② 习近平. 在黄河流域生态保护和高质量发展座谈会上的讲话 [J]. 求是，2019（20）：4-11.

等的各城市化中心城市区域以及黄河流域中发展相对滞后的地区①。依托数字化技术，将黄河流域按照主体功能区模块化分类管理，科学制定各功能区的产业发展规划，实现资源的互补和梯级利用，提升资源的使用效率，增加黄河流域主体功能区的协同发展程度。

五、建立数字金融的绿色发展机制

数字金融是传统金融机构与互联网公司利用数字技术进行的一系列金融活动，其核心特征在于精准性和普惠性，能够促进经济的发展。金融活动的本质是为实体经济服务的，黄河流域的生态环境保护与高质量发展的耦合协调需要黄河流域的实体经济转型升级作为主要推动力，而黄河流域的实体经济转型亟须数字金融的支持。数字金融依托于互联网、大数据和云计算，打破了地域的限制，降低了黄河流域各产业、各城市群之间的交易成本，进而以较低成本向欠发达地区提供金融服务。为此，要深化数字金融在绿色发展道路上的作用，一是要加快数字技术与金融活动的融合。一方面，加快数字金融基础设施的建设。通过金融、环保、数字化相关部门联手打造专业人才，从黄河流域中心城市群率先试点，再由点及面地推广，最终覆盖至整个黄河流域。另一方面，要营造数字金融良好发展的环境。要完善数字金融相关法律法规，加快建设数字金融的市场机制，推动数字金融的发展。二是要推广数字金融在黄河流域的应用。充分发挥数字金融精准性和普惠性的特点，提高黄河流域的创业活跃度，对绿色创业、绿色转型的企业减税降费，减少靶向企业的转型和创新的成本。三是培育黄河流域的金融运行机制。从国家层面完成金融创新的顶层设计，探索属于黄河流域的金融创新道路，通过金融创新提高实体经济对风险的承担，保护创新者的产权归属，从而激励绿色创新成果的转换。

---

　　① 郭晗，任保平. 黄河流域高质量发展的空间治理：机理诠释与现实策略［J］. 改革，2020（4）：74 - 85.

第八章

黄河流域生态环境保护与高质量发展耦合协调的乡村振兴驱动

　　黄河是中华民族的"母亲河"，孕育了中华文明。新中国成立以来，黄河流域经济持续快速发展，人民生活水平不断改善。但是，在经济社会发展过程中，黄河流域仍然存在许多突出困难和问题，亟待研究解决。为更好地保护开发中华民族的母亲河，2019 年 9 月，习近平总书记在郑州召开会议，提出了黄河流域生态保护和高质量发展的重大国家战略①。2021 年 10 月，中共中央、国务院正式发布了《黄河流域生态保护和高质量发展规划纲要》（以下简称《纲要》），表明这一战略进入到全面推进阶段。从经济层面来看，黄河流域各地区经济结构不合理，产业结构低端同质化，城乡居民可支配收入偏低。从生态资源环境来看，黄河流域存在严重生态治理难题，生态环境脆弱、水资源紧张等矛盾突出。乡村是具有经济、社会、生态、文化等多重功能的地域综合体，黄河流域生态环境和经济发展两者之间矛盾在乡村最为突出。同时，乡村振兴也是国家重大发展战略。因此，探究黄河流域面临的自然生态保护与经济社会发展之间存在的结构性矛盾问题，以乡村振兴驱动黄河流域生态环境保护与高质量发展耦合协调，推进两大战略有机联动，具有重要意义。

---

① 习近平在黄河流域生态保护和高质量发展座谈会上的讲话 [J]. 求是，2019（20）.

第一节　生态环境保护与高质量发展耦合协调的理论逻辑

生态环境保护与高质量发展耦合协调，属于人工系统和自然系统的相互作用关系，具体体现为经济系统与生态系统的耦合。因此，从经济系统与生态系统的耦合关系入手，揭示生态环境保护与高质量发展的统一性，进而分析二者耦合协调的演化过程，构成了分析生态环境保护与高质量发展耦合协调问题的理论基础。

一、经济系统与生态系统的耦合协调关系

耦合的概念来源于物理学，一般指两个或两个以上的系统相互作用、相互影响，最终共同发展的现象。而耦合协调则更强调二者和谐一致的状态。生态经济学最早开始了经济系统与生态系统的耦合协调研究，其主要的研究对象——生态经济系统就是生态系统和经济社会系统相互作用、耦合协同发展所产生的更大的系统。马克思曾经指出：劳动首先是人和自然之间的过程，是人以自身的活动来中介、调整和控制人和自然之间的物质变换的过程①。因此，经济系统与生态系统之间存在密切的联系，以人的劳动过程为中介，两者在持续进行物质能量交换的过程中相互作用、相互依赖、共同发展，这就是生态环境和经济发展的耦合协调关系。作为中介的劳动过程可具体分为经济生产过程与生态环境管理过程。

第一，劳动体现在经济生产过程中。人类为了满足自身需要，通过劳动从生态系统中取得作为原材料或者资源的物质，将其转化为商品进入经济系统，并又以废弃物的形式返回到生态系统。但是，生态系统的供给力与承载力具有阈值性。在生态系统内部，自然界的生物活动对于这种阈值性可以达到很好地适应平衡状态。对于人类经济活动来说，在人类社会早期生产力水平极低的条件下，经济形态以小范围农业经济为主，其运转可以在生态系统的阈值内进行。但在进入工业文明以后，人类为了自身的发展和生活水平的提高，贪婪地索取自然资源，逐渐突破生态系统的阈值，打破了平衡状态。此时，生态系统的阈值性与经济系统的不断增长构成矛盾，决定了不可持续性的出现。因此要考虑生态经济系统的整体性，向更高级、更合理的系统关系演化。

---

① 中共中央马克思恩格斯列宁斯大林著作编译局．马克思恩格斯文集（第五卷）［M］．北京：人民出版社，2009：207－208．

第二，劳动体现在生态环境管理过程中。实现生态经济系统整体的可持续发展，关键在于形成一个与经济生产过程对应的反馈机制。反馈机制的形成一方面体现在生态自动调节，另一方面取决于人类的自觉理性行动①。这种自觉理性行动就是生态环境管理过程，就是要发挥人的主观能动性。一是遵守生态经济规律，选择技术发展方向，使生产力发展与生态系统的阈值性相互适应，即产业生态化。二是人为生态环境修复过程，强化生态自动调节能力，加速自然生态的再生产，保障生产力的持续稳定增长。反馈机制的形成可以促进两大系统之间自然物质流与经济物质流的畅通，放松生态系统对经济发展的限制，加快流速，加大流量。这种经济系统对生态系统的反馈过程，决定了两大系统能否形成良性耦合。在这样的视角下，生态环境保护本身成为"目标"，与经济发展形成共生关系，即生态环境保护与高质量发展的统一性出现。

二、生态环境保护与高质量发展的统一性

经济系统与生态系统存在客观的矛盾性。经济系统自身的要求是对生态系统"最大的利用"，而生态系统自身的要求是对自己"最大的保护"，因此二者间会产生矛盾②。二者矛盾统一性的实现需要以长期的可持续性视角看待这一问题，经济系统若想长期地利用生态系统，就必须对之进行保护。在该视角下，经济发展便进入到高质量发展阶段。高质量发展是经济效益、社会效益、生态效益的结合，其中经济效益本身就蕴含在经济发展中，而社会效益则体现为民生。人们的生活质量很大程度上取决于是否有宜人的环境、清新的空气，正如习近平总书记曾经提到的"良好生态环境是最普惠的民生福祉"③。因此，生态环境保护与高质量发展便具有内涵上的统一性。但这种统一性并不能作为直接分析问题的框架，仍需对生态环境保护与高质量发展间的关系进行系统梳理，形成理论框架。

在当前的发展阶段中，经济增长依然是经济发展的核心问题。即使在高质量发展的讨论范围内，合理的经济增长数量依旧不能忽视。但是，不同于曾经的发展阶段，当前在考虑经济增长带来的收益时，也应当考虑经济增长带来的成本。站在生态经济系统整体性角度，这种成本不仅包括作为生产要素与原料消耗的经济成本，还应包括社会成本与生态成本。在本章关于生态环境保护与高质量发展关系的探讨

① 唐建荣. 生态经济学 [M]. 北京：化学工业出版社，2005：35.
② 沈满洪. 生态经济学 [M]. 北京：中国环境科学出版社，2008：53.
③ 习近平. 推动我国生态文明建设迈上新台阶 [J]. 求是，2019（3）：4－19.

中，不妨假设经济成本与社会成本固定。经济增长带来的生态成本就是人类经济活动对生态环境造成的破坏超过生态系统自动调节能力而造成的环境价值损失。因为任何形式的经济增长都会付出或多或少的代价，所以经济增长水平越高，生态成本越高。生态成本可以用恢复到原有生态水平所需要付出的投入来衡量，根据边际报酬递减规律，需要恢复的生态水平越高，边际投入就越大。因此生态成本曲线呈现边际递增趋势，如图 8-1 所示。

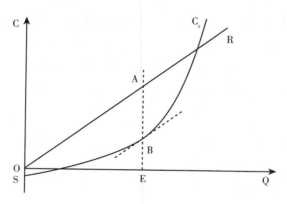

图 8-1　高质量发展示意

曲线 R 是经济增长的收益曲线，曲线 C_r 是经济增长的成本曲线，这里仅考虑生态成本。高质量发展就是实现经济发展的净收益最大化，即扣除成本的经济增长收益，在图中就是 R 与 C_r 间的距离。因此，曲线 R 与 C_r 之间的"月牙形"空间就是高质量发展的空间。OS 的长度体现的是生态系统的自动调节能力，OS 越长，C_r 曲线外移，高质量发展空间越大。而 OS 的长度取决于经济系统对生态系统反馈机制形成的情况，即生态保护的力度。但是生态保护的过程又难免牺牲经济增长的收益，对高质量发展空间产生负向影响。因此，在生态环境保护与高质量发展统一的框架下，将二者作为共同目标，权衡利弊，寻求资源的均衡有效配置，就是推动生态环境保护与高质量发展耦合协调的关键。

三、生态环境保护与高质量发展耦合协调的演化过程

经济发展与生态保护具有耦合关系，但这并不代表二者能够和谐一致地耦合，即耦合协调。并且，虽然生态环境保护与高质量发展具有统一性，但并不是所有经济发展阶段都可以称作高质量发展。因此，生态环境保护与高质量发展的耦合协调是在逐步的演化中实现的。从经济系统的发展过程、发展目标，以及生态系统对经济系统的限制关系角度划分，经济发展与生态保护耦合的演化过程可分为三个阶段。

第一阶段是低水平耦合阶段。这一阶段人类出于自然本能和生存需要从事生产活动，在生产活动中主要利用外部自然因素。经济发展的目标是维持人类生存，满足最基本的需要。人类生产的资源消耗主要表现为劳动者体力和以土地为中心的地上自然资源的浅层次消耗，此时的经济活动基本表现为生态过程。人类生产活动对生态系统的干扰程度弱，大自然的资源相对无限，生态系统的自我调节能力和人类经济生产活动抵消。但此时的经济发展水平极低，因此属于低水平耦合阶段。

第二阶段是高成本耦合阶段。这一阶段人类的经济活动开始超越自然本能和生存需要，自觉地增强自身征服自然、改造自然的能力。随着生产经验日益丰富，技术越来越进步，生产工具越发先进，人类生产活动的广度与深度日益扩大。随着生产力水平的提高，人类利用大规模的机器生产体系在单位时间内消耗的自然资源数量越来越多。在带来生活水平飞速提升的同时，造成了生态资源的过度消耗。此时生态系统与经济系统呈现的是此消彼长的耦合关系，二者矛盾凸显，对立性日渐突出。自然资源的有限性和对自然资源消耗的有害性决定了该阶段的经济发展是高成本的。

第三阶段是高质量耦合阶段。这一阶段的根本特点是人类主观能动性的发挥。首先，人类认识到生态经济系统的发展规律，认识到生态系统与经济系统的基本矛盾，即经济无限发展过程同生态系统顶级稳态之间的矛盾①。其次，人类开始科学运用这些规律，发挥主观能动性，促使经济系统对生态系统反馈机制的形成。将生态保护与经济发展共同作为目标，树立现代的发展观，建设科学的社会制度，推进生态技术的进步，驱动生态保护与经济发展由对立走向统一。最后，经济系统与生态系统耦合协调，经济发展实现高效、高产、低耗、低污，进入到高质量发展阶段。

第二节　乡村振兴驱动黄河流域生态环境保护与高质量发展耦合协调的机制

依据《纲要》，乡村振兴是黄河流域高质量发展的重要内容，也是黄河流域生态环境保护与高质量发展耦合协调的驱动因素之一②。若想探讨乡村振兴驱动黄河流域生态环境保护与高质量发展耦合协调的机制，就需要从黄河流域生态经济发展的特殊性出发。这是因为黄河流域的生态经济发展与全国整体上的生态经济发展不

---

① 沈满洪. 生态经济学 ［M］. 北京：中国环境科学出版社，2008：69.
② 任保平. 黄河流域生态环境保护与高质量发展的耦合协调 ［J］. 人民论坛·学术前沿，2022（6）：91-96.

同，也不同于某一个省份的生态经济发展，是典型的流域生态经济发展，在生态系统与经济系统两个方面上均具有特殊性。

一、黄河流域生态经济发展的特殊性

第一，黄河流域的突出特点就是生态环境脆弱。虽然是典型的流域生态系统，但与其他流域又不尽相同。黄河流域整体的水资源条件不如长江流域，其降水量小，蒸发能力强。水资源在时间空间两个维度都存在分布不均的问题，空间上由南到北呈递减趋势，时间上季节性变化大。而且黄河中游流经黄土高原，携带泥沙量极多，易造成地上悬河和河道淤积等问题。随着经济的快速发展，黄河流域的水污染和用水平衡问题日益严峻，水资源条件已经成为黄河流域经济与生态发展的刚性约束。黄河水污染主要来自工矿企业排放的废污水、农药以及城乡居民生活污水等[1]，这是由产业结构不合理导致的问题。总体上讲，目前黄河流域生态环境相对脆弱。作为我国北方地区的重要"生态廊道"，黄河流域的生态屏障价值突出，脆弱的流域生态环境已经成为经济社会发展的重要约束。因此，在黄河流域生态保护和高质量发展中，生态保护是基础，也是黄河流域实现高质量发展的前提条件。

第二，黄河流域的经济发展不均衡、不充分问题突出。黄河流域传统产业比重大，是我国重要的粮食、能源、工业等聚集区，而且各省份经济发展态势差别较大。流域内九省份大多处于北方，若实现流域上下游协调发展，对于破解我国目前南北经济发展差距扩大的难题具有重大意义，对于全国整体经济高质量发展也具有战略意义。一方面，从九省份经济空间布局以及规模来看，黄河流域省份和城市的经济发展水平空间上差距较大，总体上呈现西弱东强的地域格局。人口产业空间偏置严重，主要集中在下游区域。中上游城市发展水平两极分化严重，下游城市产业体系相对合理、城市功能相对完善。另一方面，黄河流域曾经是贫困比较集中的区域，我国主要的农牧区、农耕区都位于黄河流域[2]。因此，在全面建成小康社会之后，与其他流域相比，黄河流域的现代化进程推进任务更加艰巨，深入推进流域农业现代化势在必行，实现乡村振兴战略与黄河流域发展战略的有机联动。

第三，黄河流域的矿产资源、历史文化资源丰富。一方面，黄河流域矿产资源储量大，流域内煤炭、石油、天然气和金属资源丰富，是中国重要的能源、化工和

① 国合华夏城市规划研究院，黄河流域战略研究院．黄河流域战略编制与生态发展案例［M］．北京：中国金融出版社，2020：26.
② 任保平．黄河流域高质量发展的特殊性及其模式选择［J］．人文杂志，2020（1）：1-4.

原材料生产基地。但各类资源利用效率低，污染较为严重，若能提升利用效率，综合开发价值很大。另一方面，黄河流域是中华文明的重要发源地，又是上千年的文化发展中心，其蕴含着十分丰富的自然与人文旅游资源，是黄河流域谋求发展的"富矿"。而且，黄河流域属于多民族聚居区域，少数民族地区集中，孕育了多元的文化，具有独一无二的历史文化优势。因此，保护与发掘黄河流域文化内涵和价值，构建"沿黄历史文化旅游带"，推动周边文化产业发展，是实现黄河流域高质量发展的重要前提。此外，黄河流域的新能源产业发展潜力也不容小觑，黄河流域的内蒙古、宁夏、甘肃等地是我国风能、太阳能分布集中的区域。在高效利用传统能源、发展文化产业及开发流域新能源三者的共同支撑下，黄河流域生态环境保护与高质量发展耦合协调成为现实的可能。

二、黄河流域乡村振兴的生态效应

乡村坐落于大自然中，是一个人类与自然交融最密切的空间载体。乡村的自身特性决定了其对生态保护的作用和价值。在乡村振兴战略背景下，科学有效的发展规划与生态保护工作能够充分利用乡村地区优势资源，促进人与自然协同共生，从而达到经济效益与生态效益的双赢。我国的乡村振兴建立在生态文明的理念上，按照产业兴旺、生态宜居、乡风文明、治理有效、生活富裕的总要求，实现乡村产业生态化与生态产业化是乡村振兴的核心内涵。因此，黄河流域乡村振兴战略的实施将带来显著的生态效应，建成生态保护与经济发展的互促机制，实现生态环境保护与高质量发展耦合协调。

一方面，乡村产业生态化转型的生态效应。产业生态化，就是依据生态经济学原理，运用生态、经济规律和系统工程的方法来经营和管理传统产业，以实现其社会经济效益最大、资源高效利用、生态环境损害最小和废弃物多层次利用的目标①。在推进黄河流域乡村振兴战略的范畴内，乡村产业生态化转型就是通过减少乡村地区生产活动对生态的破坏，实现生态自然恢复和产业升级，发挥生态效应，最终实现高质量发展的过程。主要包含两重机制。一是发挥农业生态化的基础作用，提升农业发展质量。依托数字农业、智慧农业的发展，打造现代化农田，改善土壤质量，实现农业用水效率提升。二是基于农业发展，发挥农村三次产业融合的关键作用。通过农产品产业链的延长，提升农业生产附加值。构建农产品初始生产、多级加工

---

① 袁增伟，毕军，张炳，刘文英. 传统产业生态化模式研究及应用 [J]. 中国人口·资源与环境，2004（2）：109－112.

转化、品牌运作、推介销售的新型生产体系，实现农村地区产业价值链攀升，以较低生态成本获取更高经济效益。

另一方面，乡村生态产业化盘活生态资源，是"绿水青山"向"金山银山"转化的现实体现。农业是生态产品的重要供给者，乡村是生态涵养的主体区，生态是乡村最大的发展优势。借助乡村振兴战略，将生态优势转化为生态经济优势，实现生态经济良性循环，能够更好地助力黄河流域生态环境保护与高质量发展的耦合协调。其具体发展模式体现为生态服务型经济，在这种经济模式下，生产者生产生态产品，并在市场上进行交易，满足消费者的生态需求[①]。遵循生态服务型经济的发展模式，是将生态保护与高质量发展共同作为目标，超越了将生态保护作为经济发展成本子维度的传统视角，使经济发展与生态保护在更高层次上实现统一成为可能。黄河流域的高质量发展是典型的流域经济模式，生态环境居地区发展核心地位。与一般流域不同，黄河流域的特殊性体现在生态环境脆弱，因此其发展问题"重在保护，要在治理"。因此，推进乡村生态产业化发展，将生态资源价值市场化，能够更好发挥乡村振兴的生态效应，突破经济发展与生态保护的根本矛盾。

三、乡村振兴驱动黄河流域生态环境保护与高质量发展的耦合协调

经济系统对生态系统的反馈过程，决定了两大系统能否形成良性耦合。而这种反馈过程除了包括生态系统的自动调节功能之外，更重要地体现为人的主观能动性的发挥，即生态环境管理。因此，基于乡村振兴的生态效应，其驱动黄河流域生态环境保护与高质量发展耦合协调的作用机制便体现在产业生态化转型、乡村生态修复与生态产业化发展三个方面。其中，产业生态化转型与乡村生态修复就是生态环境管理过程的直接体现，而生态产业化则会对这种反馈过程产生正向调节作用。

第一，产业生态化转型机制。产业生态化就是遵守生态经济规律，选择技术发展方向，使生产力发展与生态系统的阈值性相互适应，可以缓解经济发展与生态保护间的矛盾。相对于一般的乡村产业生态化机制，黄河流域的问题要结合其特殊性来诠释产业生态化的作用机制。黄河流域的生态环境脆弱、流域污染严重、水资源利用较为粗放是该地区产业发展的突出问题。因此，以乡村振兴发挥产业生态化转型优势，构建以生态农业为核心的乡村产业体系，减少面源污染，提高单位土地经济效益，改善水分与养分利用效率。由此解决黄河流域生态保护问题，强化经济系

---

① 葛剑平，孙晓鹏. 生态服务型经济的理论与实践 [J]. 新疆师范大学学报（哲学社会科学版），2012（4）：7 – 15，118.

统对生态系统的反馈机制，驱动生态环境保护与高质量发展的耦合协调。

第二，乡村生态修复机制。加强乡村生态保护与修复是乡村振兴的内在要求，其目的在于建设生态宜居的美丽乡村。生态修复就是指通过人工方法，按照自然生态规律，恢复天然的生态系统，试图重新创造、引导或加速自然演化过程①。黄河流域乡村地区面积辽阔，由于生态意识淡薄以及经济发展水平所限，生态破坏问题在乡村地区较为突出。因此，实施乡村生态保护与修复工程，完善重要生态系统保护制度，不仅可以促进黄河流域乡村生产生活环境稳步改善，还能够强化生态自动调节能力，加速自然生态的再生产，使得自然生态系统功能和稳定性全面提升，生态产品供给能力进一步增强。

第三，生态产业化的调节作用。狭义上的生态保护过程就是通过付出一定经济成本，获取生态环境水平的提升。无论带来多大的生态效益，短期的经济效益都会受到损失。但是通过生态产业化，可以将生态保护带来的生态效益有效转化为经济效益，获取生态保护的短期回报，这对生态环境管理过程是显著的正向激励。尤其对于黄河流域广大乡村地区，生态产业化的关键激励作用更加凸显。经济发展落后地区更容易陷入"低水平发展—生态破坏"的陷阱当中，这是由于经济落后地区出于发展经济需要，对生态环境索取更加严重，结果是环境恶化，反过来限制经济发展，形成恶性循环。可落后地区的生态保护也会加重地区经济负担，由此陷入两难的境地。因此，以生态产业化调节，可以为落后地区的生态保护成果带来直接的经济收益，可以突破两难境地，助力生态环境保护与高质量发展耦合协调。

第三节　乡村振兴驱动黄河流域生态环境保护与高质量发展耦合协调的制约

推进两大战略有机联动，以乡村振兴驱动黄河流域生态环境保护与高质量发展耦合协调具有理论上的可能性。但是，从目前黄河流域发展现状来看，二者的有机联动仍然存在诸多制约。

一、黄河流域乡村地区产业发展质量较低的制约

一方面，黄河流域农业发展质量仍待提升。作为全国农林牧渔产业的主要发展

---

① 于法稳，方兰. 黄河流域生态保护和高质量发展的若干问题 [J]. 中国软科学，2020（6）：85-95.

地区，黄河流域个别牧区草场超载过牧的现象仍然存在，引起草场退化沙化，导致水源涵养能力下降，加重黄河流域水资源供需矛盾。在种植业发展中，农药与化肥的使用不够科学规范，造成农业面源污染、土壤板结等问题，导致耕地质量下降。并且，黄河流域农业发展水平不高，农户习惯传统作物种植，农业附加值较低，农民获利微薄。农业产业不能实现转型升级，农户收入就无法从根本上得到提升，于是陷入"低水平发展—生态破坏"的陷阱中，生态环境保护与高质量发展耦合协调就更无从谈起。再结合上、中游农村劳动力外流的现状，留守农村的劳动力人力资本水平低，难以适应现代化生产，导致农业兼业化与副业化现象出现。现代化职业农民的短缺使得农业机械化和自动化的综合水平较低，农业科技支撑水平严重不足。甚至存在部分土地弃耕撂荒，使水土保持能力下降，加剧了水土流失，农业生产条件持续恶化。

另一方面，黄河流域乡村产业体系有待完善，产业融合的广度与深度仍需开拓。一是农业与现代服务业的融合发展不足。长期以来，市场信息不对称和交通运输不便捷，对农产品的生产调节、市场拓展和服务水平提升产生了负面影响[①]。随着以通信、物流为代表的现代服务业的发展，农产品面临的问题得到了很大程度上的解决。但是，黄河流域农业与农产品的市场化信息化水平仍然不高，现代服务业在农业中的应用仍然不够深入。尤其是生产性服务业在农业中的应用不足，导致了黄河流域农业的生产、经营、管理和服务水平较低，农产品品牌难以形成，不适应如今大市场的生产交易模式，影响了农业的生产效率与农民的收入水平。二是黄河流域的现代农业产业链尚未形成，农产品的深层次加工不足。现代化农业的重要优势是使单位土地的收益更高，这有赖于农产品加工与品牌化销售。未加工的初级农产品附加值过低，无法为农户带来更多收益，也无法有效带来农村地区就业。这不仅制约了乡村地区的经济发展，也对乡村地区的生态保护过程形成了障碍。

二、黄河流域综合治理体系不完善的制约

治理体系是高质量发展的重要保障，而黄河流域的生态修复也有赖于治理体系的完善。流域生态的治理问题是整个流域的责任，但目前黄河流域治理缺乏整体性。主要体现在以下两个方面：

第一，环境治理碎片化。流域生态资源是典型的公共资源，根据公共经济学的理论，缺乏整体性的治理，公共资源的保护与利用更容易导致"公地悲剧"问题。

---

① 任保平，等．西部蓝皮书：中国西部发展报告（2022）［M］．北京：社会科学文献出版社，2022：210.

目前以行政区划为主要依据的区域治理模式显然不适应流域生态的治理，各级政府缺乏开放合作的理念，未考虑全流域的共同利益，上下游之间的水资源统筹利用、水污染治理与泥沙治理等问题的解决存在很大难度。作为北方地区重要的生态廊道，黄河流域生态区的治理存在碎片化管理、多头管理和管理主体权责不清等问题。社会公众对治理的参与不足，各治理主体间难以形成有效的分工与协作①。"共同抓好大保护，协同推进大治理"的指导思想仍需深入贯彻落实，黄河流域生态系统保护活动的整体性亟待加强，要着手打破部门与地域双重分割，整合各类保护机构，统筹日常管理与经营等活动，提高管理效能。

第二，缺乏黄河流域治理综合立法。法治是区域有效合作的保障，黄河流域覆盖9省份，但目前各省份之间的区域协作和协同治理不足，缺乏全国统一的立法与规章制度。黄河流域治理存在区域分割、部门分割的情况，缺乏具有协调性和统领性的立法。首先，黄河流域治理涉及部门庞杂，包括生态环境、自然资源、城乡建设、水利水电、农业农村等部门，容易形成"九龙治水"的分割管理问题，综合治理、协同一致的监管制度有待建设。其次，黄河流经的各省各地，各自进行治理政策的颁布与执法措施的施行，缺乏流域之内跨行政区的协调与配合。流域之内司法和行政执法领域的制度统领缺失，难以形成全社会自觉保护黄河生态环境，促进高质量发展的法治氛围与主动行动。此外，涉及黄河流域生态治理的法律法规还主要是《中华人民共和国河道管理条例》《中华人民共和国水污染防治法》等普适性法律法规，缺乏针对黄河流域生态特性的专门治理立法。

三、黄河流域旅游资源开发不充分的制约

生态产业化的根本目的在于生态产品的价值实现，这有赖于旅游产业的发展。黄河流域独特的自然景观和文化历史是极具潜力的旅游资源，通过发展文化和旅游业，可以使该地区的生态产品价值得以实现。但是，目前黄河流域旅游资源的发掘仍然不够充分，主要体现在以下两点：

第一，文化资源挖掘不足。黄河文化源远流长，各民族文化多元共存，在文化旅游产业发展方面具有独一无二的优势。将黄河流域生态产业与文化旅游结合，可以实现以旅游业发展促进生态产品的价值实现，更好地发挥生态产业化的调节作用。但目前的黄河文化旅游仍以同质化的观光产品为主，缺乏文化特色，游客的体验性

---

① 郭晗，任保平. 黄河流域高质量发展的空间治理：机理诠释与现实策略 [J]. 改革，2020（4）：74 - 85.

差。黄河文化的挖掘也不够深入，旅游产品不能紧跟时代步伐，缺乏创新性。旅游产品的落后，叠加黄河主题旅游的品牌建设与宣传力度不足，进一步导致黄河文化的品牌优势无法形成，产业潜力没有得到有效挖掘。文化旅游发展的条件不充分使得其与生态旅游的联合优势无法发挥，不能带动生态产业化发展。而黄河流域的生态旅游产业也仅仅以自然景观为主，生态产品产业化水平低，缺乏特色和带动作用①。

第二，基础设施供给不足。目前黄河流域内不少景区存在交通、住宿等基础设施落后的现象，景区可进入性有待改善②。尤其是黄河中上游地区，旅游景区空间距离远，区域间的交通通达性低，景区之间串联度不足。此外，偏远地区旅游业发展所需的公共服务、信息咨询等均相对落后，已经成为黄河流域旅游产业发展的障碍。更重要的是，基础设施建设是实现生态产品价值的首要保障。黄河流域生态价值提取和潜在生态产品转换有赖于基础设施的完善，加强基础设施建设有利于生态产品的推广。黄河流域生态产业化的主要问题就是基础设施供给不足，导致很大一部分偏远地区的生态产品无法很好地实现其经济和社会价值。此外，上中下游的联动发展也需要加强全流域交通基础设施的互联互通。打造黄河全流域生态文化旅游廊带，统筹各省份文化与生态旅游资源优势，都需要强化东西向基础设施建设。

四、黄河流域乡村地区公民生态意识不足的制约

建设生态宜居的美丽乡村是乡村振兴战略的内在要求与重要目标。乡村振兴不仅是区域经济与产业经济层面的振兴，也是农村生态文明的再次发展。因此要在乡村振兴的整个过程和各个方面融入生态发展思想，培育农民的生态意识，为两大战略的有机联动奠定坚实稳定的基础。公民的生态意识是推动黄河流域生态环境保护与高质量发展耦合协调的力量源泉和精神动力。按照一般的生态经济发展规律，随着经济发展水平的提升，人们的生态意识大致呈逐渐变强的趋势，由此出现了环境库兹涅茨曲线。但这是西方国家"先污染，后治理"的发展模式，在我国高质量发展的阶段，要避免这种"亡羊补牢"式的发展模式。因此，这就对公民的生态意识提出了更加严格的要求。但在黄河流域经济发展相对落后地区，公民的生态意识受到收入水平限制，明显不足。在面临经济发展与生态保护的矛盾时，公民依然会采取以资源环境换取经济发展与收入提升的发展模式。

---

① 索端智，等．黄河流域蓝皮书：黄河流域生态保护和高质量发展报告（2022）［M］．北京：社会科学文献出版社，2022：88．

② 任保平，等．黄河流域高质量发展的战略研究［M］．北京：中国经济出版社，2020：211．

　　乡村地区的公民生态意识不足在以下几个方面得到体现：一是生态科学意识不足，没有重视运用科学技术去调节人与自然的紧张关系，不能发挥科学技术保护社会生产力、保护人类福利赖以增长的生态基础。二是生态忧患意识不足，这是当前基层政府与公民普遍缺失的生态意识。如果不重视污染控制与生态的保护，多年来经济发展所取得的成果，可能会被日益恶化的生态环境所抵消。虽然生态破坏的负面效应已经引起了我国政府的高度重视，但是对处于生态保护一线的基层政府来说，对生态危机的警觉还远远不足，这势必会对公民的生态保护活动造成不利导向。三是生态价值意识不足，许多乡村地区仍然秉持传统的生态价值观念，认为一切自然资源都是大自然对人类的无偿馈赠，是"取之不尽、用之不竭"的。或者即使认识到生态资源的有限性，也没能做到主动保护，没有认识到生态环境与资源的价值。四是生态责任意识不足，生态保护不仅是针对国家和企业而言的，每一个人对生态保护都负有责任，这就是生态责任意识。生态责任意识的缺失，直接影响到公众对生态保护的参与，不利于生态的有效保护。

第四节　乡村振兴驱动黄河流域生态环境保护与高质量发展耦合协调的路径

　　保护生态环境就是保护生产力，改善生态环境就是发展生产力。实现黄河流域生态环境保护与高质量发展耦合协调的关键在于经济系统对生态系统反馈机制的形成，其具体的路径选择就体现在发展绿色生产力。绿色生产力是指人们基于长期可持续性的视角对自然进行利用与改造以实现物质资料积累的能力。突出强调利用自然时要充分考虑自然资源的可再生性及改造自然时考虑自然环境的可承受能力，在不破坏自然资源、排放较少的污染废弃物的基础上进行生产生活活动，并杜绝肆无忌惮地利用自然以实现经济增长的物质积累的行为①。因此，乡村振兴驱动黄河流域生态环境保护与高质量发展耦合协调的路径选择关键就在于发展乡村地区绿色生产力。

一、推动乡村产业优化升级，促进产业生产力绿色化发展

　　产业在黄河流域生态保护与高质量发展中起着基础性作用，需要通过打造新型

---

①　任保平，李梦欣. 新时代中国特色社会主义绿色生产力研究［J］. 上海经济研究，2018（3）：5-13.

生态产业体系，促进产业生产力绿色化发展，以实现黄河流域生态环境保护与高质量发展耦合协调。黄河流域覆盖面积广，流域内生态环境状态与经济发展水平差异显著，尤其是流域内的广大乡村地区。而且，乡村地区普遍工业基础差，相对于发展制造业，农业与旅游业的发展更具有比较优势。因此，推动乡村产业优化升级，促进产业生产力绿色化发展的重点在于：以分类发展与协同发展的模式推进黄河流域农业现代化与生态文化旅游发展。

第一，推动黄河流域农业现代化分类发展。首先，从流域整体农业发展来看，有必要成立专业化的农业发展机构，整治水土流失，提高土壤肥力，制定农业发展规划，以科学技术赋能农业生态化发展。持续推进示范农场的建设，强化农业科技支撑，帮助农民发展高产农田。其次，从流域农业分类发展来看，要充分考虑上中下游的差异。一是黄河流域上游地区，该地区农业占比较大，但是以农产品深加工为代表的加工业和以农产品物流业为代表的生产性服务业在当地发展滞后。因此，打造以农产品深加工为核心，包含农业育种研发、农作物种植、农副产品加工及生产性服务业的完整产业链条，是黄河流域上游地区农业未来发展的重点。二是黄河流域中游地区，该地区环境污染与水土流失严重，水资源短缺。因此，中游地区要大力发展林业，涵养水源，防风固沙。还应推动农业用水方式向节约转变，大力发展循环经济。三是黄河流域下游地区，相对于全流域该地区经济发展水平最高，产业基础最好。因此，下游地区农业发展要发挥好龙头作用，利用新技术、新业态改造传统农业，提质增效，推动传统农业向现代农业转型。推进科技示范与农业良种工程，建设农业相关试验区，实现现代农业立体化、产业化、生态化。

第二，推动黄河流域生态文化旅游协同发展。旅游业是典型的环境友好型产业，发挥好旅游业的辐射带动作用，可以有效促进产业生产力绿色化发展。黄河流域历史文化资源丰富，沿黄各省份文化资源又各具特点。因此，立足地方特色，注重区域协同，统筹各省份旅游资源，将打造黄河流域产业发展独特优势。此外，黄河流域自然资源丰富，具有独特流域特征，所以要以文化旅游优势带动生态旅游，构建黄河流域生态文化旅游廊带，发展双重特色旅游。首先，立足地方特色，深入挖掘黄河地区浓厚的历史文化底蕴。要发挥企业的市场主体作用，搭建文化企业与旅游企业合作平台，打造重点文化旅游项目。其次，注重区域协同，实现区域旅游业的合作与互动发展。加强流域一体化交通体系建设，完善旅游节点的基础设施，搭建黄河旅游一体化大平台，优势互补，互通有无。最后，将黄河生态文化旅游廊带建设落实到乡村地区，凭借乡村山水风光、田园环境、地域文化等资源，将绿水青山转化为经济社会发展优势。

二、完善黄河流域综合治理体系，支撑乡村生态保护与修复

习近平总书记强调，"治理黄河，重在保护，要在治理。"① 加快黄河流域综合治理体系的完善，是黄河流域乡村生态保护与修复的关键支撑。自黄河流域生态保护和高质量发展战略实施以来，黄河流域治理已经取得了不少成绩，但治理仍然缺乏系统性、整体性，存在碎片化的问题。尤其是乡村地区，不完善的治理体系使得社会公众参与度严重不足，治理主体有效协作不足。因此，亟须针对黄河流域治理问题，构建更具整体性与适应性的现代化综合治理体系。

一方面，完善黄河流域综合治理体系，首要任务就是成立全流域协同治理机构，这是黄河流域高质量发展的重要保障。全流域协同治理机构的职责在于全面统筹处理黄河流域的保护与开发问题，做出的计划由各省各地分工实施。要以相关法律为支持，拥有全流域所有资源统一调度的权力，集中解决流域发展与保护问题，降低执行成本，提高实施效率。机构的主要任务包括：综合管理并因地制宜开发各种资源，包括水资源、土地资源、矿产资源、文化资源等；合理规划和管理各种公共基础设施建设，包括交通体系、水利枢纽、信息基础设施等；通过与其他经济发展组织合作，促进流域资本投资与经济增长；开展黄河流域生态系统的相关研究，提交年度环境评估报告；制定和评估流域的管理对策、建议和规划等，并根据规划做出科学决策；向公众通报黄河流域的治理成就与环境状况；构建全社会广泛参与的协调合作治理机制等。

另一方面，完善黄河流域综合治理体系，工作重点是建立严格的环境保护制度及完善的污染治理法规。吸收黄河流域治理有效的实践经验，深入开展黄河保护治理立法基础性研究工作，将合理的地方性政策、管理规定纳入法律制定参考范围，将环境质量指标纳入各级政府的考核中。要推进黄河流域具有协调性和统领性的立法，以法治体系支持各省份间的区域合作与协同治理。在生态保护优先的前提下，还需要加强对生态环境修复重建工作，完善黄河流域生态补偿相关法律法规，对在过去生产活动中被破坏的生态环境系统进行规模化的修复工作。现代化的法治体系是流域生态保护与高质量发展的基础，对于生态意识相对淡薄的乡村地区更是如此。要加强流域生态保护和治理普法宣传，由各级政府分工负责，逐步形成全民自觉保护黄河生态环境的法治氛围。

三、健全黄河流域生态经济市场机制，保障乡村生态产业化发展

生态产业化在经济系统对生态系统的反馈过程中发挥重要调节作用，其根本目

---

① 习近平在黄河流域生态保护和高质量发展座谈会上的讲话 [J]. 求是，2019 (20).

的在于生态产品的价值实现，产品的价值实现离不开市场。但生态产品同时具有公共物品与私人物品的特征，这是因为生态产品是生态系统和人类共同生产的产品或服务，具有一定程度上的不可分割性与非排他性。因此，生态产品的价值实现有赖于相应市场机制的健全，需要有效市场与有为政府相结合，依靠政府明确生态产品的地位，以针对公地悲剧与负外部性问题的出现。

首先，要进一步健全产权制度。生态经济市场的作用就是通过一系列市场交易明确成本与收益，将外部成本内部化。而产权制度安排正是市场机制的基础和核心，产权越明晰，资源优化配置的成本越低。产权不明晰时，公地悲剧的现象便会发生。因此，对于生态产品应当给予明晰的产权界定。其中最具代表性的就是污染物排放权交易，通过发放可转让的排污许可，明确各市场主体排污的权利。在完全竞争市场上，许可证的价格就等于市场主体减污的成本。并且政府可以根据主体提供生态产品的多少来分配相应的初始排污权，使生态产品的价值化成为现实可能，进而推进生态产业化发展。此外，在流域生态经济中，水权交易至关重要。要明确水权，完善水权交易市场，发挥市场对水资源的配置作用，实现黄河流域水资源的合理优化配置。

其次，产业生态化应重点从乡村地区入手。挖掘乡村地区生态资源的市场价值，缩小城乡收入差距，激励乡村地区从事生态环境管理活动，形成经济发展与生态文明的良性发展。要从两类产品的市场交易机制完善入手：一是以清新的空气与优美的景观为代表的生态服务产品，此类产品具有不可分割性，很难直接进行交易。因此，生态服务产品需要以传统服务业为载体，以附加值的形式实现价值转化。最具代表性的就是乡村旅游业、康养产业的发展。二是以森林、草原等天然植被为代表的生态功能产品，此类产品在黄河流域生态系统中承担防风固沙、涵养水源、保持水土等关键功能。但生态功能产品空间上无法移动，"上游出力，下游受益""乡村出力，城市受益"等外部性问题时有发生，不利于生态产品的有效供给。因此，需要政府作为区域间交易中介，以完善的市场化生态补偿机制实现资源的最优配置，助力乡村生态产业化发展。

四、培育乡村地区公民生态意识，奠定绿色生产力发展基础

培育乡村地区公民生态意识是黄河流域生态环境保护与高质量发展耦合协调的根本基础。因此，要树立人与自然和谐共生的观念取向，主要从以下两个方面入手。

一方面，要加强生态经济理念的宣传教育，争取广泛的公众支持与公民参与。一是从基层领导干部做起，培育绿色发展观，用科学的方式谋求绿色的发展。基层

干部还应加强环保法规的普及宣传,努力提升公民生态法律意识,通过实际案例逐渐赋予农民生态文明理念。二是在基础教育中提高生态文明思想教育的权重。完善生态教育的教材体系,培养高素质的生态教育师资队伍,从而营造生态教育推进的有利条件。还应丰富教育方式,采用理论实践教育相结合的方法,寓教于乐、寓教于游,加强公众参与黄河流域生态保护的兴趣和积极性。三是加强乡村地区生态意识的社区教育与公众教育活动,使爱护环境成为人们自觉的行动。

另一方面,加快乡村生态文明的建设进程,营造良好的生态意识培育氛围。一是加快乡村公共服务基础设施的绿色化改造。加强农村安全饮水工程建设,严禁使用高污染高残留的农药,大力推广生态养殖。推进乡村地区新型能源体系建设,利用生物资源、太阳能、风能等可再生能源,改善乡村生活用能,形成清洁能源示范区。二是积极发展农村生态文化,培育农民的生态价值意识、生态忧患意识、生态责任意识,以生态科学意识重新规划乡村产业格局,坚持生态利益、长远利益优先的原则。培养农民绿色生活方式,注重生态环保,减少污染产生。三是促进社会各方面积极参与,在政府主导下,通过媒体、企业等各方面的共同努力,形成合力,建设乡村生态文明,为乡村振兴战略与黄河流域生态保护和高质量发展战略的有机联动奠定坚实基础。

第九章

黄河流域生态环境保护与高质量发展耦合协调的开放发展驱动研究

　　党的二十大报告提出要坚持高水平对外开放，加快构建以国内大循环为主体、国内国际双循环相互促进的新发展格局，因此要切实落实黄河流域生态环境保护与高质量发展的协调发展，就要坚持开放发展，加快融入新发展格局。2021 年 10 月中共中央、国务院印发的《黄河流域生态保护和高质量发展规划纲要》指出要加快改革开放步伐，坚持深化改革与扩大开放并重。因此，要以开放发展为导向，促进黄河流域融入新发展格局，从而进一步促进黄河流域生态保护与高质量发展的耦合协调发展。①

---

① 黄河流域生态保护和高质量发展规划纲要［N］. 人民日报，2021 - 10 - 09（1）.

第一节　开放发展驱动黄河流域生态环境保护
与高质量发展耦合协调的理论机理

一、生态环境保护与高质量发展耦合协调的内涵

　　要分析黄河流域生态环境保护与高质量发展耦合协调的开放发展驱动，就首先需要明确黄河流域生态环境保护与高质量发展的耦合协调内涵，从理论内涵出发，进一步研究开放发展的驱动机制。

　　耦合本身是来源于物理学上的概念，近年来耦合的概念逐渐被运用到经济学中，认为耦合涵盖发展与协调两个方面。发展体现为系统从低级到高级，从简单到复杂的演进；而协调则强调系统之间及系统内部各要素之间相互配合，和谐发展的程度①。因此耦合关系是一种复杂的机制，发展是目标，协调是对发展的约束机制。耦合是更进一步地协调，因此更要体现整体性和系统性，耦合关系体现的是系统之间或内部质和量的共同提升，强调在动态发展中实现协调和发展的辩证统一，以协调实现更好的发展，在发展中实现更高层次的协调。生态环境保护和经济发展一荣俱荣、一损俱损，因此必须要实现生态环境和经济社会各子系统的协调发展。而关于生态环境保护与高质量发展的耦合协调概念要追溯到生态经济学这一学科，生态经济学是一门研究和解决生态经济问题、探究生态经济系统运行规律的经济科学，旨在实现经济生态化、生态经济化和生态系统与经济系统之间的协调发展②。

　　本书结合以上概念，认为生态环境保护与高质量发展的耦合协调的内涵包括以下三方面的内容：第一，生态环境保护与高质量发展的耦合协调是一个系统性的概念，是指生态系统以及经济社会系统之间的相互作用，从而达到两大系统的协调发展；第二，高质量发展要在生态环境保护的范围内进行，即满足耦合协调要求的高质量发展是在生态环境的承载力范围内实现经济的高质量发展；第三，满足两大系统耦合协调要求的生态环境的保护离不开高质量发展的助力，通过经济效益来加强对生态环境的保护，推动经济效益和生态效率同步提升、协调发展。

---

　　① 逯进，周惠民. 中国省域人力资本与经济增长耦合关系的实证分析 [J]. 数量经济技术经济研究，2013，30（9）：3－19，36.
　　② 沈满洪. 生态经济学的定义、范畴与规律 [J]. 生态经济，2009（1）：42－47，182.

二、黄河流域开放发展的特征路径分析

黄河流域贯穿我国东中西部多个省份，因此黄河流域的开放发展是在各流域经济体发展不平衡、发展阶段存在差异的状态下的开放，是复杂的开放发展态势，因此要求多种开放模式并举。本书基于黄河流域特征，借鉴王必达等人（2020）的研究①，从黄河流域的区域内开放、区际开放、国际开放三方面，分析黄河流域"三重开放"的开放发展特征路径。

区域内开放是开放发展的突破口，形成开放发展的内生动力。区域内开放是指生产要素、商品、服务等可以在区域内进行自由流动，从而促进一定区域内经济的协调稳定发展。区域内开放发展路径主要有以下几方面，第一，提升区域自身要素质量，升级要素结构，做好区域内开放的基础保障工作。其中，一是把握区域要素禀赋结构，确定区域要素比较优势，以比较优势作为区域开放发展的动力起点；二是推动创新要素集聚，创新要素聚集带来技术提升，利用技术的后发优势，要素质量、禀赋结构持续升级，从而实现比较优势的动态转化，从要素供给角度形成区域开放发展的动力支撑。第二，提升区域内市场化水平，培养各类市场主体，为区域内开放发展提供广阔的发展平台。其中，一是完善市场体系，市场化水平的提升能够扩大本地需求，市场的扩张从需求角度为区域的开放发展提供载体；二是改善制度环境，促进开放、自由的市场环境形成，在自由开放、充分竞争的市场环境下激励本地企业技术创新与制度创新，提升市场主体配置高端要素的能力，要素配置能力的提升是区域内开放发展的前提条件。第三，形成黄河流域东、中、西部三个层次的区域内开放，分步推进黄河流域开放发展。其中，一是按照"增长极"理论，以黄河流域东部省份做好开放的龙头作用。"增长极"理论指出，经济增长通常从一个或数个"增长中心"逐渐向其他部门传导②。做好开放的龙头作用，实现高水平的区域内开放，为其他区域的开放发展做好示范引领作用。二是中部地区做好承上启下的关键关联作用，提升自身开放发展水平的同时做好黄河流域内部经济体互动的关键桥梁，一方面做好本地开放发展，另一方面传导下游先进开放发展经验给上游较为落后的地区。三是西部地区紧跟流域开放发展的步伐，打破区域内发展约束，在跟随模仿的同时，发掘自身开放发展路径。

---

① 王必达，赵城. 黄河上游区域向西开放的模式创新："三重开放"同时启动与推进 [J]. 中国软科学，2020（9）：70－83.

② 邹璇. 中国西部地区内陆开放型经济发展研究 [M]. 北京：中国社会科学出版社，2015：36.

　　区际开放是开放发展的关键环节，影响着黄河流域区际的良性互动效率。第一，打破市场分割，促进区域一体化发展，区域一体化水平的提升是区际开放发展的先决条件。一是打破守旧的地方保护政策，充分发挥市场机制。传统的地方保护政策是为了防止外部产业的进入对本地企业、就业等带来的不利冲击，并且各地政府往往只着眼于当地当时的经济发展。但从长远看，保守的地方保护政策往往带来产业陈旧、经济发展缺乏活力等结果，因此区际开放发展的推进要打破区域贸易保护政策，加强区际合作，充分发挥市场机制的作用。二是加深区际分工合作，加快区际产业空间演进。通过产业协作引领等，实现产业的跨区域梯度转移，促进各区域积极融入区际价值链分工中。经济发展水平、开放水平不同的区域实现纵向"垂直型"产业链分工，相近的区域实现横向"互补型"产业链分工。第二，利用数字平台等数字经济手段，促进区际协同创新，区际协同创新能力的提升是区际开放发展的有力支撑。一是利用数据生产要素的非竞争性与非排他性，打通黄河流域的区际开放通道，降低交换成本，提升区际知识、信息交换效率，防止落入资源禀赋的"比较优势陷阱"，实现区域丰裕要素的创新转化升级；二是构建人才交流平台，推动区域人才深化合作，充分利用人力资源进行区域创新优化，通过数字平台打破空间壁垒，实现人才的高效共享，从而促进区际与人口的自由流动。第三，开拓视野，充分与长江流域各经济体开展区际交流合作，实现黄河流域更深层次的区际开放发展。一是紧跟长江流域发展步伐，长江流域是我国对外开放较早的区域，依托于长江这条黄金水道，已经形成较为成熟的从沿海沿边到全流域开放发展格局。学习其开放发展的先进经验，首先进行制度模仿，其次结合黄河流域的流域特征因地制宜，进行政策修正，充分发挥制度的引领作用。二是充分借鉴长江流域的产业发展模式，引进先进技术，学习其发挥优势资源作用的方式方法，促进黄河流域优势资源的充分利用。

　　国际开放是开放发展的指向标，是黄河流域开放发展的长远目标。第一，黄河流域下游地区做好黄河流域面向国际开放的排头兵工作，作为黄河流域国际开放的先发区域，引领黄河流域各流域经济体融入国际分工的大格局中。一是引进国外高端产业，转移现有成熟中低端产业，一方面通过产业结构优化升级形成国际开放新优势，另一方面从一定程度实现黄河流域全域产业链延长，为全域国际开放形成支撑。二是加快改革进程，推进政策变革，促进投资贸易便利化。通过开放倒逼体制机制改革，以改革成果促进更大幅度的开放，在开放与改革的交替中实现高水平开放目标[①]。第二，黄河流域中游地区做好黄河流域国际开放的中流砥柱，连接好贯

---

　　① 夏先良. 构建区域全面开放发展新格局 [J]. 国家治理，2018（20）：20 - 40.

穿东西的国际开放通道。一是提升开放型经济发展水平，以沿黄优势产业为依托，加快培育外贸新优势，增强利用外资的质量和效益，围绕黄河流域生态环境保护与高质量发展要求，大力引进绿色环保项目①。二是抓住"一带一路"发展机遇，打造黄河流域内陆开放高地，加快对接国际准则，充分发挥经济、历史、文化综合优势，吸引集聚全球优势要素。三是依托西安、郑州等沿黄大城市，发挥其地理优势，承接国际高端产业，同时对西部地区产生正向辐射，发挥连接黄河流域上中下游开放的关键枢纽作用。第三，黄河流域上游区域做好向西开放，抓住向西开放这一国际开放机遇，加快融入国际循环。一是深入"一带一路"建设，作为丝绸之路经济带的重要通道，积极融入我国"陆海内外联动，东西双向经济"的开放格局，把握对外开放的新机遇，做好黄河流域向西的国际开放门户。二是形成以上游区域重点城市群为雁首的"雁行"产业开放模式，以上游重点城市为突破口，吸纳国际高层次产业输入，逐渐完成上游区域的产业空间演进。

黄河流域应采取区域内、区际、国际开放三种开放模式并进发展的开放发展模式，区域内开放是开放发展的内生动力，区际开放是开放发展的必要条件，国际开放是开放发展的长远目标，三种模式相辅相成，共同推进黄河流域的开放发展进程。

三、黄河流域生态环境保护与高质量发展耦合协调的开放发展驱动机制

结合黄河流域生态环境保护与高质量发展耦合协调内涵与黄河流域开放发展特征路径，分析开放发展对黄河流域生态环境保护与高质量发展耦合协调的驱动机制。开放发展既为生态环境范围内的经济高质量发展提供动力，也为经济发展背景下生态环境保护的进一步增强集聚助力，分别从区域内、区际、国际开放发展进行分析。

（一）区域内开放发展是驱动黄河流域生态环境保护与高质量发展耦合协调的内源动力

第一，区域内开放驱动生态环境允许范围内的经济高质量发展。一是，区域内开放发展在环境允许的范围内拓展市场范围，增强市场力量。亚当·斯密在《国富论》中提出：劳动生产力上最大的增进，以及运用劳动时所表现出来的绝大部分技艺、熟练和判断力，似乎都是分工的结果。由此，分工引致劳动生产力的提升，而

---

① 赵丽娜，刘晓宁. 推动黄河流域高水平对外开放的思路与路径研究［J］. 山东社会科学，2022（7）：152－160.

由于交换的力量为劳动分工提供了契机，分工的程度必然总是受限于这种力量的范围，或者换句话说，总是受限于市场的范围。分工受制于市场范围的大小，因此开放发展引致的黄河流域市场范围的扩大能够促进专业化分工发展，进一步助推劳动生产力增进，引致经济高质量发展。二是，区域内开放发展通过要素结构升级、要素优化等方式，从生产角度直接促进供给体系的质量提升，要素投入水平的升级能有效提高生产效率，加快本地区经济高质量发展；三是，区域内开放通过制度变革改善制度环境，良好宽松的制度环境激发市场主体活力，能够缓解经济发展中由于制度性障碍导致的经济缺乏活力等问题，激励市场主体接续创新，驱动经济繁荣向好发展。

第二，区域内开放发展助推经济高质量背景下生态环境保护的进一步深化。一是，区域内开放发展通过要素质量提升促进低碳要素的充分利用，绿色低碳要素的使用能从生产源头起到维护生态环境稳定发展的作用；二是，区域内开放发展能够激励市场主体创新，从而促进绿色环保项目的开发，一方面为经济发展注入活力，促进黄河流域融入新发展格局，另一方面为生态环境保护提供助力，助推黄河流域生态环境保护的深入发展；三是，区域内开放促进创新要素的集聚，创新要素的集聚引致技术的进步，技术优化拓展了除生产要素投入外的生产效率提升空间，促进提升黄河流域的绿色全要素生产率。

（二）区际开放发展是驱动黄河流域生态环境保护与高质量发展耦合协调的关键动力

一是，区际开放驱动生态环境范围内经济高质量发展水平的提升。第一，区际开放发展通过打破守旧地方保护政策以及加深区域合作打破市场分割，促进市场主体发挥作用，高效配置生产要素，充分利用"看不见的手"，发挥市场机制作用，市场的作用得以发挥，充分调动市场主体的积极性，形成区域经济发展"斯密动力"的先决条件，进而促进黄河流域经济的高质量发展。第二，区际开放通过人才的高效共享，使得高素质劳动力转移并发挥带动作用，促进黄河流域全域的人力资本积累。内生增长理论认为技术创新是经济增长的源泉，而劳动分工程度和专业化人力资本积累水平是决定技术水平高低的重要因素，因此黄河流域全域人力资本的积累能够促进技术水平的提升从而引致经济高质量发展。第三，区际开放促进经济发展水平高的地区充分发挥外溢效应，通过技术外溢、人才外溢等手段使经济发展的正外部性极大程度发挥作用，带动周边地区经济发展。

二是，区际开放发展驱动经济高质量发展背景下生态环境保护的进一步增强。第一，区际开放发展通过区域产业空间演进助推全流域产业结构升级，促使全流域逐渐摒弃粗放式的经济发展模式，改善了以牺牲生态为代价的经济发展方式。已有研究证明，产业结构升级能够显著提高生态效率①，并且能够推动经济绿色低碳发展，实现地区生态环境优化②，极大程度降低了在经济高质量发展过程中对生态环境保护的负面作用。第二，区际开放发展通过利用数字经济手段打破地理分割，降低了区际的搜寻、交易及匹配成本，从而实现区际要素的高效配置，优化要素配置扭曲，促进黄河流域绿色全要素生产率的提高。第三，区际开放推进现代要素的流动，加快区域现代化发展进程。区域现代化发展与现代产业体系、现代产业链的构建推动传统产业绿色化改造，绿色产业得到充分发展，从而黄河流域生态环境保护进一步深入，实现现代要素的充分流动。

（三）国际开放发展是驱动黄河流域生态环境保护与高质量发展耦合协调的前向引领动力

第一，国际开放发展驱动黄河流域经济在生态环境允许的范围内高质量发展。一是，国际开放发展通过更高水平的对外开放，助推黄河流域融入国际分工格局，促进产业结构升级从而扩大产业链跨境协同的深度与广度，为融入我国国内国际"双循环"的新发展格局提供助力。二是，国际开放发展带来更高水平的创新，创新促进资源配比的优化与产业结构的升级。熊彼特（1911）指出，现代经济增长是蕴含着创新的经济发展，创新是现代经济发展的重要推力。开放发展能为区域创新发展带来新的动力，促进区域创新发展向更高水平迈进。三是，国际开放发展通过改革开放的双向促进作用助推贸易制度变革，吸引集聚全球高端要素与资源，提升国际分工地位，占领产业链、价值链高端层级，带来经济的繁荣发展。

第二，国际开放发展驱动黄河流域经济高质量发展的同时进行生态环境的高水平保护。一是，黄河流域国际开放发展通过深入"一带一路"合作交流，建立与沿线国家地区的生态环境保护管理监督的沟通机制，形成环保利益共同体，跟进环境问题风险的应对措施，促进增强黄河流域生态环境保护的深度与广度。二是，黄河流域上游地区的向西国际开放，使得上游地区从开放发展的"大后方"向"新中心"转变③，能充分利用上游地区的环境资源优势，纾解上游地区经济发展与生态保护的矛盾，发挥上游地区的生态复利效应。

---

① 蔡玉蓉，汪慧玲. 产业结构升级对区域生态效率影响的实证［J］. 统计与决策，2020，36（1）：110 – 113.

② 徐晓光，寇佳丽，郑尊信. 产业结构升级与生态环境优化的耦合协调［J］. 宏观经济研究，2022（8）：131 – 156.

③ 李海龙，高德步，谢毓兰. 以"大保护、大开放、高质量"构建西部大开发新格局的思路研究［J］. 宏观经济研究，2021（6）：80 – 92.

第二节　黄河流域开放发展驱动生态环境保护与高质量发展耦合协调的实证分析

本书选用灰色关联分析对黄河流域生态环境保护与高质量发展耦合协调的开放发展进行研究，研究对象为黄河流域九省份，研究期为2002～2021年。首先参考王必达等（2020）构建的"三重开放"指标体系进行黄河流域开放发展指标体系的构建，并测度黄河流域开放发展水平。其次选用本课题组黄河流域生态环境保护与高质量发展的省域耦合协调度，分别探讨开放发展总体格局以及三重开放分别对黄河流域生态环境保护与高质量发展耦合协调的驱动作用。

一、黄河流域开放发展指标体系构建

基于对黄河流域开放发展特征路径的分析，结合王必达等（2020）的研究，兼顾指标的科学系统性以及数据的可获取性等方面，从区域内开放、区际开放和国际开放三个方面构建如表9-1所示的黄河流域开放发展指标体系。

表 9 - 1　　　　　　　　　黄河流域开放发展指标体系

一级指标	二级指标	三级指标	指标衡量	方向	权重
开放发展	区域内开放（0.2800）	本地市场规模	人均 GDP	+	0.0767
		民间就业	城镇就业人员平均工资中非国有部分占比	+	0.0282
		民营企业	规模以上工业企业利润中非国有企业占比	+	0.0348
		创新人力资本投入强度	规模以上工业企业 R&D 人员全时当量/年末总人口	+	0.0736
		创新资金投入强度	规模以上工业企业 R&D 经费/GDP	+	0.0667
	区际开放（0.2889）	商品市场活跃程度	社会零售商品总额/GDP	+	0.0872
		区际一体化进程	市场分割指数的倒数	+	0.0662
		区际分工程度	第三产业区位熵	+	0.1043
		区际贸易潜力	省际贸易潜力指数	+	0.1734
	国际开放（0.4311）	外资依存度	外商直接投资/GDP	+	0.0350
		外贸依存度	进出口额/GDP	+	0.0545
		国际旅游依存度	国际旅游外汇收入/GDP	+	0.0364
		对外直接投资	对外直接投资/GDP	+	0.1630

　　首先，区域内开放强调区域内部的开放发展水平，主要从本地市场规模、民间就业、民营企业以及创新投入方面进行指标选取。本地市场规模强调市场规模的扩大，以人均 GDP 衡量；民间就业和民营企业强调市场主体的活力，选取城镇就业人员平均工资中非国有部分占比以及规模以上工业企业利润中非国有企业占比对民间就业和民营企业进行衡量；创新是引领开放发展的重要动力，创新投入分为创新的人力资本投入和资金投入两部分，分别采取规模以上工业企业 R&D 人员全时当量占年末总人口的比重以及规模以上工业企业 R&D 经费占 GDP 的比重来衡量。其次，区际开放主要着眼于区际之间的开放互动格局，从商品市场活跃程度、区际一体化进程、区际分工程度以及区际贸易潜力进行指标的选取。商品市场活跃程度强调区际商品市场的开放，选用社会零售商品总额占 GDP 的比重衡量；区际一体化进程强调区际间的良性互动，采用相对价格指数测算的市场分割指数的倒数衡量；区际分工程度强调加深区际分工合作、延长产业链，采用第三产业区位熵进行衡量，区位熵也称生产的地区集中度指标或专门化率（由哈盖特首先提出并运用于区位分析中）；区际贸易潜力强调形成区际贸易开放格局，选用洪占卿等（2012）构建的省际贸易潜力指数衡量①。最后，国际开放主要立足于融入国际分工格局提升对外开放水平，从外资依存度、外贸依存度、国际旅游依存度以及对外直接投资四个方面选取相关指标。外资依存度强调提升利用外资水平，采用外商直接投资占 GDP 的比重来衡量；外贸依存度强调进出口贸易的发展，选取地区进出口额占 GDP 的比重衡量；国际旅游依存度强调充分发挥黄河流域旅游优势，采取国际旅游外汇收入占 GDP 的比重衡量；对外直接投资着眼于资金的国际利用，选取对外直接投资占 GDP 的比重衡量。

二、黄河流域开放发展水平测度

　　数据均来源于《中国统计年鉴》《中国贸易外经统计年鉴》《工业统计年鉴》及各省份历年统计年鉴，数据的个别缺失利用均值插补和人为插补等方法进行插补。首先对不同类型的指标采用极值法进行数据的标准化处理，解决数据在量纲方面不一致的问题。其次采用基于数据本身离散程度的熵值法这一客观赋权方法进行相关指标的权重测度。熵值法的具体步骤如下：

　　（1）进行指标选取，设有 h 个年份，m 个城市，n 个指标，$x_{\theta ij}$ 代表第 θ 个年份第 i 个城市第 j 个指标的指标值。采用离差标准化的方法对指标进行标准化处理，处

---

① 洪占卿，郭峰. 国际贸易水平、省际贸易潜力和经济波动［J］. 世界经济，2012，35（10）：44－65.

理结果记为 $z_{\theta ij}$。

（2）对指标进行归一化处理如下：

$$p_{\theta ij} = z_{\theta ij} / \sum_{\theta=1}^{h} \sum_{i=1}^{m} z_{\theta ij} \qquad (9-1)$$

（3）计算各指标的熵值如下：

$$E_j = -k \sum_{\theta=1}^{h} \sum_{i=1}^{m} p_{\theta ij} \ln p_{\theta ij} \qquad (9-2)$$

其中，$k = 1/\ln(h \times m)$

（4）计算各指标熵值的信息效用值（冗余度）如下：

$$D_j = 1 - E_j \qquad (9-3)$$

（5）计算各项指标权重如下：

$$W_j = D_j / \sum_{j=1}^{n} D_j \qquad (9-4)$$

按照上述权重计算步骤，进行黄河流域开放发展指标体系赋权。根据熵值法所得权重在表9－1中显示，结合权重与数据信息，计算出黄河流域九省份开放发展水平，如表9－2所示。由于篇幅原因，只将2021年之前近10年的黄河流域九省份开放发展水平以表格形式显示。将近20年的黄河流域九省份开放发展水平绘制趋势图，如图9－2所示。

表9－2　　　　　　　　　　黄河流域开放发展水平测度

区域	2012年	2013年	2014年	2015年	2016年	2017年	2018年	2019年	2020年	2021年
下游平均	70.182	74.832	77.404	79.620	83.490	76.795	75.654	75.113	77.051	82.432
山东	86.005	90.279	90.935	93.743	100.44	92.201	88.296	84.667	88.858	95.143
河南	54.358	59.385	63.872	65.496	66.575	61.388	63.011	65.559	65.243	69.720
中游平均	58.445	63.252	67.383	64.134	65.444	61.540	62.054	59.802	62.422	67.969
山西	57.609	63.376	64.370	57.213	54.325	52.969	55.456	49.676	54.449	61.698
内蒙古	59.580	65.089	72.177	67.235	73.099	60.004	58.553	56.192	57.579	63.577
陕西	58.146	61.292	65.602	67.955	68.907	71.648	72.153	73.539	75.237	78.633
上游平均	51.400	50.741	58.678	61.955	57.620	52.981	55.433	56.395	52.307	58.859
四川	42.332	44.424	55.930	49.708	46.899	48.713	49.795	47.166	49.406	52.176
甘肃	54.652	42.775	46.777	43.131	46.245	38.461	38.215	36.569	35.386	44.571
青海	53.38	56.482	58.740	58.576	56.763	54.877	55.751	61.803	55.414	58.754
宁夏	55.478	59.283	73.266	96405	80.572	69.871	77.969	80.043	69.021	79.934

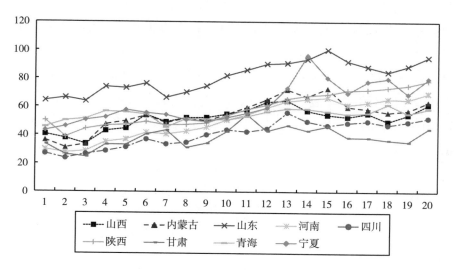

图例：山西　内蒙古　山东　河南　四川　陕西　甘肃　青海　宁夏

图 9 – 2　黄河流域开放发展趋势

由上述图表所反映出的信息不难看出：第一，黄河流域九省份开放发展水平呈现波动上升态势，近年来各省份都得到了突破性发展。黄河流域承借"一带一路"机遇与相关政策纲要，逐渐融入开放发展的新发展格局中，开放发展水平也得到较大提升。第二，山东作为黄河流域开放发展的领头兵，开放发展水平较高，一直处于遥遥领先地位，并且与其他省份差距较大。这得力于山东省的地理区位优势与较强的经济发展水平，同时山东省对外开放起步较早，因此较黄河流域其他各省份开放发展水平呈现出更高的水平。第三，黄河流域上、中、下游地区开放发展存在一定差异，总体呈现下游＞中游＞上游的开放发展格局，说明黄河流域各区域的开放发展不平衡问题仍旧存在。

三、黄河流域开放发展驱动生态环境保护与高质量发展耦合协调的灰色关联分析

以上述测度出的黄河流域三重开放指标序列值为开放发展驱动数据，结合课题组测度的黄河流域生态环境保护与高质量发展耦合协调度数据进行黄河流域开放发展驱动生态环境保护与高质量发展耦合协调的灰色关联分析。灰色关联分析是一种系统分析方法，是通过数据序列曲线的几何形状判断参数联系是否紧密的一种方法，其优势在于可通过对系统发展过程中的态势进行描述分析，按照不同序列之间的线性特征相似程度对不同因素之间的影响程度差异进行比较，更能反映影响因素之间

的差异[1]。灰色关联分析所计算出的关联度越高，表明相关性越强，即该开放发展因素对黄河流域生态环境保护与高质量发展的耦合协调度驱动力度越大。灰色关联度分析的具体步骤如下所示：

（1）以黄河流域生态环境保护与高质量发展耦合协调度作为参考序列，记为 $Y(k)$，以黄河流域开放发展总指数、区域内开放指数、区际开放指数、国际开放指数为比较序列 $X_i(k)(i=1,2,\cdots,n;k=1,2,\cdots,m)$。其中 n 表示驱动因素数量，m 表示数据维度。

（2）对比较序列数据进行均值化处理如下：

$$x_i(k) = \frac{x_i(k)}{\bar{x}} \tag{9-5}$$

（3）计算关联系数如下：

$$\varphi_i(k) = \frac{\min\limits_i \min\limits_k |y(k)-x_i(k)| + \rho \max\limits_i \max\limits_k |y(k)-x_i(k)|}{|y(k)-x_i(k)| + \rho \max\limits_i \max\limits_k |y(k)-x_i(k)|} \tag{9-6}$$

其中分辨系数 ρ 取 0.5。

（4）计算关联系数如下：

$$r_i = \frac{1}{m} \sum_{k=1}^{m} \varphi_i(k) \tag{9-7}$$

通过计算，得到黄河流域各省份及流域整体生态环境保护与高质量发展耦合协调度与开放发展驱动因素指标的灰色关联度结果，如表 9-3 所示。

表 9-3　　　　　　　　　　灰色关联度分析

区域	开放发展	区域内开放	区际开放	国际开放
黄河流域	0.8043	0.7120	0.7035	0.8033
山西	0.7825	0.5517	0.7841	0.6472
内蒙古	0.8638	0.5689	0.8651	0.7659
山东	0.6777	0.7226	0.6653	0.5803
河南	0.8311	0.5468	0.8571	0.7128
四川	0.8381	0.5770	0.8652	0.9291
陕西	0.9399	0.5755	0.9434	0.8527
甘肃	0.8298	0.6131	0.8302	0.6212
青海	0.9336	0.6305	0.9208	0.7829
宁夏	0.9204	0.7107	0.9537	0.8192

[1]　任保平，巩羽浩. 黄河流域城镇化与高质量发展的耦合研究 [J]. 经济问题，2022 (3)：1-12.

由表 9-3 可知，黄河流域生态环境保护与高质量发展耦合协调度与开放发展总指标以及各分项指标的灰色关联度大都在 0.5 以上，说明开放发展及区域内开放、区际开放、国际开放与黄河流域生态环境保护与高质量发展耦合协调联系密切，有良好的驱动作用，且三重开放的驱动强度在各省份以及全流域表现出了不同的水平。

首先就开放发展对黄河流域整体的驱动作用来看，开放发展对黄河流域整体的生态环境保护与高质量发展耦合协调具有密切联系，灰色关联度系数高达 0.8043，这说明开放发展对耦合协调的驱动作用较强，是黄河流域生态环境保护与高质量发展耦合协调的重要驱动力。分别观察三重开放与耦合协调度的关联度，不难看出，对黄河流域流域整体而言，国际开放是驱动生态环境保护与高质量发展耦合协调的重要抓手，关联度为 0.8033，说明对外开放、融入国际分工对黄河流域具有重要意义。区域内开放是驱动生态环境保护与高质量发展耦合协调的主要力量，关联度为 0.7120，说明做好区域内开放、提升本地开放能力、打好开放发展基础能有效促进黄河流域的生态环境保护与高质量发展耦合协调。区际开放的驱动作用相对较小，综合所测算出的区际开放指标数据，分析认为可能是由于黄河流域区际开放水平相对较高，因此想要通过区际开放产生突破式的驱动作用难度较大，从而区际开放的驱动作用较小，但同样要抓住区际开放这一重要手段，区际开放帮助黄河流域省域分工合作一体化过程，形成黄河流域的产业链优势，为对外开放打好基础。

其次就不同省份驱动因素驱动作用的差异来看。第一，各驱动因素驱动两大系统耦合的层面，开放发展对黄河流域九省份的两大系统耦合都显示出较强的驱动作用，其中以山西为最、青海次之，山东的开放发展驱动作用较小；区域内开放在九省份展现出对两大系统耦合的一定促进作用，其中区域内开放对山东省的两大系统耦合协调的驱动作用最强、宁夏次之，其余省份相对较弱，对河南省的驱动作用最小；区际开放有效促进了黄河流域九省份的生态环境保护与高质量发展耦合协调，并且区际开放整体在九省份显示出的促进作用相较于区域内开放而言更强，其中以宁夏为最、山西次之、山东最小；除山东外，其余八省份加大国际开放力度，均能对两大系统耦合协调起到较为明显的推动作用。第二，从九个省份的三重开放分别来看，山西、甘肃省生态环境保护与高质量发展耦合协调的主要影响因素为区际开放。内蒙古、河南、四川、陕西、青海、宁夏的主要影响因素为区际开放与国际开放。山东省的主要影响因素为区域内开放。

第三节　结论与政策建议

一、研究结论

本书在前人研究的基础上首先梳理了生态环境保护与高质量发展耦合协调内涵机理，其次对黄河流域开放发展的特征路径进行分析，以特征路径和耦合协调机理为基础，探究开放发展驱动生态环境保护与高质量发展耦合协调的驱动机制。实证方面，本书首先从三重开放角度构建黄河流域开放发展指标体系，运用熵值法进行指标体系的测算，随后结合测算结果与本课题组测算出的黄河流域生态环境保护与高质量发展耦合协调度数据，利用灰色关联模型研究了黄河流域两大系统耦合协调与各开放发展驱动因素的关联特征。主要结论如下：

第一，黄河流域开放发展指数在2002～2021年20年间呈现出波动上升态势，总体开放发展水平态势向好，相较之前，近年来黄河流域开放发展取得了突破性进展。同时，黄河流域开放发展指数在不同省份、区域存在一定差异，总体呈现下游＞中游＞上游的开放发展格局，说明黄河流域开放发展仍存在一定的不平衡的空间差异问题。

第二，开放发展对黄河流域生态环境保护与高质量发展耦合协调显示出明显的驱动作用，受到区域内开放、区际开放、国际开放的共同影响，且呈现出国际开放作用最强、区域内开放次之、区际开放较弱的影响态势。分省份来看，加大开放发展力度均能有效提升各省份两大系统的耦合协调。不同省份的三重开放发展驱动因素的驱动效果存在一定的差异，山西、甘肃生态环境保护与高质量发展耦合协调的主要影响因素为区际开放。内蒙古、河南、四川、陕西、青海、宁夏的主要影响因素为区际开放与国际开放。山东的主要影响因素为区域内开放。

二、政策建议

基于以上研究结论，为实现黄河流域生态环境保护与高质量发展耦合协调的开放发展驱动，本书从区域内开放、区际开放、国际开放三个方面提出以下政策建议。

第一，增强两大系统耦合协调的内源驱动，完善区域内开放，以区域内开放为内生动力，助推黄河流域生态环境保护与高质量发展耦合协调。一是完善市场，破解区域内开放不足的困境。目前黄河流域尤其是中上游地区，开放发展承受着来自生态环境与市场环境的双重压力。因此，黄河流域尤其是中上游地区必须坚持生态环境保护和绿色发展的原则下大力发展市场经济。通过减税降费等财政手段，对民营企业给予一定的政策补贴，让民营企业在市场中释放活力。同时，面对不同的市场主体时，以数字金融为抓手，纾解中小企业的资金问题。二是优化制度环境，提升行政服务效率。利用数字技术手段，构建数字政府，推进数字政务平台建设，加快行政审批速率，为市场主体释放活力增加动力。三是产业政策引领，促进区域内部创新要素集聚。抓住数字经济新风口，聚焦大数据、区块链等智能化新兴产业，优化本地要素，实现本土禀赋要素的优化升级。

第二，优化两大系统耦合协调的关键驱动，坚持区际开放，把握区际开放这一关键环节，保障黄河流域生态环境保护与高质量发展的耦合协调。一是破解区域贸易壁垒，积极融入国内价值链。通过区际分工合作的加深，保障区际间的产业链条延伸，融入国内大循环格局。通过纵向"垂直型"产业链分工与横向"互补型"产业链分工，加快区际产业空间演进。二是充分发挥市场机制作用，提升资源在区域间的配置效率，促进各类要素的区际充分流动。承借数字经济东风，构建以人才交流平台为例的要素流动通道，实现区际要素流通无阻碍，推动区际要素深化合作。三是注重多梯级合作。改革开放以来，东西部经济发展差距日益加大，从而形成了不同的经济发展梯级，注重不同梯级之间的区际合作是实现区际开放的重要手段。与高梯级经济体合作，接收地区优势要素与产业的辐射。与低梯级经济体合作，促进市场的扩大，丰富要素来源。通过不同梯级经济体之间的合作，加快黄河流域区际开放发展的加深。

第三，坚持两大系统耦合协调的前向引领，推进国际开放，紧跟国际开放这一开放发展的指向标，促进黄河流域生态环境保护与高质量发展的耦合协调。一是积极参与到"一带一路"的建设中，深化与"一带一路"沿边国家合作。深入发展内陆开放型经济，以沿边国家的市场和国内市场为双重导向，建立起外向型和内向型兼容的产业结构。利用国内外两个市场的地缘条件，充分发挥比较优势，大大提高经济效益。二是要统筹国际开放所需的基础设施建设与新型交通基础设施建设，利用现代数字信息技术为传统交通基础设施赋能提质。充分利用跨境电商，扩大黄河流域各地区特色产品的国际营销。打造布局合理、互联互通的国际开放网络，将国内价值链与国际价值链高效对接。三是构建黄河流域文化的国际开放通道，黄河作为我国的母亲河，流经九省份，拥有丰富的流域文化。因此，在国际开放方面，不仅要实现货物贸易的进一步发展，同样要实现流域丰富文化的国际开放，以文化为基，吸引外商投资，在文化开放的基础上更深层次的促进黄河流域的繁荣发展。

第四，加强顶层设计，三重开放同时推进，增强三重开放协同性。黄河流域的开放发展不是单方面的开放，而是区域开放、区际开放、国际开放共同作用的三重开放，把握三重开放这一开放路径，保障三重开放的协同推进是发挥开放发展对黄河流域生态环境保护与高质量发展耦合协调的驱动作用的关键。一是将开放发展路径与《黄河流域生态保护和高质量发展规划纲要》及相关政策文件紧密结合，以《纲要》为依托，构建黄河流域开放发展格局；二是加快构建黄河流域开放平台对接机制，充分挖掘重大平台在构建"三重开放"中发挥的作用，促进黄河流域重点区域开发战略融合，助推"三重开放"协同发展。

第十章

黄河流域生态保护与高质量发展耦合协调的现代空间格局驱动研究

　　黄河流域的生态保护和高质量发展，是我国促进区域协调发展的重要方向之一。尤其是研究黄河流域生态环境保护与高质量发展耦合协调的现代空间格局构建，不仅对支撑全流域各省份经济社会可持续发展具有重要意义，而且对解决黄河流域面临的自然生态保护与经济社会发展之间存在的结构性矛盾具有重要意义。本章一方面，从理念逻辑—导向逻辑—结构逻辑—实现逻辑四个方面，深入分析黄河流域生态环境保护与高质量发展耦合协调的现代空间格局形成的逻辑机理。另一方面，由于黄河流域沿线各省份、城市之间发展态势和环境问题差异显著，通过流域内中心城市及城市群的经济建设与生态保护耦合度的空间分布特征分析，构建协调发展耦合模型，基于时间和空间维度的比较分析，从根本上构建生态经济带上—中—下游多维互动—协调耦合模式的现代空间发展格局。最后，为重塑黄河流域生态保护和高质量发展耦合协调的实现提出相关政策建议。

第一节　黄河流域生态保护与高质量发展耦合
协调的现代空间格局的构建逻辑

一、从地区生态保护转向流域生态效益实现的理念逻辑

黄河流域生态环境保护与高质量发展之所以成为关注的重点及难点，其核心影响在于黄河流域周围自然环境脆弱、资源危机严峻，尤其是水资源短缺、流域水质恶劣等形势十分严峻。特殊的地理环境和水土环境，造成黄河流域水沙空间分布不均衡，且黄河流域水土面临土壤污染严重、生态环境风险突出等危机，因为这一现状，对于黄河流域城市群现代空间格局的统筹和协调提出更高的要求。自"十二五"以来，国家加大了对黄河流域环境保护的管理力度和统筹规划，而自"十四五"时期以来，在生态环境保护的基础上，强调生态环境保护与高质量发展联动。这意味着，需要实现从地区生态环境保护向流域生态效益实现的理念转变，黄河流域流经九省份，各地区在以行政单位为单元进行污染防治及环境保护的基础上，更是要强调如何在绿色发展的方向中，实现将生态保护向流域生态效益实现的转型。

第一，黄河流域内生态效益的实现，致力于将环境保护与高质量发展相联动，重视生态保护与生态发展的同一性和统一性。黄河流域突出的资源环境矛盾，治理和保护是基础，构建和布局是框架，发展和协调则是实现目标。

第二，黄河流域内生态效益的实现，要将生态要素摆在突出的位置。黄河流域内生态系统是一个有机整体，生态资源作为核心生产要素，本身具有强大的生产力，但是，生态要素向生态价值的转化，存在一定的损失和成本，要减少转化过程的浪费，宏观布局生态要素的统筹和规划，不仅能降低生态要素的浪费，减轻对生态环境的压力，而且能够提高流域内绿色效益的产出效率，成为实现生态保护和高质量发展耦合协调的关键所在。

第三，黄河流域内需要将生态价值纳入经济社会发展价值体系，生态自然资源作为经济要素配置，生态环境代价作为经济成本考核，生态产品价值也成为绿色效益的重要组成。黄河流域周边地区经济发展，是在工业化进程中构建，在城市化进程中加快，在生态文明建设和现代化发展中，将会从环境发展和经济社会发展的无关和分散中突出重围，实现经济增长向生态保护与经济高质量发展耦合协同的横向拓展。

二、从城市布局分散转向空间生态格局协同的导向逻辑

黄河流域生态环境保护与高质量发展耦合协调的现代空间格局构建，需要遵循从城市布局分散转向空间生态格局协同的导向逻辑。

第一，城市群集聚通过整合资源，统筹配置，提高生态资源的综合利用率。黄河流域的生态环境总体上偏脆弱，我国目前发展状况是国内城市间发展水平差别大，且贫困地区集中，城市化水平存在着巨大差异。推动生态环境—经济发展耦合，需要促进国内城市化的发展，推动生态环境—经济发展耦合需要以高质量的城市发展、以更高的城市化水平作为重要途径。然而，黄河流域的水资源的供需矛盾尖锐，由于黄河流域水资源匮乏、水资源承载力薄弱是黄河流域生态关系的现实特征，正确且科学地整合、统筹、判定、布局水资源的应用机制是重中之重。因此，需要以河流为中心，以水线为标准，科学划分城市群集成。

第二，通过推进黄河流域沿线城市群城市化进程，加快以中心城市—都市圈—城市群为模式的新型城市化构建，从而重塑黄河流域现代空间格局。新型城市化模式构建，将人口向核心经济区转移，能够实现人口的适度集中，其作用在于两个方面：一是减少对于生态脆弱区的人为活动，大部分生态功能区都是国家主体功能区中的生态脆弱区，这些地区应当尽量减少人类经济活动对生态的影响，以及黄河流域内资源少、污染重、环境压力大的区域更需要减少生态足迹，从而更好地改善生态功能的恢复和重建。二是提高发展效率。新型城市化的构建，可以统筹配置资源供给，着重加强集聚人口的资源利用效率，通过设置大型的资源循环基建和循环技术，避免资源分散化，降低污染外部性和"公地悲剧"，从而提高发展效率。

第三，黄河流域生态环境保护与高质量发展耦合协调，需要突破常规的地区单位，以流域资源结构和资源分布为依据，以科学构建环境承载力为标准，重塑空间生态格局。自然资源分布往往跨地区，这对资源整体的分类、规划、管理、开发、统筹具有较大难度。而受黄河流域水资源和水环境的影响，对黄河流域生态环境保护与高质量发展耦合协调的空间布局至关重要。因此，要实现城市分散向空间生态集聚转变，充分考量流域上游、中游、下游的差异，纵观水资源统筹布局，确定空间集聚的整合和协同，以实现黄河流域生态环境保护与高质量发展耦合协调。

三、推进绿色产业分工与生态产业协同互补的空间结构逻辑

黄河流域生态环境保护与高质量发展耦合协调的现代空间格局构建，基于推进

绿色产业分工与生态产业协同互补的空间结构逻辑。

第一，黄河流域城市群的产业布局需要统筹规划，合理地进行绿色化产业分工。各级政府作为黄河流域城市群产业布局和产业规划中的主要政策供给主体，承担着协同流域内产业结构优化和调整的重要责任。黄河流域内特殊的资源分布结构、地貌特征和人口集聚现状，是区域经济发展的空间载体。区域内经济分布也存在显著差异，经济发展速度和发展模式也依赖于产业结构的关联性。由于黄河流域下游、中游、上游沿线经济高质量发展水平依次递减，生态环境污染则凸显由低到高的发展态势。各流域内产业优势具有显著差异，以资源结构为依托的绿色化产业分工模式，能够优化生态保护和高质量发展的空间布局协同。因此，黄河流域经济带沿线，宏观上布局绿色化产业优势，以上游、中游、下游分区规划，微观上以城市为基准单位进行绿色化产业版图的分工，并围绕核心城市开展，以中心带动周围，使绿色化产业链形成多轴并重，从而统筹构建。

第二，黄河流域生态环境保护与高质量发展耦合协调的实现，还需要建立生态产业互补和产业协同的空间结构模式优化。首先，在各地区以要素优势构建起优势绿色产业，并在细化绿色产业分工的基础上，还需要结合黄河流域产业整体布局，清理低端产业供给，避免黄河流域内产业趋同和产业过度竞争，因地制宜，分区管理。其次，遵循黄河流域生态环境保护与高质量发展耦合协同思路，结合上游、中游、下游产业链配套及协同，以核心城市为增长极，带动形成多轴距、多维度、多圈层的产业链整合和产业链延伸体系，引导传统产业向新型现代化产业转型，扶持资源薄弱地区发展优势关联产业，培育黄河流域城市群经济新动能。最后，以资源利用高效性和补偿性为目标，深化生态产业的联动和互补模式。围绕核心城市群形成生态产业联动机制，整体划定产业空间规划和空间格局，大力发展生态绿色产业，以促进黄河流域生态环境保护与高质量发展耦合协调的有机实现。

四、推进流域功能区分类分策空间治理的实现逻辑

黄河流域生态环境保护与高质量发展耦合协调的现代空间格局构建，基于推进流域功能区分类分策空间治理的实现逻辑。

第一，黄河流域生态环境保护与高质量发展耦合协调，必须结合黄河流域内空间地理格局差异，充分考虑到主体功能区的特征，进行分类管理。据《全国主体功能区规划》和各省份主体规划，黄河流域城市群主要分布于优化开发区、重点开发区、限制开发区三类产业模式中。其中，优化开发区，强调提高产业结构高级化，是以济南市、西安市、郑州市、太原市为核心，加快城市群集聚和优势产业集聚，

实现产业结构高级化转型和产业结构合理化提升。重点开发区需要依托提高产业优化布局，提高产业效率。作为我国的传统重工业基地的黄河流域中游地区，尤其是关中平原城市群、中原城市群、山西中部城市群和呼包鄂榆城市群，可作为重点开发区分类，目前区域中城市群的核心产业支撑作用不足，主体功能区建设目标不明确。而限制开发区，强调重视生态功能区的补偿，发展生态产品和高质量农产品。上游地区要更为关注水质的保护和水涵养能力提升，中游地区加强污染防治，下游可依托土地优势，发展特色及高质量农业产品。各城市群基于不同的功能划分，实现黄河流域生态环境保护与高质量发展耦合协调。

　　第二，黄河流域生态环境保护与高质量发展耦合协调，还需要结合主体功能区的差异，进行分策管理和现代化治理。对于各主体功能区的分策管理，一方面，依托系统性的治理思维，统筹人口、水资源、生态环境的综合空间格局，尤其是水资源、土地资源的生态功能，结合资源承载力和空间承载力，严格生态环境防线，动态监测资源使用效率，能够提高生态环境保护和高质量发展耦合的适应性；另一方面，科学设定城市发展规模，分策治理，以资源定城、以生态分产，降低资源的不合理利用，调整资源要素配置效率，优化城市空间与生态空间的协同。此外，还需要建立流域内现代空间治理的多方参与机制，构建网络化协同治理模式①，形成基于流域空间结构的治理方案，以加强黄河流域生态环境保护与高质量发展的耦合协调。

第二节　黄河流域生态环境保护与高质量
发展耦合协调的测度及评价

　　结合理论逻辑分析，进一步对黄河流域生态环境保护与高质量发展耦合协调进行测度及评价。

一、指标体系构建及数据选择

　　本章沿用前面界定的黄河流域生态环境保护与高质量发展地级市评价指标体系，在生态环境保护层面，选择生态环境压力、生态环境现状以及生态环境治理三个子

---

① 郭晗，任保平．黄河流域高质量发展的空间治理：机理诠释与现实策略［J］．改革，2020（4）：74 – 85.

系统评价生态环境保护的综合情况。在经济高质量发展层面，由发展效率和发展水平两个子系统构成，具体的分项子系统的指标层和指标属性如表 10 – 1 所示。指标选择依据、指标含义、指标计算方法参考前文，这里不再赘述。

表 10 – 1　　黄河流域生态环境保护与高质量发展地级市评价指标体系构建

系统层	子系统	指标层	属性
生态环境保护	生态环境压力	单位 GDP 烟尘排放量（万吨）	负指标
		单位 GDP 二氧化硫排放量（万吨）	负指标
		单位 GDP 废水排放量（万吨）	负指标
	生态环境现状	城市人口密度（人/平方公里）	负指标
		人均绿地面积（平方米）	正指标
		年度 PM2.5 均值	负指标
	生态环境治理	固体废物利用率（%）	正指标
		污水综合处理率（%）	正指标
		垃圾无害化处理率（%）	正指标
经济高质量发展	发展效率	全要素生产率增长率（%）	正指标
		技术进步率（%）	正指标
		技术进步变化率（%）	正指标
		技术效率变化率（%）	正指标
		配置效率变化率（%）	正指标
	发展水平	人均 GDP	正指标
		非农产值占 GDP 比重（%）	正指标
		人均可支配收入（元）	正指标
		失业人数（人）	负指标
		医院数（个）	正指标
		高等学校在校生人数（万人）	正指标

对于原始数据的测算，首先，分别将正向、逆向指标按如下方法去量纲化且标准化处理：

$$正向指标：\frac{x_{ij} - \min\limits_{1 \leqslant i \leqslant n} x_{ij}}{\max\limits_{1 \leqslant i \leqslant n} x_{ij} - \min\limits_{1 \leqslant i \leqslant n} x_{ij}} \tag{10-1}$$

$$逆向指标：\frac{\max\limits_{1 \leqslant i \leqslant n} x_{ij} - x_{ij}}{\max\limits_{1 \leqslant i \leqslant n} x_{ij} - \min\limits_{1 \leqslant i \leqslant n} x_{ij}} \tag{10-2}$$

其次，使用熵权法分别计算生态环境保护系统和经济高质量发展系统的基础指标的权重计算。各基础指标熵权权重 W_i 公式为：

$$W_i = \frac{1 - E_i}{k - \sum_{i=1}^{k} E_i} \qquad (10-3)$$

其中，E_i 为信息熵：

$$E_i = \frac{1}{\ln n} \sum_{i=1}^{n} P_{ij} \ln P_{ij} \qquad (10-4)$$

各系统综合水平计算公式为：

$$U_i = \sum_{j=1}^{n} W_j Y_{ij} \qquad (10-5)$$

其中，U_i 是各系统的综合水平指数，n 是各系统内样本城市数量。

本章选择黄河流域沿线的中心城市群作为研究对象，黄河流域经济带根据数据可得性选择了黄河流域途经的 66 个重点城市。并根据黄河流域途径上游—中游—下游进行划分，其中上游包括青海省、甘肃省、宁夏回族自治区、内蒙古自治区等省份；黄河流域中游包括陕西省和山西省等省份；黄河流域下游包括河南省和山东省等省份。根据对应的城市所属省域，将 66 个重点城市进一步划分，划分区间如表 10-2 所示。区域内数据取城市均值进行表示，分别测算基于城市群构建的黄河流域上游—中游—下游高质量发展系统和黄河流域生态保护系统的综合评价指数。数据选择自 2011 年以来的地级市面板数据，资料来源于各年度的《中国统计年鉴》、《中国城市统计年鉴》、各省统计年鉴、各市统计年鉴、各省份统计公报等。

表 10-2　　　　　　　　黄河流域上游、中游和下游地级市划分一览

区域	黄河流域地级市
上游城市（23 个）	西宁市、兰州市、嘉峪市、金昌市、白银市、天水市、武威市、张掖市、平凉市、酒泉市、庆阳市、定西市、陇南市、银川市、吴忠市、固原市、中卫市、呼和浩特市、包头市、乌海市、鄂尔多斯市、巴彦淖尔市、乌兰察布市
中游城市（18 个）	西安市、铜川市、宝鸡市、咸阳市、渭南市、延安市、榆林市、太原市、大同市、阳泉市、长治市、晋城市、朔州市、晋中市、运城市、忻州市、临汾市、吕梁市
下游城市（25 个）	济南市、青岛市、枣庄市、东营市、烟台市、威海市、日照市、临沂市、德州市、滨州市、菏泽市、郑州市、开封市、洛阳市、平顶山市、安阳市、鹤壁市、新乡市、焦作市、濮阳市、许昌市、三门峡市、南阳市、商丘市、周口市

二、生态保护与高质量发展系统的综合评价分析

其中，图 10-1 所示为 2011~2019 年黄河流域上游、中游、下游城市生态环境保护指数折线情况，可以看出，黄河流域生态保护指数在空间格局上存在显著的空

间差异，在时序上存在持续下降的状态。一方面，空间分布上，黄河流域生态保护
指数总体呈现上游高于中游和下游的基本特征，中游和下游城市群生态环境保护指
数存在先后交替的特征。虽然整体上中游生态保护指数高于下游城市，但近年来，
中游城市生态环境的进一步恶化，下游地区生态环境保护指数已经略高于中游地区
城市群。另一方面，在时序分布上，黄河流域生态环境保护系统整体上存在显著的
走低趋势，三大区域空间在 2017 年以后均出现下滑态势，随着中游城市生态环境保
护指数的持续下降，黄河流域中游城市生态环境保护指数低于下游城市群。生态环
境保护指数在空间上分布不均，呈现"上游高，中下游低"的主要态势，上游城市
群内相对自然资源丰沛，农业发展条件较好，城市群环境承载力具有相对较高等特
征，表现出在生态环境保护指数上具有显著优势。下游则生态环境问题较为严重，
由于下游滩区人口多，农业面源污染和生活污染并存，农业种植规模与水资源条件
不匹配，农业灌水技术落后，水资源统筹系统尚未构建，使得水功能补给作用持续
退化，与此同时，重污染行业分布较为集中，污染排放严重，潜在的环境风险不容
忽视。在黄河下游城市群生态环境形势总体不容乐观的情况下，黄河上游多核城市
群在生态环境保护层面，对于中下游城市群的拉动力量也并不显著，上游城市群对
推动流域内生态治理和生态关联的增长极效应尚未形成，也进一步造成区域空间异
化严重。

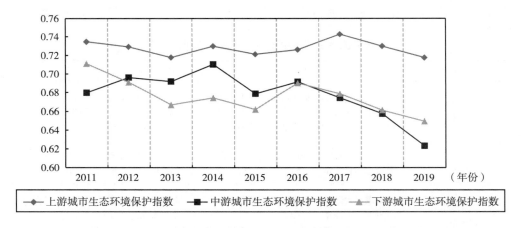

图 10 - 1　2011～2019 年黄河流域上游、中游、下游城市生态环境保护指数

图 10 - 2 所示为 2011～2019 年黄河流域上游、中游、下游城市高质量发展指数
折线情况，可以看出，整体上，黄河流域上游、中游、下游三大城市群分别在 2011～
2013 年、2018～2019 年都出现较为快速的发展。但是，2011～2019 年度里高质量
发展指数在黄河流域上游、中游、下游城市群也存在显著的分布不均的现状。表现
为上游城市群高质量发展指数最低，中游和下游高质量发展指数较高的基本态势。

这意味着，黄河上游城市群经济发展效率和经济发展水平薄弱，兰州、西宁等中心城市经济活力和带动能力不强，且黄河上游中心城市并未发挥以中心城市为核心，向外辐射且区域关联协同的区域经济布局，城市空间分散，城市化集聚能力弱化。上游城市群在发展条件、发展阶段、功能定位、资源环境承载约束都存在提升的较大潜力。然而，目前上游城市群的区域优势互补格局并未形成，资源经济优势和产业动能优势尚未激发。中下游地区高质量发展指数相对较好，2011～2015 年，下游地区经济高质量发展指数高于中游地区；2016 年之后，中游城市群反超下游地区实现了较为快速的增长模式。黄河下游地区途径山东半岛城市群和中原城市群，下游城市群相对上中游地区，经济发展速度较快，经济开放程度较高，但是近年来，日益严重的流域内水资源短缺成为了制约高质量发展的重要约束，且污染严重，资源利用效率低下、粗放型水管理模式成为高质量发展难以实现较大突破的主要瓶颈。中游地区城市化和工业化进程加快，也加速了中游城镇化的集聚，由于城市化推进，中游地区在西安和郑州省会城市的集聚带动下，加速资源整合，充分发挥了城市区域空间联动的效果，分区布局产业优势，以中心辐射周边关联性城市，形成多核增长极，实现了区域内的互联互通，构建了城市群发展新势能。

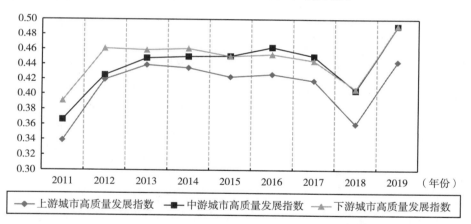

图 10～2　2011～2019 年黄河流域上游、中游、下游城市经济高质量发展指数

三、基于黄河流域生态环境保护与高质量发展耦合协调度模型的综合评价

耦合协调模型用于分析两个及两个以上系统之间的相互作用影响，从耦合相互作用关系中判断耦合程度的大小。基于此，对生态环境保护系统和经济高质量发展系统的耦合协调关系进行综合评价。

具体的综合协调指数 T、耦合度 C 以及耦合协调度 D 的计算公式如下：

$$T = \alpha U_i + \beta U_2 \qquad (10-6)$$

$$C = \left[\frac{U_1 \times U_2}{U_1 + U_2} \right]^{1/2} \qquad (10-7)$$

$$D = \sqrt{C \times D} \qquad (10-8)$$

其中，α、β 使用平均赋权法均取 1/2 值进行估计。

基于上述公式，进一步计算 2011～2019 年黄河流域重点城市生态环境保护和经济高质量发展系统耦合协调度，并按照现有研究的协调耦合度均匀分布等级划分标准进行分类，各城市生态环境保护系统和经济高质量发展系统协调耦合度结果如表 10-3 所示。

表 10-3　　　　2011～2019 年黄河流域重点城市耦合协调度区间划分

年份	轻度失调 [0.3-0.4)	濒临失调 [0.4-0.5)	勉强协调 [0.5-0.6)	初级协调 [0.6-0.7)
2011	—	白银市、枣庄市、长治市等 26 个城市	张掖市、阳泉市、许昌市等 39 个城市	济南市
2012	—	临汾市、晋城市、枣庄市等 8 个城市	晋中市、祈州市、天水市等 53 个城市	陇南市、烟台市、青岛市、鄂尔多斯市、西安市
2013	—	枣庄市、开封市、晋城市等 8 个城市	周口市、西宁市、定西市等 54 个城市	乌兰察布市、东营市、济南市、烟台市
2014	—	枣庄市、日照市、晋城市等 5 个城市	周口市、天水市、临沂市等 56 个城市	乌兰察布市、东营市、武威市、烟台市、西安市
2015	枣庄市	晋城市、开封市、日照市等 8 个城市	临汾市、临沂市、安阳市等 54 个城市	包头市、西安市、渭南市
2016	—	枣庄市、开封市、晋城市等 9 个城市	固原市、长治市、庆阳市等 52 个城市	包头市、青岛市、烟台市、呼和浩特市、西安市
2017	日照市	枣庄市、晋城市、长治市等 6 个城市	嘉裕市、临汾市、西宁市等 56 个城市	烟台市、包头市、洛阳市
2018	—	枣庄市、开封市、阳泉市等 19 个城市	晋中市、朔州市、濮阳市等 46 个城市	呼和浩特市
2019	—	吴忠市、枣庄市、白银市等 8 个城市	阳泉市、金昌市、德州市等 54 个城市	烟台市、洛阳市、乌兰察布市、呼和浩特市

从表 10-3 可以看出，选取的黄河流域 66 个重点城市生态环境保护与高质量发展耦合协调指数分布于（0.3～0.7），且集中分布于耦合协调的濒临失调

［0.4～0.5）和勉强协调［0.5～0.6），整体认为黄河流域生态环境保护与高质量发展耦合协调度层次相对较低，部分城市处于濒临失调区间，大部分城市位于勉强协调区间，初级协调的城市仅在少数范畴。从时间序列上来看，2011 年、2018 年黄河流域经济城市群的耦合协调度层次较低，其余年份整体保持较为平稳的发展状态。

从空间范围上来看，位于初级协调区间的城市大部分位于黄河流域下游的山东半岛城市群，具体包括济南市、烟台市、青岛市、东营市，以及黄河流域上游的部分城市，包括鄂尔多斯市、乌兰察布市、武威市、呼和浩特市。此外，中游的西安和渭南地区在近年以来也出现在初级协调区间序列中。说明这些城市生态环境保护与高质量发展耦合协调度程度相对较好。耦合协调度较低的城市如枣庄市、日照市、晋城市、开封市等 10 余座城市在 2011～2019 年，生态环境保护与高质量发展耦合度较低，尤其是枣庄市和日照市在轻度失调和濒临失调边界徘徊，这些城市亟须调整现代化空间格局构建，激发城市集聚能力和城市发展新动能，以此带动并增强生态环境与高质量发展之间的协调耦合。然而，黄河流域大部分城市生态环境保护与高质量发展耦合处于勉强协调的区间中，提高城市群整体在生态环境建设和经济社会高质量发展之间的关联度，增强城市空间布局和产业布局的协同性，整合黄河流域资源优势，统筹规划稀缺资源配置方式和配置效率，成为推进黄河流域城市群生态环境保护与高质量发展耦合协调向高级化发展的重要战略支撑。

图 10－3 所示为 2011 年、2015 年与 2019 年黄河流域重点城市协调耦合度对比雷达图，从图中可以清楚观测选取的 66 个黄河流域重点城市分布在 2011 年、2015 年与 2019 年的协调耦合度的发展比较。整体上，与 2011 年相比，2015 年、2019 年，黄河流域生态环境保护与高质量发展耦合协调水平在持续提高，但也存在个别城市在 2019 年耦合协调度出现显著下降的波动行为，如吴忠市、渭南市、西安市、濮阳市等城市。而鄂尔多斯市、呼和浩特市、临汾市、郑州市、焦作市、三门峡市、鹤壁市、铜川市、兰州市等城市在 2019 年耦合协调度出现较快增长，与地方加大污染治理，重视资源利率效率，提高经济空间布局，集聚产业关联协作性密切相关。

图 10－4 所示则为 2011～2019 年黄河流域上游、中游、下游城市协调耦合度指数雷达图，能够从空间格局上进一步比较协调耦合度的空间态势。整体上看，除 2011 年、2012 年黄河下游城市群协调耦合度高于上游和中游城市群，随着近些年发展，在 2013～2017 年，黄河下游城市群高质量发展与生态环境协调耦合度增长低迷，逐渐呈现出协调耦合度层次较低、水平较弱的现状。自 2018 年以来，黄河下游城市群加快经济转型步伐；增强城市群发展与资源协同，耦合度出现快速增长。

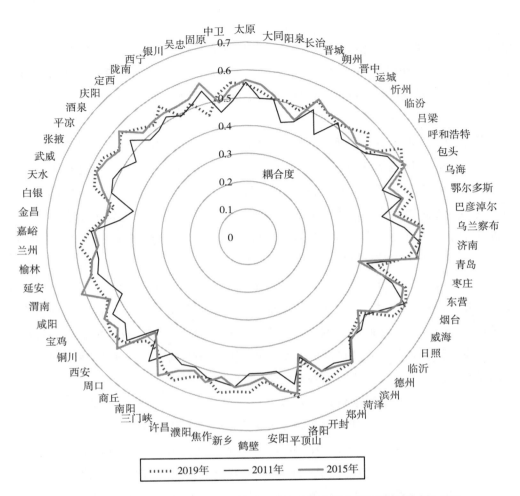

图 10 – 3 2011 年、2015 年与 2019 年黄河流域重点城市协调耦合度对比雷达

黄河中游城市群则相反，2013～2016 年，黄河中游城市群生态环境与高质量发展协调耦合度处于领先地位，自 2017 年以后，则表现出增长乏力，认为中游城市群在高质量发展的优势下，尚未实现新动能转型，城市集群带动力不足，资源与发展匹配效果较差，引起了协调耦合水平的落后。黄河上游城市群生态环境与高质量发展协调耦合的发展在样本期内，除存在较大波动的 2018 年以外，整体处于稳步增长的发展态势。黄河流域上游城市群虽然生态与经济发展协调较好，其优势在于环境保护取得了长效的进步，结合高质量发展特征来看，黄河流域上游城市群在经济高质量发展方面还需要注入结构新动能，并在生态环境保护的基础上，发展生态优势，推动绿色生态、"生态＋"等产业融合，致力于实现将生态资源向生态效益转型，以促进生态经济空间的潜力激发。

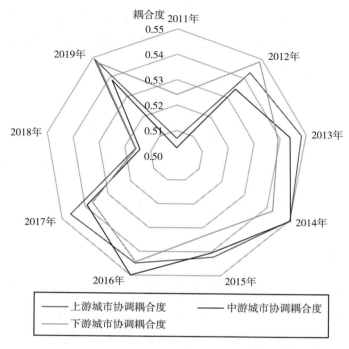

图 10 – 4　2011~2019 年黄河流域上游、中游、下游城市协调耦合度指数

第三节　黄河流域生态环境保护与高质量发展的
耦合协调的空间相关性分析

空间自相关分析，用于度量空间数据间的相互依赖程度。其中，全局自相关描述的是对数据属性在整个区域空间特征的描述，运用空间全局自相关分析，可以有效分析区域之间的空间位置关系对区域耦合协调度动态变化的影响。而局部空间自相关，反映的是范围内空间位置与邻近位置同一属性的相关度，通过运用局部自相关分析相邻区域生态环境保护与高质量发展耦合协调度对黄河流域生态环境保护与高质量发展耦合协调度的空间近邻效应。与此同时，将二者结合能够更加全面地反映指标在空间维度的综合属性特征。

一、黄河流域生态环境保护与高质量发展耦合协调的空间全局自相关分析

在全局空间自相关分析中，使用 Moran's I（莫兰指数）和 Geary's C（吉尔里指数）共同反映黄河流域生态环境保护与高质量发展耦合协调的全局自相关。其中，

Moran's I 的交叉乘积项比较的是邻近空间位置的观察值与均值偏差的乘积。Geary's C 比较的是邻近空间位置的观察差值,两者结合共同来观测黄河流域城市群生态环境保护与高质量发展耦合协调的全局自相关状态。

全局自相关计算方法为:

$$\text{Moran's I} = \frac{N \sum_i^N \sum_j^N w_{ij}(y_i - \bar{y})(y_j - \bar{y})}{(\sum_i^N \sum_j^N w_{ij}) \sum_i^N (y_i - \bar{y})^2} \qquad (10-9)$$

$$\text{Geary's C} = \frac{\sum_{i=1}^N \sum_{j=1}^N W_{ij}(y_t - y_i)^2}{2 \sum_{i=1}^N \sum_{j=1}^N w_{ij} \sigma^2} \qquad (10-10)$$

其中,$\sigma^2 = \sum_{i=1}^N (y_i - y)^2 / (N-1)$。

根据基本定义 Moran's I 系数的取值范围为 [-1, 1],当其取值大于 0 时,表明所研究区域存在空间正相关,且取值越接近 1,表明空间正自相关性越强,研究对象的值呈聚集分布;当其取值小于 0 时,表明所研究区域存在空间负相关,取值越接近 -1,表明空间负自相关性越强。取值等于 0,则说明所研究区域不存在空间相关性,在空间呈现随机分布状态。而 Geary's C 的取值一般在 [0, 2],大于 1 表示负相关,等于 1 表示不相关,小于 1 表示正相关。图 10-5 所示为黄河流域生态环境保护与高质量发展耦合协调的全局自相关分析,其中,Moran's I 和 geary's C 均在 0.01 显著性水平上显著。Moran's I 和 geary's C 均说明黄河流域生态环境保护与高质量发展耦合协调度存在明显的空间正相关关系。

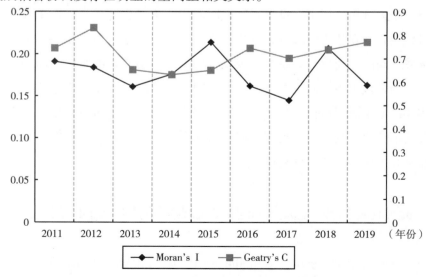

图 10-5 2011~2019 年黄河流域生态环境保护与高质量发展耦合协调的全局自相关分析

局部自相关计算方法为：

$$\text{局部 Moran's } I_i = \frac{y_j - \overline{y}}{S^2} \sum_{j=1}^{N} w_{ij}(y_j - \overline{y}) \qquad (10-11)$$

$$U(I_i) = \frac{I_i - E(I_i)}{\sqrt{\text{var}(I_i)}} \qquad (10-12)$$

$$S^2 = \sum_{j=1, j \neq i}^{N} \frac{y_j^2}{(N-1)} - \overline{y^2} \qquad (10-13)$$

其中，I_i 为第 i 个分布对象的全局相关性系数，$E(I_i)$ 表示空间位置 i 的观测值的数学期望，$\text{var}(I_i)$ 表示空间位置 i 的观测值的方差。

为了便于空间相关性分析，对于空间权重的选择，使用二进制的地理距离（W1）权重作为空间权重设置，其中，两个城市之间如果接壤或邻近，则设置为 1；反之，如果两个城市之间如果空间位置不相邻，则记作 0。那么，W_{ij} 为空间权重矩阵，表示（i，j）各元素所代表的空间权重。

二、黄河流域生态环境保护与高质量发展耦合协调的空间局部自相关分析

进一步进行黄河流域生态环境保护与高质量发展耦合协调度的局部自相关分析。图 10-6 为黄河流域生态环境保护与高质量发展耦合协调的局部自相关散点图。其中，高—高集聚表示本地区协调耦合度较高，且邻近地区协调耦合度也处于较高程度；高—低集聚表示本地区协调耦合度较高，且邻近地区协调耦合度处于较低程度；低—高集聚表示本地区协调耦合度较低，且邻近地区协调耦合度处于较高程度，低—低集聚表示本地区自身协调耦合度较低，且邻近地区协调耦合度也处于较低程度。

从图 10-6 中可以显著看出 2019 年黄河流域城市群的空间集聚效果。首先，大部分城市处于高—高（第一象限）空间集聚的空间格局中，这意味着，大部分城市生态环境保护与高质量发展耦合协调效应在空间集聚上还存在正向辐射效果，即本地区与邻近地区都处于耦合协调较高水平且发生显著的集聚效应。处在这一象限的城市集聚于山东半岛城市群和黄河流域"几"字湾城市群北部，说明这些城市自身耦合度协调水平较高，且周围地区耦合度协调水平也较高，城市关联性和协调性较好，城市群呈现高耦合协调度集聚现象。而自身耦合度协调水平较低的城市，且周围地区耦合度协调水平也较低，城市群关联性具有明显的聚集效果和较强的优势辐

射影响。

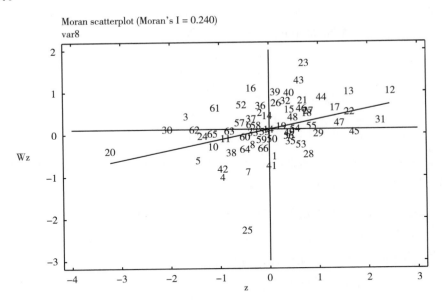

图 10 - 6　黄河流域生态环境保护与高质量发展耦合协调的局部自相关散点

注：1 - 太原市；2 - 大同市；3 - 阳泉市；4 - 长治市；5 - 晋城市；6 - 朔州市；7 - 晋中市；8 - 运城市；9 - 忻州市；10 - 临汾市；11 - 吕梁市；12 - 呼和浩特市；13 - 包头市；14 - 乌海市；15 - 鄂尔多斯市；16 - 巴彦淖尔市；17 - 乌兰察布市；18 - 济南市；19 - 青岛市；20 - 枣庄市；21 - 东营市；22 - 烟台市；23 - 威海市；24 - 日照市；25 - 临沂市；26 - 德州市；27 - 滨州市；28 - 菏泽市；29 - 郑州市；30 - 开封市；31 - 洛阳市；32 - 平顶山市；33 - 安阳市；34 - 鹤壁市；35 - 新乡市；36 - 焦作市；37 - 濮阳市；38 - 许昌市；39 - 三门峡市；40 - 南阳市；41 - 商丘市；42 - 周口市；43 - 西安市；44 - 铜川市；45 - 宝鸡市；46 - 咸阳市；47 - 渭南市；48 - 延安市；49 - 榆林市；50 - 兰州市；51 - 嘉峪关市；52 - 金昌市；53 - 白银市；54 - 天水市；55 - 武威市；56 - 张掖市；57 - 平凉市；58 - 酒泉市；59 - 庆阳市；60 - 定西市；61 - 陇南市；62 - 西宁市；63 - 银川市；64 - 吴忠市；65 - 固原市；66 - 中卫市。

其次，部分城市处于低—低（第三象限）的空间格局中，处在第三象限的城市群主要聚集在兰西城市群北部和"几"字湾城市群东南部，说明这些城市与邻近城市之间均存在较低的耦合协调水平，耦合协调程度呈现低层次集聚的特征。"几"字湾城市群东南部，形成低—低集聚的是由于生态环境保护系统发展较好而经济高质量发展系统程度较低，从而引起了二者的不协调、不匹配的现状，而兰西城市群北部经济高质量发展程度较低的原因在于城市之间产业较为分散，产业结构层次较低，且并未形成突出的经济优势。而"几"字湾城市群东南部形成低—低集聚是由于生态环境保护系统发展较差而经济高质量发展系统程度较好，引起了生态环境与经济发展的背离结构，该城市群更应关注生态环境保护，增强生态与产业融合，推进生态产品供给，提高生态产品价值实现。

最后，少部分城市处于低—高（第二象限）和高—低（第四象限）的空间分布中，呈现出"低—高"聚集空间的城市存在于关中平原城市群中、呈现"高—低"聚集空间的城市较为分散，不存在显著的城市群划分。说明这些城市与其余地区协同性较弱，与周边城市发展存在显著差异。

　　因此，为增强黄河流域城市群生态环境保护与高质量发展的耦合协调，需要减少对于生态脆弱区的人为活动，同时提高发展效率。当生态系统的资源供给不能满足人类日益增长的经济需求，生态系统的废弃物排放超过了生态系统的自净能力和调节能力，出现耦合失调。

第四节　黄河流域生态环境保护与高质量发展的耦合协调的现代空间格局重塑的政策

　　基于黄河流域生态环境保护与高质量发展的耦合协调的现代空间格局的逻辑构建，并结合黄河流域生态环境保护与高质量发展耦合协调的测度及评价、空间相关分析等，得出研究结论如下。

　　首先，在黄河流域高质量发展系统中，以下游地区高质量发展系统为优势区域，中游地区较次之，上游地区较为薄弱的梯度发展空间格局为基本构成。上游以山东半岛城市群和以郑州为中心的两大城市经济圈为主体具有显著的经济高质量发展优势。其次，在环境保护系统中，上游地区生态环境保护具有显著成效，形成了黄河流域上游领先，中游和下游显著落后的分化发展空间格局。再次，在黄河流域生态环境保护与高质量发展的耦合协同系统中，现代化空间格局表现为显著的"点—圈"特征，下游以青岛市、烟台市、洛阳市为点，中游以西安市、太原市为点，上游地区以呼和浩特市、包头市、乌兰察布市为点，向外辐射城市周围，存在显著的空间影响力和空间集聚性。最后，在黄河流域生态环境保护和高质量发展耦合协调中，城市群多呈现"高—高"集聚和"低—低"集聚特征，这意味着，黄河流域沿线城市群的生态环境保护和高质量发展耦合协调具有典型的空间关联，耦合度高的城市，其通过正向影响和正反馈影响，以进一步增强城市群之间的空间联动效果，实现生态环境保护和高质量发展协调耦合度正向加成的现代空间格局。

　　基于总体研究，进一步提出关于黄河流域生态环境保护与高质量发展的耦合协调的现代空间格局重塑的政策建议。第一，加强黄河流域生态环境保护与高质量发展的耦合协调性，其核心是加快推进以中心城市—都市圈—城市群为模式的新型城市化进程，从而实现人口适度集中，能够减少人均生态足迹，并通过构建并推进"发展、保护、治理"三位一体的协同推进机制，降低环境脆弱区域的生态风险。

推进新型城市化进程，还能够集中生态要素资源规划，统筹资源供给和资源分配，提高经济高质量发展效果。

第二，大力发展绿色产业和生态产业，并加快构建黄河流域内产业分工体系，打造绿色产业互补和生态产业协同机制，促进生态资源要素流通，消除市场分割与低端产业同构，增强上游、中游、下游的绿色产业关联性和互动性，实现黄河流域各区域生态环境保护与高质量发展的绿色化产业空间优势格局。因地制宜，分类施策，根据比较优势，分别在上游、中游、下游的城市群推进"生态＋农业""生态＋养老""生态＋旅游""生态＋服务""生态＋文化""生态＋品牌""数字＋产业生态化"等在内的空间关联生态产业链体系构建，以激发城市集聚能力和城市发展的新动能。

第三，通过完善主体功能区划分，明确黄河流域内各区域工业产品、农业产品和生态产品的不同供给目标，重构黄河流域各区域生态环境保护与高质量发展的主体功能协同。在黄河流域上游城市群，通过促进现代化农业、生态产业园区、生态农业的发展，有利于生态优势向乡村集聚和流动，一定程度上能够缩小生态保护和高质量发展的差距，增强二者的关联性和协调性。中游城市群，需要致力于生态环境补偿和修复，同时加快产业结构高级化转型。下游城市群，则要保护湿地生态，大力发展现代化农业，以增强各空间区域内生态环境保护与高质量发展的耦合协调。

第四，构建黄河流域生态环境保护与高质量发展耦合协调空间格局的现代化治理体系，一方面，依托系统性的治理思维，构建网络化协同治理模式，统筹人口、水资源、生态环境的空间关系，形成基于黄河流域空间结构的治理方案；另一方面，需要持续优化和改善黄河流域内生态产品的生产价格机制、交易价格机制，以及水权交易机制等，以增强空间格局协调的适配度和政策规范性，保障黄河流域生态环境保护与高质量发展耦合协调的现代空间格局构建与生成。

第十一章

黄河流域生态环境保护与高质量发展耦合协调的基础设施建设驱动研究

　　基础设施是经济社会发展的重要支撑，基础设施建设会产生明显的乘数效应，政府投资和公共支出的规模扩大，对于国民收入有加倍扩大的作用。基础设施具有较强的外部性和共享性，会对所有经济单位和经济组织提供环境支撑和外部保障，具有资源互惠的优势①。基础设施建设是打破要素流动壁垒的有效手段，不仅有助于提高区域间资源互联互通，促进人才流、资本流和信息流自由便捷流动，通过增强人口集聚和产业协作能力驱动经济高质量发展。与此同时，基础设施建设通过优化要素资源有效配置，提高要素生产效率，进而实现节能减排的生产目标，促进生态环境保护。基于黄河流域"共同抓好大保护、协同推进大治理"的生态目标，提升黄河流域生态环境保护与高质量发展耦合协调度是十分必要的②。那么，基础设施建设能否提升黄河流域生态环境保护与高质量发展的耦合协调？其内在作用机理如何？以及基础设施建设的作用效果是否具有动态持续性和溢出效应？对于以上问题的回答有助于从宏观层面对基础设施建设的驱动效果加以准确评估，深刻理解基础设施建设对黄河流域生态环境保护与高质量发展的驱动作用，为相关政策制定提供经验证据。

① 马荣，郭立宏，李梦欣. 新时代我国新型基础设施建设模式及路径研究［J］. 经济学家，2019（10）.
② 任保平. 黄河流域生态环境保护与高质量发展的耦合协调［J］. 人民论坛·学术前沿，2022（6）.

第一节　黄河流域生态环境保护与高质量发展耦合协调的基础设施建设驱动机制

　　黄河流域生态环境保护与高质量发展是互利共生的共同体，两者从各自内部产生相互吸引的动力，互补互惠。黄河流域生态环境保护与高质量发展的耦合协调性强调生态环境保护与高质量发展的整体性、综合性和内生性，二者互为促进，全面提升黄河流域生态环境保护与高质量发展耦合协调度对于推进经济—生态多元协调发展、促进全流域协同治理具有重要意义（师博和范丹娜，2022；石涛，2020）[①②]。目前，基础设施建设成为推进黄河流域生态环境保护与高质量发展耦合协调的内在驱动力和重要支撑，在改变经济活动条件的同时，通过放大基础设施建设的乘数效应优化要素资源配置，发挥空间联动效应，从而推进黄河流域生态环境保护与高质量发展耦合协调。

一、资源配置优化效应

　　新经济地理学理论表明，运输成本的下降会带来集聚经济、外部性和规模经济。而基础设施建设通过可以提高地区间的可达性，降低要素和产品的运输成本，所产生的集聚效应和规模效应有助于促进优化要素资源空间配置（Tsekouras et al.，2016）[③]，提升区域间资源配置的效率（Redding and Turner，2015）[④]。从黄河流域生态环境保护与高质量发展耦合协调度视角分析，一方面，黄河流域基础设施建设通过优化全流域资源配置结构，提高资源配置效率促进黄河流域高质量发展，随着经济高质量发展水平的提升又反作用于生态环境不断优化，促进黄河流域生态环境保护；另一方面，黄河流域基础设施建设能够通过优化资源配置，避免资源浪费，降低废弃污染物排放，进而减少环境污染，通过发挥生态环境保护的集约导向功能，

---

　　① 师博，范丹娜. 黄河中上游西北地区生态环境保护与城市经济高质量发展耦合协调研究［J］. 宁夏社会科学，2022（4）.

　　② 石涛. 黄河流域生态保护与经济高质量发展耦合协调度及空间网络效应［J］. 区域经济评论，2020（3）.

　　③ Tsekouras K.，Chatzistamoulou N.，Kounetas K.，Broadstock D. Spillovers，Path Dependence and the Productive Performance of European Transportation Sectors in the Presence of Technology Heterogeneity［M］. Technological Forecasting and Social Change，2016：102，261－274.

　　④ Redding S. J.，and M. A. Turner. Transportation Costs and the Spatial Organization of Economic Activity［J］. Handbook of Regional & Urban Economics，2015，5（8）：1339－1398.

更高效地激发要素使用潜力，从而驱动黄河流域高质量发展。

假说一：基础设施建设能够通过优化全流域资源配置，提高资源配置效率，从而驱动黄河流域生态环境保护与高质量发展耦合协调度的提升。

二、创新效率升级效应

创新效率升级需要依靠完善的基础设施建设和高效的信息资源（Fritsch and Slavtchev，2011）[①]。基础设施为外部信息共享和信息的高速流通创造了理想的渠道，由于网络信息溢出的外部性，基础设施可以打破"信息孤岛"壁垒，共享研发成果，加速创新知识整合，产生了比其他地区更多的学习曲线效应和经验效应，进而增强地区的创新效率（杨德明和刘泳文，2018）[②]。此外，大数据、云计算、移动互联网等数字基础设施建设的不断完善可以扩大各生产环节的流程创新性，改善内部低效率生产环节的资源占用率（Czernich et al.，2011）[③]，最终推动地区创新效率水平跃升。从黄河流域生态环境保护与高质量发展耦合协调度视角分析，一方面，黄河流域基础设施建设通过创新效率升级效应能够增加区域内创新产出，实现创新驱动经济高质量发展，高质量发展过程中的技术创新形成了"低投入、高产出"经济，有利于实现低碳发展，从源头为生态环境保护提供技术支撑（石大千等，2018）[④]；另一方面，创新效率升级能够通过技术创新转变黄河流域生态保护方式，实现从"末端治理"向"源头防控、前端创新"的转变，倒逼经济发展的动能转换，推动经济发展模式转变，助推高质量发展。因此，基础设施建设的创新效率升级效应能够提升黄河流域生态环境保护与高质量发展的耦合协调度。

假说二：基础设施建设能够通过加速创新知识整合，提高区域创新效率水平，从而驱动黄河流域生态环境保护与高质量发展耦合协调度的提升。

三、空间联动溢出效应

基础设施建设提升了城市间协同合作，丰富了地区间经济联系和信息交换，通过

---

① Fritsch M. , Slavtchev V. Determinants of the Efficiency of Regional Innovation Systems [J]. Regional Studies，2011，45（7）：905 – 918.

② 杨德明，刘泳文."互联网 +"为什么加出了业绩 [J]. 中国工业经济，2018（5）.

③ Czernich N. , O. Falck and T. Kretschmer. Broadband Infrastructure and Economic Growth [J]. Economic Journal，2011，121（552）：505 – 532.

④ 石大千，丁海，卫平，刘建江. 智慧城市建设能否降低环境污染 [J]. 中国工业经济，2018（6）.

增强对边缘邻近地区带动作用，对沿线城市产生"溢出效应"（诸竹君等，2019）[①]，实现黄河流域上游、中游、下游三大区域的互联互通、联动发展（安树伟和李瑞鹏，2020）[②]。从黄河流域生态环境保护与高质量发展耦合协调度视角分析，一方面，基础设施建设将黄河流域的经济活动连成一个整体，通过正向空间溢出效应，从而提升黄河流域整体高质量发展水平。在经济高质量发展地区，环境规制相关要求会更高，从而会相应地增强生态保护力度，实现生态环境保护和高质量发展的双赢。另一方面，从空间联动溢出的视角，基础设施建设能够不断加强黄河流域全流域的协同生态治理，通过生态补偿、绿色金融等方式发挥生态保护的财富增值功能，助推黄河流域高质量发展。综上所述，黄河流域基础设施建设的空间动态溢出效应能够有效促进黄河流域生态环境保护和高质量发展的耦合协调度。

假说三：基础设施建设能够通过促进地区间协同合作，发挥空间联动溢出效应，从而驱动黄河流域生态环境保护与高质量发展耦合协调度的提升。

第二节　黄河流域基础设施建设指标体系构建

依据基础设施的行业属性及功能特征，可将基础设施划分为三个维度，分别是物理基础设施、服务基础设施和数字基础设施（王忠民，2019；马荣等，2019）[③]，并在充分考虑指标基础数据的易得性和可操作性的基础上，本章从以上三个维度构建黄河流域基础设施建设的综合评价指标体系。

其中，物理基础设施作为经济持续增长动力的"硬件支撑"，其主要包括交通基础设施、能源基础设施和水利基础设施。首先，交通基础设施有利于促进人才、资本等生产要素的流动，从而提高资源配置效率（张克中和陶东杰，2016；马光荣等，2020）[④][⑤]。因此，本章采用年末实有城市道路面积来衡量黄河流域交通基础设施建设。其次，能源基础设施是经济发展的重要支柱（刘生龙和胡鞍钢，2010）[⑥]，

[①] 诸竹君，黄先海，王煌. 交通基础设施改善促进了企业创新吗？——基于高铁开通的准自然实验 [J]. 金融研究，2019（11）.
[②] 安树伟，李瑞鹏. 黄河流域高质量发展的内涵与推进方略 [J]. 改革，2020（1）.
[③] 王忠民. 基础设施的三个维度及其投资效应探析 [J]. 西北大学学报（哲学社会科学版），2019（2）. 马荣，郭立宏，李梦欣. 新时代我国新型基础设施建设模式及路径研究 [J]. 经济学家，2019（10）.
[④] 张克中，陶东杰. 交通基础设施的经济分布效应——来自高铁开通的证据 [J]. 经济学动态，2016（6）.
[⑤] 马光荣，程小萌，杨恩艳. 交通基础设施如何促进资本流动——基于高铁开通和上市公司异地投资的研究 [J]. 中国工业经济，2020（6）.
[⑥] 刘生龙，胡鞍钢. 基础设施的外部性在中国的检验：1988—2007 [J]. 经济研究，2010（3）.

加强能源基础设施建设有助于国家经济平稳发展（Balazas et al.，2009）①。因此，本章采用城市天然气供气总量来衡量黄河流域能源基础设施建设。最后，水利基础设施不仅是黄河流域水资源合理利用的综合保障，也是黄河流域生态安全保护建设的重要内容（张鹏和张继凯，2021）②。因此，本章采用城市排水管道长度来表征黄河流域水利基础设施建设。

服务基础设施是能够直接促进人类生活质量的基础设施和服务，通常包括文化、健康、金融等行业。首先，文化基础设施是人力资本提升的重要保障，有助于培育高质量劳动力（Fu and liao，2012）③。因此，本章采用黄河流域各城市拥有公共图书藏量来衡量文化基础设施建设情况。其次，健康基础设施是劳动者正常工作、提高劳动者工作效率的重要保证（Weil，2007）④。因此，本章采用黄河流域城市医疗卫生机构床位数来衡量黄河流域的健康基础设施建设。最后，建立健全金融基础设施，能够提升金融服务质量与效率，促进金融市场的完善，有助于缩小收入差距，本章采用城市普惠金融覆盖广度来具体衡量黄河流域金融基础设施建设。

数字基础设施是以创新驱动为引领，以信息网络为基础，将数据要素投入为重要生产要素，推动相关产业链实现智能升级的基础设施体系（Henfridsson and Bygstad，2013）⑤，主要包括通信基础设施、数据基础设施和智能基础设施。首先，通信基础设施包括以移动通信、光纤网络为代表的通信网络基础设施，通信能够提高信息沟通效率，解决信息不对称问题，使黄河流域各城市之间资源和信息实现共建共享。因此，本章采用城市移动电话年末用户数来衡量黄河流域通信基础设施建设。其次，数据基础设施是指以数据中心、智能计算中心为代表的数据基础设施等，数据中心能够解决在海量数据量中挖掘数据价值，保障数据发挥其要素功能，赋能传统基建数字化转型。因此，本章具体采用大数据企业注册资本水平来衡量黄河流域数据基础设施建设。最后，智能基础设施是指以人工智能等为代表的基础设施。人工智能作为资本扩展型技术通过改变要素组合方式，提高了生产效率和效益，打造经济增长的强劲引擎。因此，本章采用城市工业机器人安装密度来衡量黄河流域智能基础设施建设。

① Balazs E., Tomasz K. and Douglas S. Infrastructure and Growth：Empirical Evidence [N]. Cesifo Working Paper No. 2700，2009.

② 张鹏，张继凯. 新发展格局下黄河水利监管改革创新问题研究 [J]. 人民黄河，2021，12（S2）.

③ Fu Y. M. and W. C. Liao. What Drive the Geographic Concentration of College Graduates in the US? Evidence from Internal Migration [N]. Working Paper，2013 – 04 – 18.

④ Weil D. N. Accounting for the Effect of Health on Economic Growth [J]. Quarterly Journal of Economics，2007（122）：1265 – 1306.

⑤ Henfridsson O.，Bygstad B. The Generative Mechanisms of Digital Infrastructure Evolution [J]. Mis Quarterly，2013，37（3），907 – 931.

本章选择以 2011～2020 年为样本考察期来综合评价分析黄河流域基础设施建设演变状态及趋势，考虑到样本数据可得性，本书所涉及的各项指标资料来源于国泰安数据库（CSMAR）和 Easy Professional Superior（EPS）数据库，并结合 2012～2021 年《中国统计年鉴》、各省份国民经济和社会发展统计公报、国家冰川冻土沙漠科学数据中心以及历年黄河水资源公报和各省份环保局统计数据，个别缺失值采用线性插值法进行补充。黄河流域基础设施建设指标体系构建具体如表 11－1 所示。

表 11－1   黄河流域基础设施建设指标体系

系统层	子系统	指标层	单位
物理基础设施	交通基础设施	年末实有城市道路面积	万平方米
	能源基础设施	城市天然气供气总量	万立方米
	水利基础设施	城市排水管道长度	公里
服务基础设施	文化基础设施	拥有公共图书藏量	册
	健康基础设施	医疗卫生机构床位数	张
	金融基础设施	普惠金融覆盖广度	—
数字基础设施	通信基础设施	移动电话年末用户数	万户
	数据基础设施	大数据企业注册资本水平	亿元
	智能基础设施	工业机器人安装密度	台/万人

第三节　实证研究设计

一、计量模型设定

为了深入探讨基础设施建设对黄河流域生态环境保护与高质量发展耦合协调度的驱动机制，在充分借鉴现有研究和考虑数据可得性的基础上，本章将基准回归模型设定如下：

$$D_{it} = \beta_0 + \beta_1 I_{it} + \lambda X_{it} + \mu_i + \gamma_t + \varepsilon_{it} \qquad (11-1)$$

其中，下标 i 为各个城市的标识，下标 t 代表各个年份的标识，D_{it} 为第 i 个地区在 t 时期的黄河流域生态环境保护与高质量发展耦合协调度指标，I_{it} 代表基础设施发展水平，其中包括基础设施综合发展指数（infra）、物理基础设施（phy）、服务基础设施（ser）和数字基础设施（dig），X_{it} 为影响生态环境保护与高质量发展耦合协调度的控制变量，μ_i 表示城市层面的地区固定效应，控制了城市所有非时变的异质性，γ_t 表示时间固定效应，样本时间内对所有城市产生共同影响的变化由该项吸收，ε_{it} 为随机误差项，且服从独立同分布。

二、变量选取

（一）被解释变量

结合第五章内容，黄河流域生态环境保护主要包生态环境压力、生态环境现状和生态环境治理三个维度。经济高质量发展主要包括发展效率和发展水平两个维度，并利用纵横向拉开档次法对 2011～2020 年黄河流域流经的 75 个地级市生态环境保护与高质量发展耦合协调进行了测算，得到黄河流域各地级市耦合协调度指数（D_{it}），其中，指标的具体测算框架与测算方法在第五章中进行了说明。

（二）核心解释变量

基础设施建设水平（infra）。本章基于前面对基础设施建设水平的内涵界定，从物理基础设施（phy）、服务基础设施（ser）和数字基础设施（dig）三个维度构建了基础设施发展综合评价指数，其中，物理基础设施主要包括交通基础设施、能源基础设施和水利基础设施；服务基础设施主要包括文化基础设施、健康基础设施和金融基础设施；数字基础设施主要包括通信基础设施、数据基础设施和智能基础设施。

（三）控制变量

借鉴赵建吉等（2020）[①]、石涛（2020）[②]、李强和韦薇（2017）[③] 相关研究，通过对黄河流域生态环境保护和高质量发展耦合协调度动力因素进行分析，本章选取了以下控制变量：（1）制度质量（sq_{it}），采用各城市财政预算收入与该城市 GDP 的比例来衡量；（2）外商投资水平（fdi_{it}），采用各城市外商实际投资额与该城市 GDP 的比例来衡量；（3）城市投资强度（$invest_{it}$），采用各城市固定资产投资总额占该城市 GDP 比重来衡量；（4）产业结构升级（$stru_{it}$），采用各城市第三产业产值与第二产业产值的比重来衡量；（5）金融发展水平（fin_{it}），采用各城市年末金融机构各

---

① 赵建吉，刘岩，朱亚坤，秦胜利，王艳华，苗长虹. 黄河流域新型城镇化与生态环境耦合的时空格局及影响因素 [J]. 资源科学，2020（1）.

② 石涛. 黄河流域生态保护与经济高质量发展耦合协调度及空间网络效应 [J]. 区域经济评论，2020（3）.

③ 李强，韦薇. 长江经济带经济增长质量与生态环境优化耦合协调度研究 [J]. 软科学，2019（5）.

项存贷款余额占该城市 GDP 的比重来衡量；（6）社会消费水平（internal$_{it}$），采用各城市社会消费品零售总额占该城市 GDP 的比重来衡量；（7）对外贸易发展（open$_{it}$），采用各城市进出口总额占该城市 GDP 的比重来衡量。

三、资料来源与说明

本章的样本数据共包含黄河流域沿岸流经的 75 个地级市，时间区间为 2011 ~ 2020 年，控制变量的相关数据主要来源于历年《中国统计年鉴》、《中国城市统计年鉴》、国泰安数据库（CSMER）、Easy Professional Superior（EPS）数据库、中国研究服务数据平台等，同时，对少量缺失数据采用线性插值法进行补充。相关变量描述性统计如表 11 - 2 所示。

表 11 - 2　　　　　　　　　　变量描述性统计

变量	变量说明	样本量（个）	均值	标准差	最小值	最大值
D	耦合协调度	750	0.6960	0.0690	0.4719	0.8925
infra	基础设施综合指数	750	0.1038	0.1400	0.0012	0.9767
phy	物理基础设施	750	0.1365	0.1593	0.0005	0.8668
ser	服务基础设施	750	0.0881	0.1016	0.0024	0.7181
dig	数字基础设施	750	0.0896	0.1557	0.0001	0.8538
sq	制度质量	750	0.0836	0.0390	0.0115	0.3141
fdi	外商投资水平	750	0.0416	0.0547	0.0005	0.5658
invest	投资强度	750	3.3539	2.8339	0.1455	26.2228
stru	产业结构升级	750	0.9929	0.5494	0.2044	4.1081
finance	金融发展水平	750	3.4932	1.6210	1.1736	9.5269
internal	社会消费水平	750	1.1544	0.8632	0.1243	6.1570
lnopen	对外贸易发展	750	6.9603	1.4904	0.6200	9.9211

第四节　实证检验结果

为有效识别黄河流域基础设施建设对生态环境保护与高质量发展耦合协调度的影响效应，本章的实证结果分为五个部分：一是进行基准模型估计，对黄河流域基础设施建议和生态环境保护与高质量发展的耦合协调度进行初步的经验判定；二是进行基础设施建设的分维度检验，从基础设施建设的不同视角检验黄河流域基础设施建设对生态环境保护与高质量发展耦合协调度的影响；三是进行分位数回归检验分析，主要目的是为了刻画在黄河流域生态环境保护与高质量发展耦合协调度条件分布不同位置时，基础设施建设对生态环境保护与高质量发展耦合协调度的影响；四是进行内生性检验，运用 1984 年各城市的邮电业务总量和电话数量作为工具变量，解决内生问题；五是进行稳健性检验，通过更换测算方法、控制遗漏变量、更换数据样本及考虑滞后效应的方法增加实证检验结果的准确性与有效性。

一、基准回归

为了检验基础设施建设综合指标（infra）对黄河流域生态环境保护与高质量发展耦合协调度的影响，根据计量模型式（11－1）的设定，本章得到的基准回归结果如表 11－3 所示。其中，第（1）~第（2）列是混合 OLS 面板回归，第（1）列未加入控制变量且并未控制双向固定效应的回归结果，第（2）列是在第（1）列基础上加入控制变量的回归结果，第（3）~第（4）列是面板双向固定效应回归，第（3）列未增加控制变量但控制了时间固定效应和地区固定效应，其回归系数为0.1924，在 1% 的显著性水平下显著。第（4）列在第（3）列的基础上将控制变量引入基准模型，可以发现，基础设施建设（infra）的回归系数为 0.1341，同样在1% 的显著性水平下显著。基准回归的结论可以说明，基础设施建设显著提升了黄河流域生态环境保护与高质量发展的耦合协调度，这也进一步说明了在黄河流域生态环境保护与高质量发展过程中要重视基础设施建设，需全方位加强黄河流域基础设施的互联互通。

表 11－3　基准回归结果

变量	(1) D	(2) D	(3) D	(4) D
infra	0.2066 *** (0.0165)	0.1427 *** (0.0163)	0.1924 *** (0.0324)	0.1341 *** (0.0279)
sq		0.2098 *** (0.0651)		− 0.0473 (0.1024)
fdi		0.0580 (0.0517)		− 0.0094 (0.0976)
invest		0.0003 (0.0009)		− 0.0012 (0.0013)
stru		0.0410 *** (0.0047)		0.0125 * (0: 0067)

续表

变量	(1) D	(2) D	(3) D	(4) D
finance		0.0013 (0.0014)		0.0154 *** (0.0032)
lnopen		0.0107 *** (0.0018)		− 0.0010 (0.0038)
internal		− 0.0087 ** (0.0035)		− 0.0084 (0.0054)
_cons	0.6745 *** (0.0028)	0.5507 *** (0.0127)	0.6760 *** (0.0050)	0.6405 *** (0.0263)
时间固定效应	控制	控制	控制	控制
地区固定效应	控制	控制	控制	控制
N	750	750	750	750
R²	0.1755	0.3069	0.5357	0.6065

注：*** 、* 分别表示1% 、10% 显著性水平下显著，括号中的数据为城市层面聚类的稳健标准误。

二、分维度回归

　　根据前文分析可知，依据基础设施的行业属性及功能特征，可将基础设施划分为三个维度，分别是物理基础设施（phy）、服务基础设施（ser）和数字基础设施（dig），为了更加细致地描述基础设施建设对黄河流域生态环境保护与高质量发展耦合协调度的影响，接下来分别从基础设施建设的三个分维度来分别进行检验。具体回归结果如表11－4所示，可以发现，在物理基础设施建设方面，物理基础设施（phy）的回归系数显著为正，这表明物理基础设施建设能够有效促进黄河流域生态环境保护与高质量发展耦合协调度。现阶段，黄河流域上中游地区物理基础设施建设较为落后，因此，需要不断完善黄河流域交通基础设施、能源基础设施以及水利基础设施，强化区域之间的联系，协同推进大治理，推动形成黄河流域东西贯通的生态经济带，不断提升黄河流域生态环境保护与高质量发展的耦合协调度。在服务基础设施建设方面，服务基础设施（ser）对黄河流域生态环境保护与高质量发展耦合协调度的回归系数在1% 的显著性水平下为显著正，说明服务基础设施建设有助于提升黄河流域生态环境保护与高质量发展耦合协调度。保护沿黄文化遗产资源、加强公共文化产品和服务供给以及提高公共服务供给能力和水平、加强普惠性和基础性民生建设是助推黄河流域生态环境保护与高质量发展的不可或缺的重要手段。在数字基础设施建设方面，数字基础设施（dig）对黄河流域生态环境保护与高质量发展耦合协调度的回归系数依然显著正，这表明，现阶段，以互联网、人工智能、大数据为核心驱动力的数字经济已成为经济发展新形态，借助于人工智能、大数据、云计算等新技术，能够有效克服物理空间和时间的约束，实现人、机、物的全面互联，加强流域间的协同合作[1]，利用"科技赋能"实现黄河流域生态环境保护与高质量发展耦合协调度不断提升。

表 11 - 4　　　　　　　　　　基础设施分维度回归结果

变量	(1) D	(2) D	(3) D
phy	0.1838 *** (0.0251)		
ser		0.1928 *** (0.0382)	
dig			0.1057 *** (0.0266)
sq	−0.0308 (0.0964)	−0.0169 (0.1038)	−0.0458 (0.1039)
fdi	−0.0332 (0.0947)	0.0158 (0.0989)	−0.0156 (0.1007)
invest	0.0000 (0.0013)	−0.0010 (0.0013)	−0.0015 (0.0014)
stru	0.0075 (0.0061)	0.0117 * (0.0070)	0.0154 ** (0.0070)
finance	0.0090 *** (0.0032)	0.0132 *** (0.0034)	0.0167 *** (0.0033)
lnopen	−0.0027 (0.0037)	0.0003 (0.0038)	−0.0002 (0.0039)
internal	−0.0022 (0.0048)	−0.0122 ** (0.0055)	−0.0081 (0.0057)
_cons	0.6570 *** (0.0259)	0.6377 *** (0.0262)	0.6330 *** (0.0272)
时间固定效应	控制	控制	控制
地区固定效应	控制	控制	控制
N	750	750	750
R^2	0.6358	0.5995	0.5950

注：***、**、*分别表示1%、5%、10%显著性水平下显著，括号中的数据为城市层面聚类的稳健标准误。

① 钞小静，周文慧. 黄河流域高质量发展的现代化治理体系构建 [J]. 经济问题，2020 (11).

三、分位数回归

上述研究结论初步证明了黄河流域基础设施建设有助于驱动生态环境保护和高质量发展耦合协调。为了进一步反映出在条件分布不同位置对黄河流域生态环境保护与高质量发展耦合协调度的影响，设定计量模型如下：

$$D_{it} = \beta_0 + \beta_1(q)I_{it} + \lambda X_{it} + \mu_i + \gamma_t + \varepsilon_{it} \qquad (11-2)$$

其中，选取的分位点分别为 $q = 0.25，0.50，0.75$。

首先，表 11-5 展示了在不同分位点对黄河流域生态环境保护与高质量发展耦合协调度的回归结果。可以发现，分位数回归方法得到的系数符号与固定效应模型分析一致，均为在 1% 的显著性水平下正向显著，但在条件分布的不同位置而有所不同，在低分位点上，基础设施建设对黄河流域生态环境保护与高质量发展耦合协调度的影响呈上升趋势，而且，随着分位点的提高，基础设施建设的影响程度不断减弱，整体呈下降趋势。从影响趋势看，黄河流域生态环境保护与高质量发展耦合协调度越低，基础设施建设对其耦合协调度产生的影响越大。这表明，在黄河流域生态环境保护与高质量发展耦合协调度较低时，更需加强基础设施建设水平，发挥基础设施的驱动作用来进一步有效促进黄河流域生态环境保护与高质量发展。

表 11-5　　　　　　　　　　　　分位数回归结果（一）

变量	(1) Q25 D	(2) Q50 D	(3) Q75 D
infra	0.1114 *** (0.0193)	0.0928 *** (0.0135)	0.0773 *** (0.0173)
sq	-0.0225 (0.0898)	-0.0415 (0.0627)	-0.0572 (0.0803)
fdi	-0.0797 (0.0817)	-0.0321 (0.0571)	0.0074 (0.0731)
invest	0.0034 *** (0.0013)	0.0026 *** (0.0009)	0.0019 * (0.0011)
stru	0.0345 *** (0.0062)	0.0344 *** (0.0043)	0.0343 *** (0.0055)
finance	0.0196 *** (0.0026)	0.0178 *** (0.0018)	0.0162 *** (0.0023)
lnopen	0.0013 (0.0026)	0.0022 (0.0018)	0.0030 (0.0023)
internal	-0.0174 *** (0.0045)	-0.0204 *** (0.0031)	-0.0228 *** (0.0040)
N	750	750	750

注：***、**、* 分别表示 1%、5%、10% 显著性水平下显著，括号中的数据为城市层面聚类的稳健标准误。

其次，表 11-6 展示了物理基础设施建设在不同分位点上对黄河流域生态环境保护与高质量发展耦合协调度的影响。根据回归结果，从物理基础设施建设的分布来看，物理基础设施的回归系数均在 1% 的显著性水平下正向显著，但在不同分位点的影响效应存在显著差异。与综合基础设施建设的影响相似，在低分位点上，物理基础设施建设具有更大的促进效应，随着分位点的上移，这一促进效应逐渐减弱。这在一定程度上也反映了在黄河流域生态环境保护与高质量发展耦合协调度较低时，物理基础设施建设的推动效应更大。

表 11-6 分位数回归结果（二）

变量	(1) Q25 D	(2) Q50 D	(3) Q75 D
phy	0.1508 *** (0.0211)	0.1332 *** (0.0147)	0.1184 *** (0.0185)
sq	0.0243 (0.0852)	− 0.0308 (0.0594)	− 0.0772 (0.0748)
fdi	− 0.1042 (0.0831)	− 0.0523 (0.0579)	− 0.0086 (0.0730)
invest	0.0046 *** (0.0013)	0.0037 *** (0.0009)	0.0029 ** (0.0011)
stru	0.0325 *** (0.0060)	0.0313 *** (0.0042)	0.0303 *** (0.0052)
finance	0.0142 *** (0.0027)	0.0131 *** (0.0019)	0.0121 *** (0.0024)
lnopen	− 0.0001 (0.0026)	0.0010 (0.0018)	0.0019 (0.0023)
internal	− 0.0132 *** (0.0045)	− 0.0161 *** (0.0032)	− 0.0186 *** (0.0040)
N	750	750	750

注：*** 、** 、* 分别表示 1%、5%、10% 显著性水平下显著，括号中的数据为城市层面聚类的稳健标准误。

再次，如表 11-7 所示，服务基础设施建设在不同分位点上对黄河流域生态环境保护与高质量发展耦合协调度的影响。从回归结果来看，服务基础设施的回归系数均在 1% 的显著性水平下正向显著，同样，从影响趋势上看，在低分位点上，服务基础设施建设对黄河流域生态环境保护与高质量发展耦合协调度具有更大的促进效应，且随着分位点的上移，这一促进效应逐渐减弱。这表明，在黄河流域生态环境保护与高质量发展耦合协调度较低时，更需不断加强服务基础设施建设来为黄河流域生态环境保护与高质量发展提供驱动力。

表 11-7　　　　　　　　　　　分位数回归结果（三）

变量	(1) Q25 D	(2) Q50 D	(3) Q75 D
ser	0.1102 *** (0.0272)	0.0903 *** (0.0187)	0.0748 *** (0.0236)
sq	0.0200 (0.0891)	-0.0185 (0.0610)	-0.0485 (0.0773)
fdi	-0.0560 (0.0804)	-0.0128 (0.0550)	0.0209 (0.0697)
invest	0.0030 ** (0.0013)	0.0023 ** (0.0009)	0.0018 (0.0011)
stru	0.0365 *** (0.0062)	0.0359 *** (0.0043)	0.0354 *** (0.0054)
finance	0.0196 *** (0.0027)	0.0172 *** (0.0018)	0.0154 *** (0.0023)
lnopen	0.0027 (0.0025)	0.0035 ** (0.0017)	0.0042 * (0.0022)
internal	-0.0209 *** (0.0046)	-0.0230 *** (0.0032)	-0.0246 *** (0.0040)
N	750	750	750

注：***、**、*分别表示1%、5%、10%显著性水平下显著，括号中的数据为城市层面聚类的稳健标准误。

最后，表11-8展示了数字基础设施建设在不同分位点上对黄河流域生态环境保护与高质量发展耦合协调度的影响。从回归结果来看，数字基础设施的回归系数在25%分位点上为0.0966，且在1%的显著性水平下显著，此时。数字基础设施建设对黄河流域生态环境保护与高质量发展耦合协调度的促进效应最大，而后随着分位点的上移，这一促进效应逐渐减弱。这一变化趋势不仅表明数字基础设施建设对黄河流域生态环境保护与高质量发展耦合协调度具有明显促进作用，而且，需要不断加强耦合协调度较低的地区数字基础设施建设来进一步促进黄河流域生态环境保护与高质量发展。

表 11 - 8　　　　　　　　　　分位数回归结果（四）

变量	(1) Q25 D	(2) Q50 D	(3) Q75 D
dig	0.0966 *** (0.0176)	0.0802 *** (0.0123)	0.0660 *** (0.0157)
sq	−0.0183 (0.0901)	−0.0424 (0.0632)	−0.0631 (0.0805)
fdi	−0.0892 (0.0838)	−0.0371 (0.0588)	0.0078 (0.0749)
invest	0.0028 ** (0.0013)	0.0021 ** (0.0009)	0.0015 (0.0011)
stru	0.0346 *** (0.0062)	0.0351 *** (0.0044)	0.0356 *** (0.0056)
finance	0.0204 *** (0.0026)	0.0185 *** (0.0018)	0.0169 *** (0.0023)
lnopen	0.0015 (0.0026)	0.0025 (0.0018)	0.0033 (0.0023)
internal	−0.0156 *** (0.0045)	−0.0192 *** (0.0031)	−0.0222 *** (0.0040)
N	750	750	750

注：***、**、*分别表示1%、5%、10%显著性水平下显著，括号中的数据为城市层面聚类的稳健标准误。

四、内生性检验

基础设施建设对黄河流域生态环境保护与高质量发展耦合协调度的影响可能存在一定的内生性问题。而产生内生性问题的原因无外乎以下四方面：存在遗漏变量、存在测量误差、存在反向因果和样本选择问题。关于遗漏变量的问题，本节后续通过增加相关的控制变量加以解决；关于样本选择问题，本节后续将通过更换样本的方法解决样本选择问题；关于测量误差的问题，本节后续将通过更换测算方法加以解决。针对基础设施建设对黄河流域生态环境保护与高质量发展耦合协调度的影响可能会受到反向因果的困扰，本章进一步采用工具变量法进行内生性处理。为了保证模型的稳健性，本书采用工具变量两阶段最小二乘法（2SLS）进行内生性检验。在工具变量选择方面，使用1984年各地级市邮局业务总量乘以上一年城市基础设施配套费用作为工具变量（iv1）。从相关性看，邮局建设是早年拨号上网必备的基础设施，因此，历史上邮寄业务量较高的城市更有可能是基础设施建设较好的地区，满足相关性条件。外生性方面，由于1984年的邮局数量不会直接对目前黄河流域经济生态环境保护与高质量发展耦合协调度产生影响，这也就满足了外生性假设。但由于1984年的城市邮局业务量是一个固定值，为了满足时间趋势的要求，本章构建了各城市1984年城市邮局业务量与上一期城市基础设施配套费用的交乘项，并将其作为工具变量（iv1）进行两阶段最小二乘法回归。此外，为了保证实证结果的稳健性，本节同时采用1984年各地级市电话数量乘以上一期城市基础设施配套费用作为另一个工具变量（iv2）再次利用两阶段最小二乘法进行实证检验，检验结果如表11-9所示。第（1）~第（4）列分别给出了两阶段回归结果。根据第（1）列和第（3）列，可以看出，对于原假设"工具变量识别不足"的检验，Kleibergen-Paap rk的LM统计量p值在5%的统计水平下显著拒绝原假设；根据第（2）列和第（4）列的回归结果可以看出，在工具变量弱识别的检验中，Kleibergen-Paap rk的Wald F统计量大于Stock-Yogo弱识别检验10%水平上的临界值，说明工具变量的选取较为合理。并且由第（1）、第（3）列结果可以发现，内生变量与工具变量显著正相关，满足相关性要求，同时第（2）、第（4）列回归结果依然显著为正，这也表明基础设施建设对黄河流域生态环境保护与经济高质量发展耦合协调度具有明显的促进作用，从而佐证了基准模型的结论。

表11-9　　　　　　　　　　内生性检验回归结果

变量	(1) infra	(2) D	(3) infra	(4) D
iv1	0.0047 *** (0.0005)			
iv2			0.0014 *** (0.0002)	
infra		0.2389 *** (0.0519)		0.2446 *** (0.0596)
sq	0.2487 (0.2855)	0.0702 (0.1876)	0.2895 (0.3044)	0.0682 (0.1876)
fdi	0.0161 (0.1051)	0.0283 (0.0833)	0.0308 (0.1125)	0.0272 (0.0834)
invest	-0.0081 * (0.0042)	-0.0054 ** (0.0023)	-0.0080 * (0.0045)	-0.0053 ** (0.0024)
stru	0.0518 (0.0347)	0.0220 * (0.0115)	0.0574 (0.0372)	0.0214 * (0.0120)

续表

变量	(1) infra	(2) D	(3) infra	(4) D
finance	-0.0054 (0.0074)	-0.0021 (0.0027)	-0.0052 (0.0078)	-0.0021 (0.0028)
lnopen	0.0215 (0.0146)	0.0073 (0.0060)	0.0249 (0.0158)	0.0071 (0.0062)
internal	-0.0137 (0.0167)	0.0061 (0.0073)	-0.0178 (0.0184)	0.0063 (0.0073)
N	570		570	
Cragg-Donald Wald F statistic	247.267		203.327	
Kleibergen-Paap rk LM statistic	4.887 [0.0271]		4.022 [0.0449]	
Kleibergen-Paap rk Wald F statistic	81.198 [16.38]		57.429 [16.38]	

注：***、**、*分别表示1%、5%、10%显著性水平下显著，括号中的数据为城市层面聚类的稳健标准误。

五、稳健性检验

为了进一步增加基准回归结果的可靠性，本节分别从更换测算方法、控制遗漏变量、更换数据样本和考察基础设施建设的滞后效应四个方面进行了一一验证。

（1）更换测算方法。进一步采用"纵横向拉开档次"法重新测算了黄河流域基础设施建设水平。相较于层次分析法、熵值法、主成分分析法，"纵横向拉开档次"法不仅能够体现时序立体数据特征，还能够通过对底层数据进行自下而上的逐层加工，从而使得测算结果更具全面性和科学性。因此，本章采用此综合评价方法对黄河流域基础设施建设水平进行再测算，从而得到新的基础设施建设指数。表11-10展示了采用"纵横向拉开档次"法测算基础设施建设的回归结果，根据第（1）～第（4）列的回归结果可以发现，基础设施建设及其分维度的回归系数依然在1%的显著性水平下显著为正，表明基础设施建设对黄河流域生态环境保护与高质量发展耦合协调度具有明显促进作用，本章核心结论保持稳健。

表 11 - 10　　　　　　　　　稳健性检验回归结果（一）

变量	(1) D	(2) D	(3) D	(4) D
infra	0.2927*** (0.0377)			

续表

变量	(1) D	(2) D	(3) D	(4) D
phy2		0.2254 *** (0.0313)		
ser2			0.3837 *** (0.0639)	
dig2				0.2473 *** (0.0418)
sq	−0.0338 (0.0936)	−0.0241 (0.0928)	0.0072 (0.0999)	−0.0727 (0.0954)
fdi	−0.0035 (0.0933)	−0.0446 (0.0929)	−0.0093 (0.1021)	0.0392 (0.0940)
invest	0.0002 (0.0012)	0.0002 (0.0013)	0.0001 (0.0013)	−0.0006 (0.0012)
stru	0.0063 (0.0060)	0.0067 (0.0060)	0.0143 ** (0.0064)	0.0057 (0.0063)
finance	0.0084 *** (0.0029)	0.0103 *** (0.0029)	0.0071 ** (0.0035)	0.0123 *** (0.0030)
lnopen	−0.0037 (0.0037)	−0.0016 (0.0036)	−0.0029 (0.0040)	−0.0032 (0.0037)
internal	−0.0062 (0.0049)	−0.0043 (0.0049)	−0.0033 (0.0053)	−0.0130 ** (0.0052)
_cons	0.6111 *** (0.0263)	0.6457 *** (0.0244)	0.5231 *** (0.0329)	0.6569 *** (0.0257)
时间固定效应	控制	控制	控制	控制
地区固定效应	控制	控制	控制	控制
N	750	750	750	750
R²	0.6404	0.6360	0.6206	0.6254

注：***、**、*分别表示1%、5%、10%显著性水平下显著，括号中的数据为城市层面聚类的稳健标准误。

（2）控制遗漏变量。通过进一步加入控制变量以缓解其他潜在作用渠道对黄河流域生态环境保护与高质量发展耦合协调度产生的影响。一是控制科技水平，科技研发是经济增长的重要推动力，同时也是促进生态环境保护的有利手段，从而进一步提高黄河流域生态环境保护与高质量发展的耦合协调度水平。因此，将科技水平（tech）进一步纳入回归模型中作为控制变量以缓解遗漏变量的影响，其中，科技水平采用科技支出占各个地级市 GDP 的比重来表示。二是控制教育水平，提高教育水平可以培育高端生产要素，通过要素资源的优化再配置有助于促进黄河流域生态环境保护与高质量发展。因此，本部分在基准回归模型的基础上，进一步在控制变量中加入城市层面的教育水平（edu）以控制遗漏变量的影响，增加回归结果的可靠性。表 11 – 11 报告了相关回归结果。可以发现，在控制科技水平（tech）、教育水平（edu）和其他控制变量之后，黄河流域基础设施建设的总体水平和分维度回归系数均显著为正，这表明在控制其他遗漏变量后，基础设施建设依然能够显著提升黄河流域生态环境保护与高质量发展耦合协调度，与基准回归的结论保持一致。

表 11 – 11　　　　　　　　　　　稳健性检验回归结果（二）

变量	(1) D	(2) D	(3) D	(4) D
infra	0.1321 *** (0.0278)			
phy		0.1851 *** (0.0263)		
ser			0.1893 *** (0.0383)	
dig				0.1038 *** (0.0261)
sq	− 0.0476 (0.1013)	− 0.0307 (0.0961)	− 0.0178 (0.1026)	− 0.0464 (0.1026)
fdi	− 0.0052 (0.1009)	− 0.0353 (0.0963)	0.0197 (0.1023)	− 0.0091 (0.1047)
invest	− 0.0007 (0.0014)	− 0.0001 (0.0014)	− 0.0005 (0.0013)	− 0.0008 (0.0014)
stru	0.0139 * (0.0071)	0.0069 (0.0067)	0.0132 * (0.0074)	0.0175 ** (0.0073)
finance	0.0154 *** (0.0032)	0.0089 *** (0.0032)	0.0132 *** (0.0034)	0.0167 *** (0.0033)
lnopen	− 0.0012 (0.0038)	− 0.0026 (0.0037)	− 0.0000 (0.0038)	− 0.0006 (0.0039)
internal	− 0.0061 (0.0064)	− 0.0031 (0.0054)	− 0.0097 (0.0068)	− 0.0044 (0.0067)
tech	− 0.0494 (0.3452)	0.0333 (0.3516)	− 0.0385 (0.3757)	− 0.0641 (0.3447)
edu	− 0.0278 (0.0384)	0.0109 (0.0376)	− 0.0295 (0.0404)	− 0.0444 (0.0386)
_cons	0.6404 *** (0.0264)	0.6572 *** (0.0262)	0.6376 *** (0.0262)	0.6331 *** (0.0271)
时间固定效应	控制	控制	控制	控制
地区固定效应	控制	控制	控制	控制
N	750	750	750	750
R^2	0.6070	0.6359	0.6001	0.5963

注：***、**、* 分别表示 1%、5%、10% 显著性水平下显著，括号中的数据为城市层面聚类的稳健标准误。

（3）更换数据样本。由于在黄河流域沿线经过的城市中，省会城市属于全国经济发展重心，其基础设施建设也更为完善，无论是物理基础设施、服务基础设施和数字基础设施均有着绝对优势，位于全国前列。因此，为了验证基础设施建设对黄河流域生态环境保护与高质量发展耦合协调度的促进作用更具普惠性，在将省会城市的样本进行剔除后，再根据基准回归模型对其他省份的地级市基础设施建设进行回归分析，表 11 – 12 报告了相关回归结果。根据第（1）~ 第（4）列回归结果可以看出，基础设施建设的回归系数均显著为正。这说明，在更换数据样本后，基础设施建设对黄河流域生态环境保护与高质量发展耦合协调度仍具有促进作用，本章结论依然保持稳健，同时也证明了这一促进作用更具普惠性。

表 11 – 12   稳健性检验回归结果（三）

变量	（1） D	（2） D	（3） D	（4） D
infra	0. 1439 *** （0. 0408）			
phy		0. 2242 *** （0. 0422）		
ser			0. 2609 *** （0. 0883）	
dig				0. 1131 *** （0. 0370）
sq	0. 0032 （0. 1109）	0. 0310 （0. 1061）	0. 0125 （0. 1117）	0. 0085 （0. 1116）
fdi	− 0. 0214 （0. 1054）	− 0. 0395 （0. 0966）	0. 0199 （0. 1053）	− 0. 0346 （0. 1089）
invest	0. 0000 （0. 0014）	0. 0002 （0. 0014）	0. 0002 （0. 0014）	− 0. 0001 （0. 0015）
stru	0. 0086 （0. 0083）	0. 0053 （0. 0073）	0. 0082 （0. 0085）	0. 0102 （0. 0086）
finance	0. 0104 ** （0. 0041）	0. 0072 * （0. 0037）	0. 0081 ** （0. 0039）	0. 0105 ** （0. 0042）
lnopen	− 0. 0021 （0. 0043）	− 0. 0022 （0. 0040）	− 0. 0012 （0. 0043）	− 0. 0017 （0. 0044）
internal	− 0. 0057 （0. 0050）	0. 0011 （0. 0049）	− 0. 0110 * （0. 0055）	− 0. 0044 （0. 0052）
_cons	0. 6558 *** （0. 0340）	0. 6491 *** （0. 0316）	0. 6535 *** （0. 0340）	0. 6553 *** （0. 0349）
时间固定效应	控制	控制	控制	控制
地区固定效应	控制	控制	控制	控制
N	670	670	670	670
R^2	0. 5532	0. 5844	0. 5423	0. 5466

注：*** 、 ** 、 * 分别表示1%、5%、10%显著性水平下显著，括号中的数据为城市层面聚类的稳健标准误。

（4）考察基础设施建设的滞后效应。基础设施建设对生态环境保护和经济高质量发展的影响往往具有可持续性和持久性，而这一过程可能存在一定的时滞。因此，为更准确识别基础设施建设对黄河流域生态环境保护与高质量发展耦合协调度的持久性影响，即判断当年的基础设施建设是否会在未来 1~2 年对黄河流域生态环境保护与高质量发展耦合协调度有一定影响，本章利用滞后一期和滞后二期的基础设施指数作为核心解释变量重新进行回归。表 11-13 的第（1）~第（4）列分别是滞后 1~2 年时基础设施建设总体水平和物理基础设施对黄河流域生态环境保护与高质量发展耦合协调度的影响。可以发现，无论是滞后一期或是滞后二期，基础设施建设总体水平（infra）与物理基础设施建设（phy）的回归系数均显著为正，且这一正向影响在滞后一年的回归系数要略高于滞后两年的回归系数，这一结果说明，基础设施建设对黄河流域生态环境保护与高质量发展耦合协调度的影响存在长期驱动作用。

表 11-13　　　　　稳健性检验回归结果（四）

变量	(1) D	(2) D	(3) D	(4) D
L. infra	0.1451 *** (0.0290)			
L2. infra		0.1326 *** (0.0279)		
L. phy			0.1761 *** (0.0254)	
L2. phy				0.1742 *** (0.0268)
sq	−0.0959 (0.0994)	−0.1018 (0.0995)	−0.0745 (0.0973)	−0.0723 (0.0975)
fdi	−0.0055 (0.0941)	−0.0084 (0.0882)	−0.0293 (0.0921)	−0.0305 (0.0870)
invest	−0.0012 (0.0013)	−0.0011 (0.0013)	−0.0002 (0.0012)	0.0000 (0.0012)
stru	0.0107 (0.0066)	0.0110 * (0.0065)	0.0071 (0.0062)	0.0072 (0.0062)
finance	0.0155 *** (0.0030)	0.0158 *** (0.0030)	0.0095 *** (0.0033)	0.0095 *** (0.0035)
lnopen	−0.0016 (0.0037)	−0.0013 (0.0037)	−0.0028 (0.0038)	−0.0029 (0.0037)

续表

变量	(1) D	(2) D	(3) D	(4) D
internal	−0.0073 (0.0051)	−0.0075 (0.0052)	−0.0020 (0.0047)	−0.0021 (0.0047)
_cons	0.6526*** (0.0266)	0.6547*** (0.0267)	0.6665*** (0.0270)	0.6709*** (0.0277)
时间固定效应	控制	控制	控制	控制
地区固定效应	控制	控制	控制	控制
N	675	600	675	600
R^2	0.5961	0.5784	0.6092	0.6009

注：***、**、*分别表示1%、5%、10%显著性水平下显著，括号中的数据为城市层面聚类的稳健标准误。

表11-14的第（1）~第（4）列分别是滞后1~2年时服务基础设施建设和数字基础设施对黄河流域生态环境保护与高质量发展耦合协调度的影响。可以发现，无论是滞后一期或是滞后二期，服务基础设施建设（ser）与数字基础设施建设（dig）的回归系数均显著为正，且服务基础设施影响并没有随着时间的滞后而减弱，说明服务基础设施建设的促进效应更具持久性。综合来看，无论是服务基础设施建设还是数字基础设施对黄河流域生态环境保护与高质量发展耦合协调度的影响均存在长期驱动作用。

表11-14　　　　　　　　　　稳健性检验回归结果（五）

变量	(1) D	(3) D	(4) D	(5) D
L. ser	0.1987*** (0.0385)			
L2. ser		0.2033*** (0.0407)		
L. dig			0.1170*** (0.0274)	
L2. dig				0.1042*** (0.0251)
sq	−0.0670 (0.1011)	−0.0716 (0.0980)	−0.0904 (0.1012)	−0.0915 (0.1021)
fdi	0.0251 (0.0957)	0.0212 (0.0880)	−0.0155 (0.0970)	−0.0170 (0.0912)
invest	−0.0011 (0.0013)	−0.0009 (0.0013)	−0.0017 (0.0013)	−0.0015 (0.0013)

续表

变量	(1) D	(3) D	(4) D	(5) D
stru	0.0107 (0.0070)	0.0106 (0.0069)	0.0136* (0.0069)	0.0138** (0.0069)
finance	0.0128*** (0.0033)	0.0126*** (0.0033)	0.0169*** (0.0031)	0.0171*** (0.0031)
lnopen	0.0002 (0.0038)	0.0004 (0.0037)	−0.0009 (0.0038)	−0.0004 (0.0038)
internal	−0.0116** (0.0054)	−0.0113** (0.0054)	−0.0068 (0.0054)	−0.0072 (0.0055)
_cons	0.6469*** (0.0266)	0.6508*** (0.0263)	0.6456*** (0.0277)	0.6467*** (0.0279)
时间固定效应	控制	控制	控制	控制
地区固定效应	控制	控制	控制	控制
N	675	600	675	600
R^2	0.5786	0.5714	0.5816	0.5631

注：***、**、*分别表示1%、5%、10%显著性水平下显著，括号中的数据为城市层面聚类的稳健标准误。

第五节　进一步分析

基于上述分析，本章进一步探讨了基础设施建设影响黄河流域生态环境保护与高质量发展耦合协调度的机制分析与异质性分析，试图从不同角度深入分析基础设施建设的作用渠道与异质性影响。

一、机制检验

根据前文理论分析可知，基础设施建设能够通过资源配置优化效应、创新效率升级效应与空间联动溢出效应来促进黄河流域生态环境保护与高质量发展耦合协调度，本章节则在此基础上，进一步考察了基础设施建设影响黄河流域生态环境保护与高质量发展耦合协调度的机制渠道。

（1）资源配置优化效应。理论分析表明，基础设施建设可以降低运输成本和交易成本，提高地区间的可达性，促进市场一体化建设，提高资源配置效率，从而提升黄河流域生态环境保护与高质量发展耦合协调度。为了检验此作用机制，本章借鉴樊纲等（2011）[①] 的研究，拟采用樊纲市场化指数中的要素市场发育程度（fmd）作为机制变量进行衡量，主要原因在于要素市场发育程度越好，则表明该地区要素市场化配置越充分，要素流动畅通，能够很好地反映出要素资源的合理配置程度。表 11－15 第（1）列展示了基础设施建设对要素市场发育程度的影响，可以发现，基础设施建设（infra）的回归系数为 3.2740，在 1% 的显著性水平下显著，这表明基础设施建设可以有效提升要素市场发育程度，同时也说明了基础设施建设能够通过优化要素资源配置驱动黄河流域生态环境保护与高质量发展耦合协调度的提升，假说一得以验证。

表 11－15　　　　　　　　　机制检验回归结果（一）

变量	(1) fmd	(2) inn_act
infra	3.2740 *** (1.0729)	15.4620 *** (5.2351)
sq	-1.7709 (3.6878)	-7.2309 (6.3160)
fdi	-0.9337 (2.1476)	15.1719 ** (6.9438)
invest	-0.1466 * (0.0761)	-0.2028 * (0.1203)
stru	-1.0589 *** (0.3595)	0.9984 (0.6885)
finance	-0.1072 (0.0833)	0.9574 *** (0.2959)
lnopen	-0.0490 (0.1204)	0.4916 ** (0.2285)
internal	0.6088 *** (0.2285)	-1.5593 *** (0.4661)
_cons	6.8658 *** (1.1436)	-3.9405 ** (1.7958)
时间固定效应	控制	控制
地区固定效应	控制	控制
N	750	750
R^2	0.3014	0.5714

注：***、**、* 分别表示 1%、5%、10% 显著性水平下显著，括号中的数据为城市层面聚类的稳健标准误。

① 樊纲，王小鲁，马光荣．中国市场化进程对经济增长的贡献 [J]．经济研究，2011（9）．

（2）创新效率升级效应。依据前文理论分析，基础设施建设可以加速创新知识整合，增强地区的创新效率，实现创新驱动黄河流域生态环境保护与高质量发展耦合协调。本章采用区域创新活跃度（inn_act）来衡量创新效率升级，主要原因在于创新活跃度刻画了地区在创新投入和产出、新产品开发等领域的变化情况，反映了区域创新活动的质量、能力和绩效。本章采用以城市每万人中发明专利数量作为创新活跃度的测度指标（inn_act）。表 11－15 第（2）列展示了基础设施对地区创新活跃度的影响，根据回归结果可以发现，基础设施建设对区域创新活跃度的回归系数在1%统计水平下显著为正，说明基础设施建设显著提升了区域创新活力，同时也证明了基础设施建设能够通过提高区域创新效率水平驱动黄河流域生态环境保护与高质量发展耦合协调度，假说二得以验证。

（3）空间联动溢出效应。正如前文所述，基础设施建设提升了城市间协同合作，尤其是交通基础设施建设的连通性和数字基础设施建设的广覆盖性能够不断加强地区间信息、资源与人员的交流，因此，基础设施建设具有显著的正向空间溢出效应，从而不断加强了黄河流域各城市间的空间联动效应，更好地促进黄河流域生态环境保护与高质量发展耦合协调度。为了验证空间联动溢出效应，本章基于空间计量方法引入经济地理空间矩阵探究基础设施建设空间溢出效应对黄河流域生态环境保护与高质量发展耦合协调度的潜在影响，具体回归结果如表 11－16 所示。可以发现，分解得到的直接效应与间接效应回归系数均显著为正，这表明基础设施建设不仅可以促进本地区黄河流域生态环境保护与高质量发展耦合协调度，还能够通过空间联动溢出效应来促进邻近地区黄河流域生态环境保护与高质量发展耦合协调度。本章的假说三得以验证。

表 11－16　　　　　　　　　　机制检验回归结果（二）

变量	（1） 直接效应	（2） 间接效应	（3） 总效应
infra	0.2645 *** （0.0239）	0.0175 * （0.0106）	0.2820 *** （0.0250）
sq	－0.0232 （0.0622）	－0.0016 （0.0048）	－0.0249 （0.0663）
fdi	－0.0066 （0.0528）	－0.0006 （0.0042）	－0.0072 （0.0564）
invest	0.0000 （0.0012）	0.0000 （0.0001）	0.0000 （0.0013）
stru	0.0134 ** （0.0057）	－0.0028 （0.0067）	0.0106 （0.0088）

续表

变量	（1） 直接效应	（2） 间接效应	（3） 总效应
finance	0.0055 * （0.0029）	0.0004 （0.0003）	0.0059 * （0.0031）
lnopen	− 0.0032 （0.0030）	− 0.0002 （0.0003）	− 0.0034 （0.0032）
internal	− 0.0042 （0.0060）	− 0.0003 （0.0005）	− 0.0045 （0.0064）

注：***、**、*分别表示1%、5%、10%显著性水平下显著，括号中的数据为城市层面聚类的稳健标准误。

二、异质性检验

（1）上中下游异质性。事实上，黄河流域上游、中游、下游的资源禀赋和经济发展水平差异较大，面临的生态环境问题也各不相同，无论是基础设施建设水平还是黄河流域生态环境保护与高质量发展耦合协调度在流域分布上都存在着明显的异质性特点。因此，为了深入探讨黄河流域不同河段基础设施建设对生态环境保护与高质量发展耦合协调度的影响，将黄河流域按河段划分为上游、中游和下游进行分样本回归。表11-17报告了基础设施建设总体水平和物理基础设施的相关回归结果。回归结果显示，相较于中游地区，基础设施建设对上游和下游地区黄河流域生态环境保护与高质量发展耦合协调度的促进较大，这一结果产生的原因可能在于，在上游地区基础设施建设的边际促进效应更为明显，而下游城市基础设施建设水平较为完善，使得基础设施建设的红利释放更为充分。

表 11 - 17　　　　异质性检验回归结果（一）

变量	（1） 上游 D	（2） 中游 D	（3） 下游 D	（4） 上游 D	（5） 中游 D	（6） 下游 D
infra	0.2046 *** （0.0655）	0.0805 * （0.0422）	0.1384 ** （0.0518）			
phy				0.2278 *** （0.0476）	0.1155 ** （0.0437）	0.2268 *** （0.0373）
sq	0.0114 （0.1689）	− 0.1038 （0.1476）	− 0.3567 （0.2171）	0.0440 （0.1571）	− 0.0492 （0.1601）	− 0.4707 ** （0.1939）
fdi	0.4213 （0.2492）	− 0.1111 （0.1426）	0.0823 （0.0663）	0.2852 （0.2012）	− 0.1924 （0.1316）	0.1256 （0.0840）

续表

变量	(1) 上游 D	(2) 中游 D	(3) 下游 D	(4) 上游 D	(5) 中游 D	(6) 下游 D
invest	0.0009 (0.0034)	-0.0014 (0.0017)	-0.0049 (0.0041)	0.0017 (0.0033)	-0.0011 (0.0017)	-0.0024 (0.0043)
stru	0.0075 (0.0076)	0.0340 * (0.0175)	0.0096 (0.0277)	0.0052 (0.0069)	0.0222 (0.0185)	-0.0153 (0.0233)
finance	0.0185 *** (0.0043)	0.0139 *** (0.0045)	0.0220 ** (0.0092)	0.0037 (0.0054)	0.0111 ** (0.0049)	0.0247 ** (0.0089)
lnopen	-0.0045 (0.0043)	0.0043 (0.0050)	0.0086 (0.0119)	-0.0067 (0.0042)	0.0024 (0.0052)	0.0061 (0.0109)
internal	-0.0153 (0.0197)	-0.0058 (0.0094)	-0.0071 (0.0052)	-0.0021 (0.0224)	0.0019 (0.0099)	-0.0038 (0.0063)
_cons	0.6119 *** (0.0341)	0.5852 *** (0.0312)	0.6262 *** (0.1072)	0.6617 *** (0.0276)	0.6015 *** (0.0340)	0.6379 *** (0.0957)
时间固定效应	控制	控制	控制	控制	控制	控制
地区固定效应	控制	控制	控制	控制	控制	控制
N	240	300	210	240	300	210
R^2	0.5754	0.6806	0.5596	0.6226	0.6949	0.6012

注：***、**、* 分别表示1%、5%、10%显著性水平下显著，括号中的数据为城市层面聚类的稳健标准误。

表11-18报告了服务基础设施建设和数字基础设施的相关回归结果。回归结果依然显示，相较于中游地区，服务基础设施建设和数字基础设施对上游和下游地区黄河流域生态环境保护与高质量发展耦合协调度的促进较大，这一结果不仅证明前面基准回归的结论，即基础设施建设能够有效促进黄河流域生态环境保护和高质量发展耦合协调度的提升，同时，也进一步说明需要不断加强和完善黄河流域基础设施建设。

表11-18　　　　　　异质性检验回归结果（二）

变量	(1) 上游 D	(2) 中游 D	(3) 下游 D	(4) 上游 D	(5) 中游 D	(6) 下游 D
ser	0.6984 *** (0.1195)	0.1618 ** (0.0579)	0.1934 *** (0.0678)			
dig				0.1750 ** (0.0686)	0.0456 (0.0362)	0.1035 ** (0.0431)

续表

变量	（1）上游 D	（2）中游 D	（3）下游 D	（4）上游 D	（5）中游 D	（6）下游 D
sq	0.0438 （0.1652）	−0.0330 （0.1636）	−0.2774 （0.2377）	0.0009 （0.1699）	−0.0869 （0.1495）	−0.3540 （0.2271）
fdi	0.2889 （0.2349）	−0.1344 （0.1375）	0.1141 （0.0896）	0.4257 （0.2540）	−0.1111 （0.1494）	0.0898 （0.0677）
invest	0.0005 （0.0031）	−0.0008 （0.0016）	−0.0059 （0.0043）	0.0010 （0.0035）	−0.0014 （0.0018）	−0.0050 （0.0044）
stru	0.0015 （0.0062）	0.0289 * （0.0166）	0.0149 （0.0304）	0.0082 （0.0077）	0.0440 ** （0.0171）	0.0202 （0.0272）
finance	0.0123 *** （0.0042）	0.0123 ** （0.0046）	0.0138 （0.0086）	0.0195 *** （0.0044）	0.0146 *** （0.0045）	0.0242 ** （0.0095）
lnopen	−0.0060 （0.0042）	0.0022 （0.0047）	0.0157 （0.0120）	−0.0044 （0.0043）	0.0059 （0.0052）	0.0085 （0.0124）
internal	−0.0157 （0.0216）	−0.0057 （0.0091）	−0.0096 * （0.0052）	−0.0179 （0.0190）	−0.0068 （0.0098）	−0.0068 （0.0057）
_cons	0.6396 *** （0.0297）	0.5964 *** （0.0256）	0.5787 *** （0.1081）	0.6071 *** （0.0340）	0.5682 *** （0.0311）	0.6189 *** （0.1108）
时间固定效应	控制	控制	控制	控制	控制	控制
地区固定效应	控制	控制	控制	控制	控制	控制
N	240	300	210	240	300	210
R^2	0.5931	0.6941	0.5425	0.5692	0.6717	0.5466

注：***、**、*分别表示1%、5%、10%显著性水平下显著，括号中的数据为城市层面聚类的稳健标准误。

（2）基于资源枯竭型城市的异质性。黄河流域沿线城市具有丰富的自然资源，大多属于资源型城市。但与此同时，由于黄河流域中上游产业结构较为单一，加之受到长期资源开发与开采，黄河流域沿线部分城市已发展成资源枯竭城市。黄河流域作为基础能源和重要原材料的供应地，促进资源枯竭城市转型升级是实现黄河流域生态环境保护与高质量发展耦合协调的重要渠道。因此，为了验证黄河流域基础设施建设是否会促进黄河流域资源枯竭城市生态环境保护与高质量发展耦合协调度，以2007年起国务院分三批确定的资源枯竭型城市为依据，将黄河流域沿线城市划分为资源枯竭城市和非资源枯竭城市①，具体回归结果如表11-19和表11-20所示。

---

① 黄河流域沿线资源枯竭城市主要包括：临汾市、吕梁市、包头市、乌海市、淄博市、枣庄市、泰安市、焦作市、濮阳市、三门峡市、铜川市、渭南市、兰州市、白银市、酒泉市和石嘴山市共16个城市。

结果表明，在资源枯竭型城市，基础设施建设对黄河流域生态环境保护与高质量发展耦合协调的促进作用更明显，这一结果在物理基础设施、服务基础设施以及数字基础设施下均成立。这在一定程度上说明，加快基础设施建设能够有助于促进黄河流域资源枯竭型城市实现产业转型升级，驱动黄河流域生态环境保护与高质量发展耦合协调，也进一步证明了需加快黄河流域基础设施建设，发挥基础设施建设对提升黄河流域生态环境保护与高质量发展耦合协调的"红利效应"。

表 11－19   异质性检验回归结果（三）

变量	（1） 资源枯竭型 D	（2） 非资源枯竭型 D	（3） 资源枯竭型 D	（4） 非资源枯竭型 D
syn	0.3192 ** (0.1118)	0.1160 *** (0.0272)		
phy			0.2926 *** (0.0838)	0.1638 *** (0.0296)
sq	−0.3598 (0.2459)	−0.0367 (0.0967)	0.0480 (0.2786)	−0.0461 (0.0937)
fdi	−0.1830 * (0.1009)	0.1043 (0.0631)	−0.3384 *** (0.1065)	0.0881 (0.0549)
invest	−0.0004 (0.0008)	−0.0005 (0.0023)	−0.0000 (0.0009)	0.0007 (0.0023)
stru	0.0117 (0.0202)	0.0117 (0.0074)	0.0131 (0.0219)	0.0068 (0.0071)
finance	0.0157 ** (0.0063)	0.0139 *** (0.0035)	−0.0080 (0.0090)	0.0093 ** (0.0035)
lnopen	0.0091 (0.0085)	−0.0033 (0.0036)	−0.0020 (0.0063)	−0.0053 (0.0038)
internal	0.0077 (0.0152)	−0.0127 ** (0.0057)	0.0433 ** (0.0169)	−0.0080 (0.0051)
_cons	0.5563 *** (0.0546)	0.6652 *** (0.0225)	0.6326 *** (0.0452)	0.6822 *** (0.0251)
时间固定效应	控制	控制	控制	控制
地区固定效应	控制	控制	控制	控制
N	160	590	160	590
R^2	0.6009	0.6516	0.6583	0.6714

注：***、**、* 分别表示1%、5%、10%显著性水平下显著，括号中的数据为城市层面聚类的稳健标准误。

表 11 – 20　　　　　　　异质性检验回归结果（四）

变量	(1) 资源枯竭型 D	(2) 非资源枯竭型 D	(3) 资源枯竭型 D	(4) 非资源枯竭型 D
ser	0.6228 ** (0.2424)	0.1629 *** (0.0349)		
dig			0.3076 *** (0.1016)	0.0868 *** (0.0247)
sq	− 0.1808 (0.2669)	− 0.0124 (0.1004)	− 0.4250 * (0.2339)	− 0.0340 (0.0980)
fdi	− 0.1340 (0.1456)	0.1277 * (0.0749)	− 0.2046 ** (0.0948)	0.1118 * (0.0666)
invest	0.0003 (0.0010)	− 0.0002 (0.0023)	− 0.0002 (0.0009)	− 0.0010 (0.0024)
stru	0.0158 (0.0240)	0.0124 (0.0077)	0.0159 (0.0194)	0.0150 * (0.0077)
finance	0.0133 ** (0.0057)	0.0120 *** (0.0036)	0.0170 ** (0.0063)	0.0152 *** (0.0037)
lnopen	0.0086 (0.0073)	− 0.0019 (0.0035)	0.0093 (0.0083)	− 0.0025 (0.0037)
internal	0.0000 (0.0134)	− 0.0167 *** (0.0059)	0.0079 (0.0154)	− 0.0124 ** (0.0060)
_cons	0.5478 *** (0.0505)	0.6585 *** (0.0212)	0.5552 *** (0.0522)	0.6566 *** (0.0233)
时间固定效应	控制	控制	控制	控制
地区固定效应	控制	控制	控制	控制
N	160	590	160	590
R^2	0.5967	0.6486	0.6042	0.6413

注：***、**、*分别表示1%、5%、10%显著性水平下显著，括号中的数据为城市层面聚类的稳健标准误。

（3）基于时间窗口的异质性分析。2016 年国家发布了《国家信息化发展战略纲要》，其中对新时期信息基础设施假设范围进行了界定，主要包括数据中心、云极端和物联网在内的数字基础设施。可见，以新一代信息技术为基础，数字基础设施成为经济社会数字化转型和高质量发展的重要支撑，同时为交通、能源等传统基础设施的数字化、网络化与智能化提供了技术支持。因此，为了进一步考察基础设施建设对黄河流域生态环境保护与高质量发展耦合协调度的时间异质性影响，本节进一步将样本区间划分为两个时间窗口，以 2016 年为分界线，回归结果如表 11 – 21

和表 11 - 22 所示。可以发现，在 2016 ~ 2020 年，基础设施建设总体水平（infra）与分维度的回归系数显著高于前期的回归系数，这表明基础设施建设对黄河流域生态环境保护与高质量发展耦合协调度的影响具有时间异质性，同时，也证明了基础设施建设对黄河流域生态环境保护与高质量发展耦合协调度的促进效应随时间迁移大致显现出递增的趋势。

表 11 - 21 　　　　　　　　　　　异质性检验回归结果（五）

变量	（1） D 2011 ~ 2015 年	（2） D 2016 ~ 2020 年	（3） D 2011 ~ 2015 年	（4） D 2016 ~ 2020 年
infra	0.1194 *** （0.0293）	0.1481 *** （0.0473）		
phy			0.1752 *** （0.0312）	0.1944 *** （0.0292）
sq	0.0434 （0.1473）	- 0.1381 （0.1160）	0.0798 （0.1334）	- 0.1314 （0.1138）
fdi	- 0.0043 （0.1542）	0.0042 （0.0595）	- 0.0453 （0.1484）	- 0.0168 （0.0611）
invest	- 0.0017 （0.0032）	- 0.0019 （0.0013）	0.0005 （0.0033）	- 0.0010 （0.0011）
stru	0.0192 * （0.0098）	0.0078 （0.0065）	0.0133 （0.0093）	0.0032 （0.0055）
finance	0.0150 *** （0.0044）	0.0159 *** （0.0033）	0.0085 * （0.0044）	0.0089 *** （0.0033）
lnopen	- 0.0015 （0.0052）	- 0.0009 （0.0035）	- 0.0035 （0.0052）	- 0.0024 （0.0034）
internal	- 0.0099 （0.0072）	- 0.0038 （0.0057）	- 0.0049 （0.0068）	0.0033 （0.0049）
_cons	0.6138 *** （0.0342）	0.6702 *** （0.0279）	0.6299 *** （0.0340）	0.6886 *** （0.0271）
时间固定效应	控制	控制	控制	控制
地区固定效应	控制	控制	控制	控制
N	375	375	375	375
R^2	0.5421	0.5385	0.5642	0.5933

注：***、**、*分别表示1%、5%、10%显著性水平下显著，括号中的数据为城市层面聚类的稳健标准误。

表 11 - 22 异质性检验回归结果（六）

变量	（1） D 2011~2015 年	（2） D 2016~2020 年	（3） D 2011~2015 年	（4） D 2016~2020 年
ser	0.1729 *** (0.0532)	0.2103 *** (0.0370)		
dig			0.0992 *** (0.0275)	0.1052 ** (0.0468)
sq	0.0765 (0.1519)	-0.1226 (0.1126)	0.0451 (0.1486)	-0.1320 (0.1163)
fdi	0.0445 (0.1647)	0.0180 (0.0543)	-0.0210 (0.1528)	0.0106 (0.0626)
invest	-0.0027 (0.0032)	-0.0017 (0.0012)	-0.0023 (0.0032)	-0.0022 (0.0014)
stru	0.0203 * (0.0102)	0.0058 (0.0063)	0.0206 ** (0.0101)	0.0122 * (0.0070)
finance	0.0128 *** (0.0048)	0.0133 *** (0.0032)	0.0164 *** (0.0044)	0.0172 *** (0.0034)
lnopen	-0.0000 (0.0053)	0.0001 (0.0033)	-0.0013 (0.0053)	0.0008 (0.0037)
internal	-0.0125 (0.0077)	-0.0069 (0.0055)	-0.0087 (0.0073)	-0.0044 (0.0062)
_cons	0.6080 *** (0.0342)	0.6728 *** (0.0262)	0.6116 *** (0.0348)	0.6547 *** (0.0299)
时间固定效应	控制	控制	控制	控制
地区固定效应	控制	控制	控制	控制
N	375	375	375	375
R²	0.5255	0.5485	0.5357	0.5144

注： *** 、 ** 、 * 分别表示 1%、5%、10% 显著性水平下显著，括号中的数据为城市层面聚类的稳健标准误。

第六节 结论与驱动路径

一、本章小结

基础设施作为经济社会健康发展的基石，完善基础设施建设、优化基础设施布局、结构和发展模式有助于推动经济高质量发展，保障生态安全，对于促进黄河流域生态环境保护与高质量发展耦合协调度具有重大意义。本章以黄河流域基础设施建设为切入视角，探析了基础设施建设对黄河流域生态环境保护与高质量发展耦合协调度的影响及其驱动机制，通过结合黄河流域沿线 75 个地级市 2011~2020 年数据，运用面板固定效应模型和机制检验模型进行了实证分析，并通过采用多种稳健性检验方法增加了结论的可靠性。此外，本章还考察基础设施建设对黄河流域生态环境保护与高质量发展耦合协调度的异质性影响，主要研究结论如下：

第一，在样本考察期内，黄河流域基础设施建设显著促进了黄河流域生态环境保护与高质量发展耦合协调度；进一步在通过工具变量法、替换测算方法、控制遗漏变量、更换数据样本、考察基础设施建设的滞后效应等一系列稳健性检验之后，上述结论仍然成立。同时，在基础设施建设分维度的考察中，发现物理基础设施、服务基础设施以及数字基础设施对黄河流域生态环境保护与高质量发展耦合协调度的影响均显著为正。

第二，机制分析的结果发现，基础设施建设能够通过资源配置优化效应、通过创新效率提升效应以及空间联动扩散效应促进黄河流域生态环境保护与高质量发展耦合协调度。

第三，进一步异质性分析表明，在上游、中游、下游异质性方面，上游和下游地区基础设施建设对黄河流域生态环境保护与高质量发展耦合协调度具有更高的显著影响；在资源枯竭型城市异质性方面，基础设施建设更有利于促进黄河流域资源枯竭型城市生态环境保护与高质量发展耦合协调度的提升作用。在时间窗口异质性方面，发现基础设施建设对黄河流域生态环境保护与高质量发展耦合协调度的提升作用大致显现出递增的时间趋势。

二、驱动路径

一是完善黄河流域交通、能源、水利等物理基础设施建设体系，提高黄河流域上中下游、各城市群、不同区域之间互联互通水平。首先，加快建设黄河流域现代化交通网络，优化黄河流域各城市之间的高速公路网，同时，也要加强跨黄河通道建设和内河港口航道规划建设，优化布局黄河流域陆运和水运双重基础设施建设。其次，黄河流域被称为"能源流域"，需统筹好能源保供与绿色低碳转型之间的关系，提升黄河流域生态环境保护与高质量发展耦合协调度。在上游地区重点打造一体化新能源基地，在中游"几"字湾地区重点打造综合能源基地，在下游地区重点推进能源基地转型和安全保障设施布局。最后，立足于黄河流域水资源空间均衡配置，以提升水资源环境承载力为目标，强化以水资源为核心的基础设施建设①。同时，坚持节水优先，完善水资源配置体系，加强重点水源和城市应急备用水源工程建设。

二是加强教育、健康、金融基础设施建设投入力度，补齐社会民生短板，助力黄河流域生态环境保护与高质量发展耦合协调。首先，针对黄河流域经济发展贫困地区，加强黄河流域教育投入力度，尤其是中上游地区，促进黄河流域上游、中游、下游地区之间在人才培育方面的交流合作，为黄河流域生态保护和高质量发展提供有力人才和技能支撑。其次，加快黄河流域疾病预防控制体系现代化建设，健全重大突发公共卫生事件医疗救治体系，按照人口规模、辐射区域和疫情防控压力，不断完善沿黄省市县重、疾病救治设施体系。最后，协同构建黄河流域金融合作的统筹保障机制，科学打造黄河流域金融合作的基础信息化平台，提高抵御金融风险的能力，推动沿黄地区在信用环境、金融稳定、金融研究等多方面紧密合作。

三是加快通信、数据、智能等数字基础设施建设，推动全流域协调、跨领域联动，提升黄河流域新型基础设施建设发展水平。首先，要加强信息、科技、物流等产业升级基础设施建设，布局建设新一代宽带基础网络等设施，推进重大科技基础设施布局建设。其次，提高黄河流域大数据应用管理能力，在布局完善黄河流域工业互联网建设的同时，加快数字要素与其他生产要素的在线协同能力，提升黄河流域沿线制造业产业链升级。最后，推动黄河流域基础设施绿色化和智能化②，完善面向主要产业链的人工智能平台等建设，推动数字经济与传统产业深度融合，建设智能敏捷、绿色低碳、安全可控的新型基础设施。

---

① 金凤君. 黄河流域生态保护与高质量发展的协调推进策略［J］. 改革，2019（11）.
② 钞小静，周文慧. 黄河中上游西北地区生态安全的综合评价、体系构建及推动机制［J］. 宁夏社会科学，2022（7）.

黄河流域生态环境保护与高质量发展耦合协调的协同推进机制

　　黄河流域流经九省份，从西到东横跨数千里，是典型的大流域经济。相较于国内其他流域，黄河流域的流域特征较为独特，流域内生态环境脆弱、水沙问题严峻、产业结构整体偏重。近年来虽然得到了有效改善，但黄河流域生态环境与经济发展之间的突出矛盾仍然亟待解决。探索如何更好地实现黄河流域生态环境保护和经济发展之间的耦合协调发展具有重大意义，且迫在眉睫。流域经济发展具有整体性、系统性和均衡性。将协同合作理念融入流域发展中的各个环节、各个领域是推进黄河流域生态环境保护与高质量发展耦合协调的必由之路。因此，黄河流域亟须构建多重均衡目标、多元主体参与、多系统相互均衡的协同推进机制以助力黄河流域生态环境保护与高质量发展之间耦合协调水平的提升。

第一节　黄河流域生态环境保护与高质量发展耦合协调协同推进的逻辑基础

一、黄河流域生态环境保护与高质量发展耦合协调协同推进的理论根源

流域是由自然、经济和社会三大系统组成（黎元生和胡熠，2019）①，这三大系统所涉及要素不同、结构不同、功能不同，但相互影响、相互制约，且流域内各个要素或子系统之间相互影响，牵一发而动全身，因此流域系统具有较强的整体性和系统性。黄河流域的高质量发展问题广泛，覆盖生态、经济、社会等多个系统，涉及多个行政区域、多个经济主体、多个社会层次的构成要素，构成要素呈现多元化。跨区域发展涉及诸多利益相关者和多种价值偏好（田玉麒和陈果，2020）②，即黄河流域经济发展也同时具有复杂性和特殊性。此外，地区之间存在相互作用的外溢效应，使得流域经济发展和生态保护都具有外部性和关联性。可见，黄河流域是一种特殊的、复杂的、兼具区域经济与水资源利用的区域复合发展系统（任保平等，2022）③，具有整体性和多元性、复杂性和特殊性、外部性和关联性，这就决定了推进黄河流域生态环境保护与高质量发展耦合协调必须从"碎片分割"走向"整合协同"。受行政区划与地方保护主义的影响，黄河流域内九省份各自为政、独立发展，各个区域之间缺乏有效的协同协作机制，使经济发展呈现分散化、碎片化的特征。流域内存在严重的行政壁垒、要素流通壁垒和区域市场壁垒，容易形成"公地悲剧"。习近平总书记针对黄河流域的高质量发展问题提出："共同抓好大保护，协同推进大治理"④。这充分说明推动黄河流域高质量发展战略需要实现生态、经济和社会三大系统的深度耦合，坚持"生态优先，绿色发展"原则，以"发展、保护、治理"三位一体的综合协同为目标，流域内统筹谋划、因地施策、协同合作，立足于流域内不同区域的生态脆弱程度、资源禀赋特征及经济发展需求，因地制宜地划分

---

① 黎元生，胡熠. 流域系统协同共生发展机制构建——以长江流域为例 [J]. 中国特色社会主义研究，2019（5）：76－82.

② 田玉麒，陈果. 跨域生态环境协同治理：何以可能与何以可为 [J]. 上海行政学院学报，2020，21（2）：95－102.

③ 任保平，付雅梅，杨羽宸. 黄河流域九省份经济高质量发展的评价及路径选择 [J]. 统计与信息论坛，2022，37（1）：89－99.

④ 习近平. 在黄河流域生态保护和高质量发展座谈会上的讲话 [J]. 求是，2019（20）：1－5.

功能定位，以水资源为纽带连通全流域，构建上下游、干支流、左右岸分工协作的协同推进机制，共同谋划、共同参与、共同治理黄河流域高质量发展的未来，推动黄河流域生态环境保护与高质量发展耦合协调水平提档升级。

黄河流域生态环境保护与高质量发展耦合协调协同推进的理论根源在于协同学。协同学研究的是如何寻找到一系列多样性的、差异性的子系统之间的共同规律或共同利益，通过相互配合、相互协作从"无序"走向"有序"、从"有序"走向"更有序"、从"混沌"走向"稳定"、从"被组织"走向"自组织"，从而形成协同整体或者新型机构，这种协同整体或新型结构不仅能够形成放大效应，产生"1 + 1 > 2"的整体效用（丁煌和汪霞，2014）①，而且也能够处理单一主体无法有效解决的问题（周伟，2015）②。协同机制是指以信任为基础，以共同利益为目标，明确各个子系统，各个元素，各种力量的分工、权责、利益边界，将各个部分整合起来形成合力，有组织性的、有秩序的协同行动，以实现协同目标，调节矛盾冲突（曹堂哲，2009）③。

由此可见，要将协同理论融入黄河流域生态环境保护与高质量发展过程，树立"一盘棋"思想，通过总体布局、合理配置、功能分化、协同合作使各主体、各要素、各地区、各层次紧密连接起来，各司其职、相互配合，使整个流域的经济发展处于一种稳定、有序的组织状态，调节冲突、减少内耗、提升效率，以协同行动的力量来推进黄河流域生态环境保护与高质量发展耦合协调水平的提升。

二、国内外对构建黄河流域生态环境保护与高质量发展耦合协调协同推进机制的经验启示

国内外关于流域经济发展和生态环境治理协同推进机制的研究与实践已经相对成熟，对后续构建黄河流域生态环境保护与高质量发展耦合协调协同机制有借鉴意义。国内外经验对构建黄河流域生态环境保护与高质量发展耦合协调协同机制的启示如下：

一是流域发展需要实现"多个目标的有机协同"，从多个维度构建流域发展的

① 丁煌，汪霞. 地方政府政策执行力的动力机制及其模型构建——以协同学理论为视角 [J]. 中国行政管理，2014（3）：95 – 99.
② 周伟. 跨域公共问题协同治理：理论预期、实践难题与路径选择 [J]. 甘肃社会科学，2015（2）：171 – 174.
③ 曹堂哲. 公共行政执行协同机制研究的协同学途径——理论合理性和多学科基础 [J]. 中共浙江省委党校学报，2009，25（1）：37 – 42.

协同运行机制，注重流域发展的系统性。区域协同发展是一个始终处于动态调整的复杂生态系统，各个要素之间相互影响、相互制约，不断从"低级"向"高级"、从"无序"到"有序"状态的升级（李军辉，2018）[①]。流域的协同发展并非仅仅是指实现不同区域经济的协同发展，而是指将协同发展理念融入区域发展的各项系统，全方位、多领域地构建多个协同机制来实现多个协同目标。付景保（2020）[②]提出构建流域发展协同机制要形成六大协同体系：如区域利益与流域利益的协同、各个区域之间的协同、不同层级部门的协同、技术的协同、跨区域的监督协同和评价协同等。赵志强（2021）[③]认为建立流域协同推进机制需从利益协调机制、市场协同机制、生态补偿机制、文化协同机制以及协同治理机制五个维度着手。余东华（2022）[④]指出流域经济发展需建立并完善产业发展与产业布局、基础设施建设和资源开发、流域环境治理和公共政策、生态保护与高质量发展协同评价、国家重大战略区域联动的协同合作平台与合作机制。由此可见，黄河流域也应从全流域整体的产业发展、流域治理、社会发展等多个方面进行整体设计与全盘谋划，以实现系统之间或系统内部在质和量上的共同提升。

二是需要充分考虑空间分异情况，明确主体功能分工，合理划分利益边界和决策边界，注重流域发展的区域性。流域内各个区际的关系以及各子系统之间的耦合协调程度将深刻影响流域经济发展（曹玉华等，2019）[⑤]。流域经济发展与生态保护协同推进的过程中既要顺应流域发展的自然规律，协调好经济发展规模与资源环境承载之间的关系（金凤君，2019）[⑥]，又要根据空间分异的多元复杂性实施差异化策略，针对地区实际进行差异化施策，推进流域区域经济联合与协作。应明确区域发展定位，合理划分利益边界与决策边界（何寿奎，2019）[⑦]，明确责任与权限，形成区域组织联动、政策协同的推进机制。

三是需提升流域内各区域之间的产业关联及互补程度，搭建区域互助补偿机制，注重流域发展的均衡性。补偿机制是当前我国解决流域跨区域发展差异性与外部性

① 李军辉. 复杂系统理论视阈下我国区域经济协同发展机理研究 [J]. 经济问题探索，2018（7）：154－163.

② 付景保. 黄河流域生态环境多主体协同治理研究 [J]. 灌溉排水学报，2020，39（10）：130－137.

③ 赵志强. 黄河流域生态保护和高质量发展协同机制及对策思考 [J]. 理论研究，2021（5）：73－80.

④ 余东华. 加快建立黄河流域生态保护和高质量发展的协同合作机制 [J]. 沂蒙干部学院学报，2022（1）：20－26.

⑤ 曹玉华，夏永祥，毛广雄，蔡安宁，刘传明. 淮河生态经济带区域发展差异及协同发展策略 [J]. 经济地理，2019，39（9）：213－221.

⑥ 金凤君. 黄河流域生态保护与高质量发展的协调推进策略 [J]. 改革，2019（11）：33－39.

⑦ 何寿奎. 长江经济带环境治理与绿色发展协同机制及政策体系研究 [J]. 当代经济管理，2019，41（8）：57－63.

的重要举措，不仅需要不断完善补偿机制相关匹配职能机制，而且也需要推动从变"输血型"补偿向"造血型"补偿转变（王慧杰等，2015）①。按照参与主体的不同，可将补偿机制划分为政府、市场和公众三种典型模式。当前我国的补偿机制主要以政府补偿模式为主（邓雪薇等，2021）②，补偿模式单一，未来应健全涉及政府、企业和个人"多元主体横向协同"以及中央、流域、省部、地方"多层纵向协同"的网格型流域协同补偿机制。

四是要加强顶层设计，制定整体战略规划，构建流域内府际协同治理机制和保障机制，注重流域发展的整体性。应将流域看作一体化的整体空间，通盘考虑和全局谋划，制定和完善流域治理规划和行动协议，统一协调流域内的生态保护和经济发展（黄燕芬等，2020）③。跨流域管理事务具有系统性、复杂性、公共性和外部性，推动流域内地方政府协同治理是解决黄河流域生态环境治理的外部性、低效率等的必然选择（周伟，2021）④。此外，流域发展不仅需要重视流域协同运行机制的构建，还应形成健全的流域协同发展保障机制和流域协同治理体系（李媛和任保平，2022）⑤。

五是健全全流域大治理体系，注重流域发展的多元主体。协同推进流域治理需要有系统共治、立体共治、全域共治的理念和思维（吕志奎，2019）⑥。流域经济发展需要获得利益相关方的参与和全社会的支持，充分调动黄河流域各个主体的积极性、责任感与工作效率（彭本利和李爱年，2019）⑦。构建多元主体协同治理体系的关键在于处理好政府、企业、社会组织以及公众之间的利益矛盾、协调好各个主体之间的行为，还需要健全的法律法规体系提升权益保障力度、规范权力边界（邓宏兵等，2021）⑧。

① 王慧杰，董战峰，徐袁，葛察忠. 构建跨省流域生态补偿机制的探索——以东江流域为例 [J]. 环境保护，2015，43（16）：44-48.

② 邓雪薇，黄志斌，张甜甜. 新时代多元协同共治流域生态补偿模式研究 [J]. 齐齐哈尔大学学报（哲学社会科学版），2021（8）：38-41，50.

③ 黄燕芬，张志开，杨宜勇. 协同治理视域下黄河流域生态保护和高质量发展——欧洲莱茵河流域治理的经验和启示 [J]. 中州学刊，2020（2）：18-25.

④ 周伟. 黄河流域生态保护地方政府协同治理的内涵意蕴、应然逻辑及实现机制 [J]. 宁夏社会科学，2021（1）：128-136.

⑤ 李媛，任保平. 黄河流域地方政府协同发展合作机制研究 [J]. 财经理论研究，2022（1）：23-31.

⑥ 吕志奎. 加快建立协同推进全流域大治理的长效机制 [J]. 国家治理，2019（40）：45-48.

⑦ 彭本利，李爱年. 流域生态环境协同治理的困境与对策 [J]. 中州学刊，2019（9）：93-97.

⑧ 邓宏兵，刘恺雯，苏攀达. 流域生态文明视角下多元主体协同治理体系研究 [J]. 区域经济评论，2021（2）：146-153.

第二节　黄河流域生态环境保护与高质量发展耦合
协调协同推进的应然逻辑

黄河流域的高质量发展需兼顾经济发展与生态保护，推进生态环境保护与高质量发展高水平耦合协调，实现"绿、富共赢"。实现黄河流域生态环境保护与高质量发展耦合协调的协同发展是一个涉及多个系统、多重目标、多个区域、多方利益、多元主体、多种关系、多个阶段的复杂系统性工程。

一、多系统协同：生态与社会、经济三个大系统的协同

受流域能源基础优势与国家战略规划影响，黄河流域产业结构整体偏向于发展重化工业与能源产业，粗放型的产业发展模式不仅导致了能源过度开发、资源浪费等能源利用效率问题，而且带来水污染、大气污染等一系列环境安全问题，加剧了黄河流域的生态脆弱性。黄河流域的高质量发展旨在实现自然系统、经济系统和社会系统这三大系统的共生发展。这三大系统虽处于不同领域，但却互相依存、相互制约。经济发展必将消耗自然资源、形成生态环境压力，脆弱的生态环境和有限的自然资源也必将成为黄河流域经济发展和社会稳定的重要约束。黄河流域生态环境保护与高质量发展耦合协调协同推进机制应将生态、社会、经济三个大系统有机结合起来成为一个统一的复合型系统，推进生态系统中的生态保护和经济系统中的高质量发展的高水平协同，并通过社会系统中的社会治理进行一体化保护和协调，为生态环境和高质量发展的耦合协同提供条件支撑。

二、多目标协同：发展、保护、治理三大发展目标的协同

黄河流域虽作为我国重要粮食主产区、能源储备区和化工行业基地，但经济社会发展整体滞后，同时面临着水资源短缺、水沙关系不协调、环境污染严重等一系列突出的生态环境脆弱问题。黄河流域生态保护和高质量发展的主要目标有三个维度，推动黄河流域高质量发展是终极性目标，加强生态保护是约束性目标，实施流域一体化治理是工具性目标。黄河流域需坚持综合治理、系统治理、源头治理原则，统筹推进黄河流域的环境保护问题、综合治理问题以及高质量发展问题，处理好保护与开发、生态与发展之间的矛盾关系，探索一条以环境保护和生态修复为前提的

绿色发展道路。构建黄河流域生态保护与高质量发展耦合协调的协同推进机制需要以"发展、保护、治理"三位一体的综合协同为目标，实现"终极性目标—约束性目标—工具性目标"三者之间的有机统一，达成黄河流域"发展—保护—治理"的多重目标均衡。

三、多区域协同：流域内各个区域的跨区域协同

黄河流域自西向东流经 9 个省份，广泛涉及 329 个县，覆盖区域广阔，因此黄河流域在自然地貌、气候条件、资源禀赋、水源分布、交通区位等方面存在明显的区域差异。受这些外部环境条件的影响，流域内呈现出"东强西弱""下游强上游弱"的分布格局，区域经济社会发展极不平衡。流域经济发展具有整体性、关联性，牵一发而动全身。流域经济发展和生态保护都具有外部性，地区之间存在相互作用的外溢效应。因此流域发展首先需遵循统筹原则，统一规划、统一调配、统一治理、统一管理，提升跨行政区管理的协同程度。作为一个跨区域发展综合体，黄河流域以水资源为纽带将流域内各个区域紧密联系起来，形成"一盘棋"，具有空间整体性和发展关联性。推进黄河流域生态保护与高质量发展的耦合协调需要流域内各省共同推进生态环境治理和高质量发展，统筹好黄河流域区域空间布局，通过建立协同合作机制和区际补偿机制将上下游、左右岸、干支流地区之间紧密联系起来，形成跨省、跨市、跨县的流域生态保护与高质量发展耦合协调的协同推进模式，以增强区域发展的协同性、平衡性。

四、多利益协同：政府、企业、个人的多方利益协同

黄河流域的高质量发展问题涉及生态环境、经济发展、空间布局、贫困问题、民族问题以及社会治理等多重问题，广泛涉及政府、企业、个人等众多利益主体，利益主体之间具有极强的关联性，形成了相互交织的复杂利益关系网络综合体，面临多方利益矛盾与利益冲突，协调难度很大。可见，流域经济发展需处理好各方利益诉求的冲突与博弈，树立流域发展命运共同体意识，将多方利益主体统筹起来寻找利益内部一致性，使主体行为和利益实现多层次协同，综合多方意见和实际情况，让政府、企业、社会组织和广大人民群众共同投身于流域治理中，充分调动各方主体的参与积极性和监督自主性，引导各个主体在横向上的分工合作和纵向上的统筹有序，形成纵向多层次协同和横向多主体协同的复杂协同体系。

五、多关系协同：竞争、合作与发展相协同

对于企业生存和市场发展来说，竞争是实现优胜劣汰的重要手段，是促进流域发展向更高水平迈进的不竭动力；合作可以形成一个更大规模的利益共同体，将各方资源和优势整合到一起，共享信息、技术与资源，避免无效消耗、降低成本，更好地应对风险。但是流域发展不能只靠单枪匹马，"一枝独秀"不如"百花齐放"，要通过战略合作实现互利共赢，造福整个流域。流域发展不仅需要竞争，也需要合作，两种关系相辅相成。因此，驱动黄河流域生态环境保护与高质量发展耦合协调需要激励和引导沿黄省份各级地方政府能够以高质量发展为准绳，科学规划、精准施策，以竞争激活黄河流域政府治理积极性、产业发展积极性和居民参与积极性，以合作集结政府、企业和广大群众等多方力量形成发展合力，推进竞争、合作与发展三大关系相协同以推进全流域的共同进步和发展。

六、多阶段协同："进行时"与"将来时"的协同

推进黄河流域生态环境保护与高质量发展耦合协调必须以可持续发展理念为战略指导，实现"进行时"与"将来时"相协同。在"进行时"上，黄河流域需恪守新发展理念，以创新发展理念为引领，加大对黄河流域重大生态问题的研究力度，聚焦于水资源利用、水沙问题治理、生态保护与修复等领域进行集中攻关；以协调发展理念为牵引，结合各地区发展优势和发展阶段科学分工、合理布局，合理提高流域内土地和资源的利用率，进一步积极推进区域协作以缓解黄河流域内部经济发展不均衡的问题；以绿色发展理念为约束，加快推动黄河流域倚能倚重的资源型产业向绿色集约转型，走绿色、可持续的高质量发展道路以降低环境污染、防止生态环境恶化；以开放发展理念为契机，以黄河水资源为纽带，以"一带一路"为契机，充分发挥黄河流域重要节点优势，促进黄河流域开放发展以缓解当前黄河流域对外联动不足的问题；以共享发展理念为指导，着力于解决黄河流域内区域差距、城乡差距，助力脱贫攻坚与乡村振兴，不断改善黄河流域内的民生发展问题，推进共同富裕目标的实现。在"将来时"上，黄河流域需面向未来，持续增强流域造血功能。产业是实现造血功能的根本载体。不仅要注重因地制宜推进黄河流域本土特色产业发展，而且也要着眼于长远发展推进黄河流域传统产业向数字化、智能化、现代化转变，更要积极开发新兴产业不断为黄河流域注入新动能。

第三节　黄河流域生态环境保护与高质量发展
耦合协调协同推进的机制选择

黄河流域生态环境保护与高质量发展的耦合协调需要用整体性的眼光去看待问题，从全流域的生态资源开发、产业布局、社会发展、流域治理等诸多方面整体设计协同推进思路。本节将从功能协同、产业协同、空间协同和治理协同四大维度出发，构建协同推进机制如下。

一、功能协同推进机制

黄河流域生态环境保护与高质量发展耦合协调的功能协同机制是指要立足于流域内生态环境、资源储备、人口集聚状况、区位特征、产业结构、现有开发密度、经济结构特征、参与国际分工和发展需求等多种因素，明确生态、生产、生活等功能区的范围和开发界限，因地制宜地对黄河流域进行合理的主体功能空间划分，在明确界定开发与保护范围的基础之上，将黄河流域内各个开发区再合理细化为工业空间、农业空间和生态空间，基于各自功能定位构建全流域、全产业链的富有地域特色的分工体系，优化流域内功能定位和发展布局，全面落实黄河流域主体功能区要求，以形成比较优势，进而实现"帕累托最优"。黄河流域内经济发展水平与自然环境条件差异较大，不同区段生态保护与经济发展所面临的关键问题也迥然不同，不可能遵循统一的发展模式，需要基于不同区域的现实条件和发展需求建设主体功能区。任保平（2020）[①] 指出，应将黄河流域划分为优化开发区域、重点开发区域、限制开发区域和禁止开发区域四种区域，不同区域确定不同的高质量发展目标和任务。本书将根据黄河流域内各个区域与生态保护需求，综合考量黄河流域上中下游开发与保护之间的关系，划定四大开发区；在此基础上以"宜农则农、宜工则工、宜商则商"原则为指导，考虑各个区域自然资源优势，进一步将黄河流域内可开发区划分为工业空间、农业空间和生态空间。表 12-1 整理了黄河流域上中下游的地理边界、资源优势、生态环境，并在此基础上讨论了黄河流域不同区域的功能定位和下一阶段的高质量发展任务。黄河流域上游蕴藏着丰富的水资源和生态资源，其中三江源国家自然保护区因生态功能属禁止开发区，其他区域应属限制开发区，可

---

① 任保平. 黄河流域高质量发展的特殊性及其模式选择 [J]. 人文杂志，2020（1）：1-4.

在注重保护生态的前提下可适当开发生态产品，带动上游地区经济发展。黄河中游地区存在严重的生态问题和水土流失问题，应归属于限制开发区和优化开发区，将汾渭平原等地区作为流域农业空间，大力发展现代农业，优化高质量农业产品供给，在郑州、西安等城市化地区注重加快工业转型升级，优化产业空间布局。黄河下游地区土地平坦且肥沃被誉为"天下粮仓"，且因地理优势和政策先行优势导致经济发展水平更高，制造业基础更好，故应属于重点开发区，一方面应加强水沙问题治理，将优势的土地资源充分利用，成为国家粮食的主产区；另一方面下游需注重发挥区位优势和制造业产业优势，进一步提升下游工业空间的工业发展水平，促进下游工业向现代化转变，提升黄河流域竞争前沿水平，同时促进区域协作，发挥溢出效应以带动全流域的发展。

表 12 - 1　　　　　　　　黄河流域上中下游的主体功能区设置

区域	流域组成	生态环境	典型区域	功能定位	主要任务
上游地区	从源头到内蒙古托克托河口镇（流经青藏高原）	1. 多湖泊、沼泽、草地，包含高原冰川、草原草甸，生态资源丰富，风景优美，塞上江南；2. 水清、产水量大、河道坡降大，水力资源丰富，重要的水源涵养与补给区，被誉为"中华水塔"；3. 河道两岸形成大片冲积平原，水势缓慢；4. 气候干旱，土地荒漠化、凌汛，生态环境恶化严重	1. 三江源、祁连山脉；2. 河套平原	禁止开发区和限制开发区：1. 生态空间；2. 农业空间	1. 保护生态、创造更多生态产品；2. 适度开发耕地资源，发展农牧业
中游地区	从托克托河口到郑州桃花峪（流经黄土高原）	1. 黄土高原的土质疏松，导致水土流失严重；2. 矿产资源丰富，但偏重产业导致水土污染更加严重，生态环境脆弱	1. 黄土高原；2. 汾渭平原；3. 大同、鄂尔多斯盆地	限制开发区和优化开发区：1. 农业空间；2. 工业空间	1. 充分利用优质耕地资源，发展现代农业，减少水土流失；2. 适度开采矿产资源，优化产业结构，注重绿色、可持续发展
下游地区	从桃花峪到山东垦利（流经华北平原）	1. 地势低平、水流量偏低，土地肥沃，被誉为"天下粮仓"；2. 泥沙淤积形成了地上悬河，有防洪隐患	1. 黄淮海平原；2. 黄河三角洲	重点开发区：1. 农业空间；2. 工业空间	1. 治理水沙问题；2. 发展先进制造业，同时发挥溢出带动作用，促进流域整体发展水平的提升

二、产业协同推进机制

产业协同是区域协同发展的重要实体根基。黄河流域生态环境保护与高质量发展耦合协调的产业协同推进机制是指流域内各个区域根据资源优势的不同发展比较优势产业，健全流域产业分工体系，促进要素流通，消除市场分割与产业同构，增强黄河流域上中下游之间产业关联及互补程度，不同区域之间的产业相互配合、相互协作、相互补充形成完整的产业链和价值链，进而在时间、空间、功能维度均实现协同，推进黄河流域产业协同发展。黄河流域的产业层次比较低，倚能倚重倾向严重，主导产业多以装备制造、传统能源化工为主，同质化竞争现象突出，同时也存在低质、低效的问题。因此，构建产业协同推进机制，一是需要根据区域特色和区域主体功能定位谋划产业发展，将资源优势转化为产业优势以发挥各自的比较优势，优化产业分布格局，做大做强优势产业；二是要着力打造新型产业园区，推动资源集约利用、功能集成联动、基础设施匹配的产业集群；三是需要增强不同区域之间和区域内部的产业联系，增强产业利益关联度，形成良好产业生态圈。《黄河流域生态保护和高质量发展规划纲要》中指出，山东半岛城市群、中原城市群、关中平原城市群、黄河"几"字弯都市圈和兰西城市群这五大城市群是黄河流域生产力布局的主要载体。故本书将从这五大城市群着手，结合各个城市群的区域特色和主体功能定位着手，分析黄河流域生态环境保护与高质量发展耦合协调的产业协同推进布局设置如表 12-2 所示。"兰西城市群"以兰州市和西宁市两大中心城市为引领，是我国西北腹地的交通枢纽，区域内自然资源丰富，是我国重要生态屏障，且形成了极具特色的河湟文化，非物质文化遗产丰富，因此未来应将产业重点放在文旅产业和生态产业上。黄河"几"字湾都市圈以银川市、呼和浩特市、太原市等中心城市为引领，区域内矿产资源丰富，储量多且品种多，应围绕区域资源优势合理布局国家重点能源化工产业，抢占能源市场，但资源型产业对生态环境造成了很大影响，未来需注重能源开发适度化、能源结构清洁化、能源利用绿色化。关中平原城市群由西安这一中心城市引领，区域内科教资源丰富，能够形成创新创业优势，为本土高端装备制造等优势产业持续注入活力，且西安作为多朝古都文化资源丰厚，适宜打造人文之都，大力发展文旅产业。此外关中平原城市群南接秦岭，风景优美、物种丰富，具有重要生态价值，可适当探索生态产品价值。中原城市群由郑州市、洛阳市等城市引领，是我国重要粮食生产基地，适宜发展现代农业，并且在粮食生产的基础上可大力发展食品加工工业，拉长农业产业链，形成优势产业。从区位优势来看，临近东部发达地区，能够参考东部地区先进制造业发展经验，承接东部地区产业转移,培育一批战略性新兴产业集群。山东半岛城市群位于黄河出海口具备交通区位优势,经济发展水平较高,产业基础实力更为雄厚,应当注重提升产业现代化水平,大力发展现代农业、先进制造业和未来产业,充分发挥龙头作用,成为黄河流域产业发展的领头军。

表 12-2　　　　　　　　　　黄河流域五大城市群的产业布局设置

城市群	中心城市	产业布局
兰西城市群	由兰州市、西宁市等城市引领	1. 充分发挥文化旅游资源优势,建设旅游产业大省,打造文化特色产业; 2. 将生态保护与经济发展结合起来,大力发展生态产业
黄河"几"字湾都市圈	由银川市、呼和浩特市、太原市等城市引领	充分发挥煤炭、天然气、稀土和高岭土等资源优势,着力于发展壮大清洁能源、新型综合能源、高端煤化工、精细化工等产业
关中平原城市群	由西安市引领	1. 充分发挥关中平原城市群在教育、科技、文化方面的优势,大力培育科技创新平台体系,发展高端装备制造、汽车制造、新能源新材料、航空航天等优势产业; 2. 发挥文化历史优势,推动文化旅游产业快速发展; 3. 在保护秦岭生态的基础上适当探索开发生态产品价值
中原城市群	由郑州市等城市引领	1. 提高农业生产力水平和产量效率,努力成为全国产粮核心区; 2. 大力培育优势支柱产业——食品加工工业,形成在国内外市场具有优势的产品和产业; 3. 走新型工业化道路,培育战略性新兴产业集群
山东半岛城市群	由青岛市、济南市等城市引领	1. 发展现代农业,建设农业高新技术产业示范区; 2. 大力发展先进制造业,充分发挥龙头作用,形成一批占据产业链高端的、具有核心竞争力的大规模先进制造业产业集群; 3. 大力培育人工智能、物联网等未来产业,成为未来产业先导区

三、空间协同推进机制

黄河流域生态环境保护与高质量发展耦合协调的空间协同推进机制是指基于整体性的全盘谋划和全方位的统筹协调,黄河流域九省份关于黄河流域发展、保护与治理相关问题制定完善的战略规划和行动计划,坚持流域治理"一盘棋"原则,以整体性的流域管理模式替代原有分散化的区域管理模式,统筹分配流域内各项资源,完善区域协作的相关制度设计,搭建流域管理平台和流域管理机构,从而实现黄河流域生态环境保护与高质量发展之间的空间协同。构建黄河流域生态环境保护与高质量发展耦合协调的空间协同推进机制的重点在于重视规划体系的空间协同问题,注重促进不同区域之间规制的顺畅衔接,以减少地方政府由于竞争和非合作行为带来的不利影响。流域内各个区域之间具有较强的空间关联性,这种空间关联性为流域经济发展带来空间溢出效应，能够为流域的协调发展创造有利条件。因此需要以流域一体化发展为抓手，强化流域统一规划、统一调配、统一组织、统一治理以提高流域内资源配置效率、降低交易费用，构建区域联动发展新格局以实现区域间优势互补协调发展。黄河流域上下游、左右岸、干支流分属于不同的行政区划，由不同职能部门进行管理，早期推行的区域分权行政体制改革使得流域内不同区域的治理呈现横向分割化特征，这与黄河流域的整体性、系统性原则相背离，同时流域内各区域价值观不同、利益不同形成利益博弈，且相关制度缺失、制度执行乏力（贺卫华和张光辉，2021）①。空间协同机制缺失所产生的行政壁垒将直接影响到黄河流域的整体治理效果，空间协同水平将直接关系到黄河流域空间治理的成败与质量。黄河流域是一个跨越多个省份的经济活动空间，需树立流域系统观念，创新黄河流域跨区域的规划体系和治理体系，以流域管理模式替代原有的区域管理模式，协调好流域内各个省份的管理模式，解决好规划体系和治理体系的空间协同问题，提升黄河流域跨行政区管理的空间协同程度。具体来看，可从流域战略规划、流域资源配置、流域管理机构、流域补偿模式、流域法律法规体系五大维度构建黄河流域生态环境保护与高质量发展耦合协调的空间协同推进机制（见表12－3）。从流域战略规划的空间协同来看，黄河流域需注重解决当前存在的规划体系碎片化、规划内容本身存在空白或重叠以及流域空间协同战略规划与其他制度的衔接问题，强化流域统一规划、规划的权威有效性、促进"多规合一"②。从流域资源配置的空间协同来看，黄河流域存在水资源刚性约束、矿产资源开发不合理及地方保护主义导致的资源流通壁垒等问题，导致流域内资源配置效率低下，未来需注重从流域整体层面强化水资源配置，以可持续发展理念为指引合理开发流域内自然资源，打破地方保护主义，畅通流域内的各种资源自由流通。从流域管理机构的空间协同来看，黄河流域管理机构尚存在职能规划不清晰、部门协作不协调、缺乏自主管理权等问题，未来需注重强化流域管理机构职能、强化流动管理的主观能动性，建设流域管理机构的协调平台。从流域补偿模式的空间协同来看，黄河流域存在补偿模式单一、补偿激励不充分、补偿体系不健全等一系列问题，未来需创新多元化的补偿模式，完善相关法律法规体系以明确补偿责任与权力，建设补偿监测机制以促进补偿行为的落实情况。从流域司法体系的空间协同来看，黄河流域尚存在相关法律法规体系不完善和跨流域区域执法效能不强的问题，未来需注重推进流域司法协同，并加强流域

① 贺卫华，张光辉．黄河流域生态协同治理长效机制构建策略研究［J］．中共郑州市委党校学报，2021（6）：40－45.

② 林永然，张万里．协同治理：黄河流域生态保护的实践路径［J］．区域经济评论，2021（2）：154－160.

综合执法。

表 12 - 3　　　　　　　　　　黄河流域的空间协同机制

五大空间协同	存在问题	重点任务
流域战略规划	1. 规划体系碎片化，地方利益与流域利益不一致； 2. 规划内容存在空白或者重叠、朝令夕改或者周期过长； 3. 流域空间协同规划制度与其他制度的衔接问题，"多规并存""多规冲突"	1. 强化流域统一规划，整合流域规划体系，处理好流域利益与区域利益的矛盾冲突； 2. 共同设立专业化的跨区域黄河流域战略研究院，定期根据流域治理的新变化进行总结修正，增强规划的权威性和有效性； 3. "多规合一"，促进战略规划之间的衔接
流域资源配置	1. 水资源分布不均，水沙矛盾突出； 2. 高强度、不合理的开发造成了严重生态问题和资源利用的低效率； 3. 地方保护主义导致流域资源配置效率降低	1. 推动水资源优化配置，从流域整体层面强化水资源的集约利用； 2. 坚持可持续发展理念，推进黄河流域的综合开发与治理； 3. 打破地方保护壁垒，形成一体化市场
流域管理机构	1. 流域管理机构职能规定不明晰，导致管理效率十分低下； 2. 流域管理机构缺少独立的自主管理权； 3. 缺乏统筹协调机制，各个部门之间职能运作不协调，流域综合管理难度很大	1. 强化流域管理机构职能，明确事权划分与职责分工，简化审批、管理流程； 2. 法律、行政法规对流域管理机构进行授权，强化流动管理的主观能动性； 3. 加强流域管理机构的协调平台作用，着眼于流域整体利益
流域补偿模式	1. 补偿模式单一； 2. 有效制度供给不足，激励不充分； 3. 补偿标准难确定、补偿性质认定不清、补偿资金不足等问题	1. 构建多元化的补偿模式，创新流域内外利益协同、补偿和共享机制； 2. 完善相关法律法规体系，协调不同区域之间生态补偿的责任与权力； 3. 构建补偿监测体系，重视补偿落实情况
流域司法体系	1. 相关法律法规体系不完善，难以形成合力； 2. 跨流域区域执法效能不强，跨区域处罚难度大	1. 完善黄河流域治理法律体系，推进司法协同保障黄河流域各个各地区的利益； 2. 加强流域综合执法，提高跨区域执法的权威性

四、治理协同机制

　　黄河流域生态环境保护与高质量发展耦合协调的治理协同推进机制是指明确不同主体的角色定位与功能发挥、权益与责任边界，实现"政府、企业、社会公众"等多元主体之间目标与利益的激励相容，以提升黄河流域内政府、企业、社会公众等对于黄河流域各项公共事务的参与程度、协同程度和有序程度。长期以来，黄河流域各项公众事务的治理重担主要落在各级政府及其职能部门身上，同一事务也需经不同职能部门进行多次处理。行政级别上的不对等可能对跨部门合作产生阻碍，不同层级部门之间难以平等协商，形成行政壁垒和部门壁垒（张学良和林永然，2019）①。这将对流域治理工作的开展造成很大影响，不仅导致治理效率低下、相互推诿责任等现象，而且也会因为产生治理边界重叠、治理空白、治理纠纷等一系列问题。因此黄河流域亟须构建纵向多层次协同与横向多主体协同相结合的多主体网络化治理协同机制。政府具有权威性和强制性特征，应做好流域治理的掌舵人、监督人和公共服务人，放权减权，将工作重心放在战略规划和权益保障上，营造良好发展环境。对于政府来说，应加强中央与地方政府的协同程度、地方政府间的协同效率、跨部门职能协同的范围、公务人员与政府的协同。企业作为流域治理的主体责任人，应自觉遵守法律法规、加强企业管理，在政府战略引领和法律法规规制下进行严格要求各项企业活动标准。对于企业来说，优化内部组织结构降低内部交易成本、建立排污权交易制度、加强政策扶持与法律约束。社会组织和人民群众等社会力量是流域治理中不可或缺的主体，能够在政府和企业难以治理的领域发挥独特作用，要不断拓宽公众参与渠道、搭建政民互动桥梁，充分调动社会组织和广大人民群众参与治理的积极性与主观能动性。对于社会组织来说应充分发挥其在治理中的纽带效应。加强组织治理能力，政府适当放权赋予公信力和认知度，加强相关立法避免社会组织权利滥用。对于广大群众来说应充分发挥载体效应，强化公众参与治理的意识，通过培训加强参与能力，加强公众监督机制建设（见表 12 - 4）。

表 12 - 4　　　　　　　　黄河流域的多元主体治理协同机制

多元治理主体	特征	治理中的角色	主要任务
政府	权威性和强制性	掌舵人、监督人和公共服务人	1. 适当放权减权，将工作重心放在制定战略规划和权益保障上； 2. 加强中央与地方各级政府之间的纵向、横向、斜向协同程度
企业	治理目标的单一性	主体责任人	1. 优化企业自身组织治理结构； 2. 加强政策扶持与法律约束
社会组织	民间性、非营利性	治理的纽带	1. 加强组织治理能力； 2. 避免社会组织权利滥用
广大人民群众	广泛性	治理参与人	1. 调动参与治理的积极性与主观能动性； 2. 拓宽公众参与渠道

---

① 张学良，林永然. 都市圈建设：新时代区域协调发展的战略选择 [J]. 改革，2019 (2)：46 - 55.

第四节　黄河流域生态环境保护与高质量发展
耦合协调协同推进机制的实践路径

构建黄河流域生态环境保护与高质量发展耦合协调的协同发展机制中需要注重黄河流域发展的整体性、系统性、区域性、均衡性和多元性，以构建推进"发展、保护、治理"三位一体的综合协同为目标，构建权责明晰的功能定位体系、优势互补的产业联动体系、统筹规划的区域治理体系和多元参与的全流域大治理体系共同组成流域协同发展的实践路径，以期实现黄河流域生态环境保护与高质量发展耦合协调的多重均衡协调目标。

一、构建权责明晰的功能定位体系

一是要处理好开发与利用之间的关系，科学进行功能定位。优先考虑上中下游的生态脆弱性和水土保护要求以确定区域生态功能定位，实现生态保护和高质量发展的有机统一。二是要发挥不同地区各自功能中的差异化功能。推进流域经济发展不能急功近利，需要以长远发展的眼光谋划发展，立足于实际情况，因地制宜、因时制宜，优化主体功能布局，增强持续区域造血功能。遵循主体功能区差异性发展思路，分类施策，定性分析与定量分析方法相结合来判定地域单元的主体功能定位，明确各区域的工业产品、农业产品和生态产品的不同供给目标，提升流域内空间利用效率。三是要适当打破现有行政区划边界，充分利用不同主体功能区之间功能上的联系形成生态补偿机制和协作互助机制，增强流域内不同区域之间的功能互补性与功能依赖性，促进流域发展的空间均衡。

二、构建优势互补的产业联动体系

在产业协同发展方面，黄河流域还需要注意以下问题：一是要超越行政区划的限制，打破要素流通约束和市场壁垒，加强互联互通基础能力，促进各类生产要素自由流通，提高资源配置效率，夯实产业协同发展的配套支撑体系，打造黄河流域良好产业生态系统。二是注意避免低水平同质化发展和恶性竞争，或注重挖掘特色资源转而培育特色产业、或形成产业园区提升整体竞争力、或集中精力进行产业升级改造，发展良性产业竞争关系，促进流域产业分工体系合理化、精细化、特色化、差异化发展。三是建立跨产业跨区域的利益共享机制和风险共担机制，推动产业内研发、制造、管理、流通等各个环节的良性互动、推动三次产业良性互动、推动区域间产业的良性互动，构建上下游产业联动机制，消除市场分割，形成联系紧密、协作互助、优势互补的产业联动发展格局，促进市场一体化发展。四是应该在实现流域内产业协同的基础之上，以开放思维推进黄河流域产业协同机制的建设，增进黄河流域与流域外产业关联，形成内外兼顾、陆海联动、东西互济的产业联动发展格局。五是促进产业链与创新链的深度融合，推动流域内优势产业和特色产业的"补链""强链""延链"，提升产业链、供应链、价值链的智能化、数字化、现代化水平，提升流域产业发展的整体实力。

三、构建统筹规划的区域治理体系

一是要加强顶层设计，突破体制、机制和政策壁垒作出空间协同的战略部署，形成统筹协调上下游、左右岸、干支流关系综合规划，做好各类规划的空间衔接，消除治理的缝隙和盲区，实现"多规合一"，同时推进政策工具从"简单化"向"精细化"转变，多项政策工具配合使用。搭建流域管理平台和流域管理机构，健全黄河流域发展、保护与治理的相关政策，优化各项规划、政策的边界衔接问题，以促进黄河流域生态环境保护与高质量发展空间协同推进目标的达成。二是要突出因地制宜和分类施策。黄河流域的地域范围较大，生态环境、资源禀赋和经济发展等各方面的区域差异十分明显，使得各区域所面临的治理问题有所不同。因此需要精准识别不同区域在推进生态保护和高质量发展耦合协调过程中的主要问题，优先解决破坏生态制约发展的瓶颈问题，提高区域政策的精准性，实现黄河流域生态环境保护与高质量发展之间的空间协同。加强区域政府的能力建设，地方政府应在对自身生态环境问题、政府能力有准确认识的基础上确立政策目标进而选择与组合政策工具，实施精准治理。三是要多措并举推进空间协同规划的落地。建立并完善流域空间协同推进机制的相关匹配机制，如空间资源配置、空间利益分配机制、空间协同协商机制、空间协同保障机制及空间协同动态监测评估机制等。四是形成成果共享意识，建立责任区域共担机制，健全跨区域生态环境治理成果共享机制。五是各地区之间构建互联互通的沟通机制和对话平台，搭建黄河流域跨区域交流协商机制，提供各个区域面对面的交流机会。

四、构建多元参与的全流域大治理体系

一是要健全纵向多层次协同的治理协同机制。政府之间不仅存在中央与地方的

纵向关系，而且包含地方政府间的横向关系，还包括不同区域不同级别政府的斜向关系。黄河流域的治理协同需明确中央与地方的权责分配和职能分工，理顺地方政府间的横向关系，打破行政壁垒和部门壁垒，加强政府部门之间的信息畅通、互动沟通、协同配合，促进中央与地方、地方不同层级政府之间的纵向协同合作，也要促进各地区平级政府之间横向协同合作，还要处理好跨区域不同层级政府之间斜向的协同合作关系，形成层层负责、上下贯通的网络化政府治理体系。二是提升黄河流域内政府、企业、社会公众等对于黄河流域公共事务的参与程度。流域是一个涉及多重矛盾关系和利益冲突的复杂系统，仅仅依靠政府一种力量通过强制力进行治理难以解决流域发展中的诸多问题。相比于政府，企业、社会组织和广大群众具有独立、广泛和灵活的特点，能在流域治理中发挥独特作用。因此流域治理需要坚持多元共治原则，通过政府、企业、社会组织和广大群众等多元主体之间的协商对话、相互合作来共同参与流域治理，推进流域经济的共建、共享、共治。三是从流域管理走向流域治理。构建政府发挥主导作用、企业承担主体责任、社会组织和广大人民群众广泛参与的流域协同治理体系，各方权责明确、协同共治、优势互补、有序活动，建立良好的信任关系，提升黄河流域内政府、企业、社会公众等对于黄河流域公共事务的协同程度和有序程度。

第十三章

黄河流域生态环境保护与高质量发展耦合协调的现代化治理体系

2021 年 10 月 8 日，中共中央、国务院正式发布了《黄河流域生态保护和高质量发展规划纲要》，这是指导当前和今后一个时期黄河流域生态保护和高质量发展的纲领性文件①，也是对"共同抓好大保护，协同推进大治理"战略思路的系统阐述。同时，党的二十大报告指出"高质量发展是全面建设社会主义现代化国家的首要任务""尊重自然、顺应自然、保护自然是全面建设社会主义现代化国家的内在要求"②。由此可见，在新时代新征程中，作为我国重要的生态屏障、经济地带和人口活动区域——黄河流域，被赋予了新的时代发展使命，即流域中国式现代化，其本质内涵及发展路径的最优选择是：黄河流域生态环境保护与高质量发展的耦合协调发展。而耦合协调的本质要求又是实现自组织和他组织的对立统一，自组织运动必然蕴于一定的其他组织运动中，所以，在新时代新征程中，现代化治理体系的构建必然会成为黄河流域中国式现代化进程中的重大问题，即需要以现代化治理体系的治理能力现代化推动黄河流域自然系统和经济社会系统间实现耦合优化态，实现经济效益、社会效益和生态效益的共同最大化，从而成为大江大河流域大协同、大保护和大治理的示范区、引领区，成为新时代新征程中流域中国式现代化的重要标杆。因此，构建和完善现代化治理体系成为黄河流域中国式现代化进程中的关键前提和根本保障。

① 任保平. 黄河流域生态环境保护与高质量发展的耦合协调 [J]. 人民论坛·学术前沿, 2022 (6)：91 -96.
② 习近平. 高举中国特色社会主义伟大旗帜 为全面建设社会主义现代化国家而团结奋斗 [N]. 人民日报, 2022 – 10 – 17 (1).

第一节　黄河流域生态环境保护与高质量
发展耦合协调的核心逻辑

从经济发展层面来看，黄河流域是我国人口活动和经济发展最重要的区域之一，2021 年末黄河流域人口总量占比 29.78%，GDP 占比 25.21%。但与全国平均水平相比而言，仍存在经济发展相对滞后、贫困人口相对集中以及收入差距相对较大的现实困境，民生发展问题、不平衡不充分问题仍然是最大的弱项。因此，在新时代新征程中，黄河流域必然会成为缩小南北经济差距、推进共同富裕和实现中国式现代化的"主阵地"，而实现该目标的唯一途径只能是高质量发展。

从生态资源环境层面来看，黄河流域在维护我国生态安全中发挥着重要的生态屏障功能，且能源资源密集、生态资源丰富。但生态脆弱、水害严重以及水资源短缺等问题成为黄河流域生态系统实现动态平衡的最大约束。以水资源短缺这个最大的矛盾为例，2008～2021 年，黄河流域人均水资源量仅为全国总量的 36.26%、长江流域的 15.35%，而水资源开发利用率却长年高于 80%，对流域水循环系统造成了极大的压力①。水资源的有效循环是实现自然生态平衡与人工生态平衡相统一的基础条件②。因此，在新时代新征程中，黄河流域生态保护已然是实现人与自然和谐共生的中国式现代化的应有之义。

从碳达峰碳中和层面来看，经济社会系统的碳排放和生态系统的碳汇能力是将两大系统紧密联系起来的能量流、物质流和信息流的关键载体之一，使得两大系统复合成为具有整体性、系统性特征的生态经济系统。党的二十大明确指出要积极稳妥推进碳达峰碳中和，实现"双碳"目标体现了中国经济社会全面绿色转型发展的内在要求③。以碳排放密度为例，由图 13-1 可知：一方面，黄河流域、长江流域及全国的碳排放密度均呈现出下降趋势，说明碳达峰碳中和进程正在稳步推进、趋势向好。但另一方面，可以发现，流域间、流域内的碳排放密度存在较大差异，在 2008～2021 年间，黄河流域尤其是黄河上游段的碳排放密度年均为全国平均水平的 2.48 倍、长江流域的 3.1 倍，说明黄河流域的经济发展是建立在高污染、高排放和高耗能基础之上的低质量的发展，这种长期高碳排放密度必然会给经济社会、生态

① 资料来源：《中国统计年鉴》。
② 马传栋. 生态经济学 [M]. 北京：中国社会科学出版社，2015：67-72.
③ 刘世锦，屠光绍，等. 碳中和的逻辑 [M]. 北京：中国经济出版社，2022：1-7.

环境带来不可逆的严重危害。因此，在新时代新征程中，对于黄河流域的中国式现代化发展，应充分认识到生态经济系统动态均衡的重要性。在经济社会全面实现绿色转型发展的同时，不仅将生态环境代价作为发展成本，还将生态环境保护本身作为发展目标①。

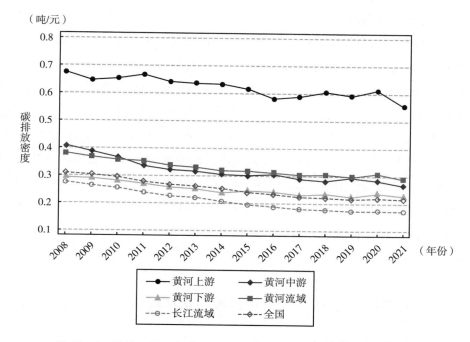

图13-1　2008~2021年黄河流域、长江流域及全国碳排放密度变化

注：（1）碳排放量核算方法参照 IPCC 排放因子法，活动变量为煤炭、焦炭、原油、汽油、煤油、柴油、燃料油、天然气以及电力的当期消费量；（2）碳排放密度 = 当期碳排放量/当期地区生产总值。

资料来源：《中国统计年鉴》《中国环境统计年鉴》《中国能源统计年鉴》。

　　结合上述现状分析，可以发现，黄河流域中国式现代化已经成为推进中国式现代化的重要维度，而其本质内涵及发展路径的最优选择必然是黄河流域生态环境保护与高质量发展的耦合协调，即既要解放生产力，又要保护生产力，发展绿色生产力；既要推进高质量发展，又要加强生态环境保护，实现生态经济系统动态均衡。同时，作为我国最重要的大江大河流域，黄河流域生态环境保护与高质量发展的耦合协调必然会成为我国其他流域现代化发展的重要模板和经验借鉴。因此，有必要从经济学原理的层面进一步阐明黄河流域生态环境保护与高质量发展耦合协调的核心逻辑，以说明生态经济系统动态均衡的运行机理。

① 任保平. 黄河流域高质量发展的特殊性及其模式选择 [J]. 人文杂志，2020（1）：1-4.

一、绿色发展理念下的黄河流域生态环境保护与高质量发展耦合协调

绿色发展理念是对马克思恩格斯生态思想的继承和发展。马克思说："自然界是人为了不致死亡而必须与之不断交往的、人的身体。"① "不以伟大的自然规律为依据的人类计划，只会带来灾难。"② 马克思恩格斯的生态观基本可以概括为：人们必须尊重自然并正确认识和运用自然规律，实现人与自然的和谐共生。中国共产党在继承和发展的基础上，进一步提出了具有中国特色的绿色发展理念，即在资源和环境的硬约束下，遵循人与自然和谐共处的基本法则，通过意识主导、制度支撑、系统推进和全面实现四个阶段全面发展绿色生产力，以实现经济效益、社会效益和生态效益三者协调的可持续发展。由此，在绿色发展理念下，黄河流域生态环境保护与高质量发展耦合协调的理论逻辑为：以经济发展为导向，以科技创新为动力，以制度体系为保障，以生态保护为约束，以社会和谐为目标，全面提高经济效益、社会效益和生态效益，加快形成经济文明、社会文明和生态文明的流域新发展格局。

二、中国式 EKC 曲线下的黄河流域生态环境保护与高质量发展耦合协调

EKC 倒 "U" 型曲线常被用来表示环境污染程度和经济发展水平之间的倒 "U" 型关系（见图 13 - 2）。传统 EKC 曲线是以西方发达国家的发展模式为模板，走 "先污染、后治理" 的串联式现代化路径，但发达国家的环境转折点往往超过生态阈值，即生态系统的自我调节能力已经无法使生态系统恢复平衡状态，只能依靠经济系统的环境管制、治理和修复来遏制和改善生态退化，但此时生态系统已经无法回到最初的平衡态，即只能是存在一定环境退化的新稳定态。循此反复，最终的结果很可能会出现生态不可逆 EKC 曲线所示的发展路径，环境退化水平逐渐趋近于生态退化极值。这就表明，中国式现代化必然要转变 "先污染后治理" 的强大发展惯性，走人与自然和谐共生的现代化发展路径，即中国式 EKC 曲线。所以，黄河流域生态环境保护与高质量发展耦合协调的理论逻辑为：以新型工业化、新型城镇化、农业现代化、信息化和绿色化的并联式现代化为根本发展路径，构建

---

① 马克思. 马克思恩格斯全集：第 42 卷［M］. 北京：人民出版社，2016：95.
② 马克思. 马克思恩格斯全集：第 31 卷［M］. 北京：人民出版社，1998：251.

生态系统自我调节和经济社会系统干预调节有机结合、相互协调的生态文明，将环境转折点有效控制在生态阈值以下，并持续改善生态环境质量，实现可持续的高质量发展。

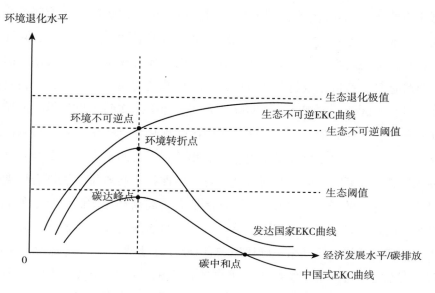

图 13 - 2　中国式、发达国家和生态不可逆的环境库兹涅茨曲线

三、系统演化优化下的黄河流域生态环境保护与高质量发展耦合协调

系统的演化优化规律揭示了系统运动、发展和变化的一般规律，即系统处于不断的演化之中，优化在演化之中得到实现，从而展现了系统的发展进化[①]。而系统演化优化规律的具体表现和现实路径为耦合协调。耦合要求两个或两个以上的要素或系统之间，通过相互作用彼此影响，进而联合起来共同行动；协调要求系统在耦合的基础上进一步实现发展性、整体性、协同性和可持续性相统一的发展格局。所以，耦合协调的本质要求便是：两个或两个以上的要素或系统在演化过程中实现协调和发展的辩证统一，实现自组织和他组织的对立统一，不断通过涨落达到有序，不断实现量变和质变的互换，逐次地向更高层次的耦合系统不断优化。因此，在系统演化优化下，黄河流域生态环境保护与高质量发展耦合协调的理论逻辑为：在遵循自然规律、经济规律和社会规律的基础上，构建现代化治理体系，形成现代化治理能力，来加快推动黄河流域经济系统、社会系统和自然系统三大系统间的协调和

---

① 魏宏森，曾国屏. 系统论［M］. 北京：清华大学出版社，1995：339.

发展的统一，从而不断推动黄河流域向更高发展质量水平的新稳定态进化，逐步实现流域中国式现代化。

　　综上所述，黄河流域生态环境保护与高质量发展耦合协调的核心逻辑为：在黄河流域生态经济系统的自组织和他组织的对立统一中，构建现代化治理体系，形成现代化治理能力，走并联式现代化发展路径，寻求发展性、整体性、协同性和可持续性相统一的动态均衡，形成以经济效益为基础，社会效益和生态效益共同可持续增加的良性循环，打造流域新发展格局，最终目的是实现经济效益、社会效益和生态效益的共同最大化，实现经济文明、社会文明和生态文明三位一体的流域中国式现代化。其中，应注意的是：一方面，在中国式现代化进程中，耦合协调的最终目的必然会表现为发展阶段性和发展规律性的相统一，共同最大化总是和发展阶段性和发展规律性相联系，因此，黄河流域生态环境保护与高质量发展耦合协调的路径依赖只能是会聚式的循环层次增加，即逐次地向更高循环层次的更复杂的非线性生态经济系统跃迁，且发展永不停歇。另一方面，自组织运动必然蕴于一定的他组织运动中，即通过他组织运动来正确认识和有效运用自然规律、经济规律和社会规律，是实现生态经济系统向自组织系统跃迁的根本保障，所以，在新时代新征程中，现代化治理体系的构建必然成为黄河流域生态环境保护与高质量发展耦合协调中的关键前提和迫切需要解决的重大问题。

第二节　黄河流域生态环境保护与高质量发展耦合协调的现代化治理体系构建的理论逻辑

　　黄河流域生态环境保护与高质量发展耦合协调的现代化治理体系构建是实现流域中国式现代化的有力保障，也是推进国家治理体系和治理能力现代化的重要维度。有效的国家治理体系涉及三个基本问题：谁治理、如何治理、治理得怎样，即治理主体、治理机制和治理效果三大要素[①]。而有效的流域治理体系因流域发展的特殊性，应被赋予更丰富的内涵和理解。因此，基于"条件—过程—结果"三维分析框架，黄河流域生态环境保护与高质量发展耦合协调的现代化治理体系的构建应包含五大要素：流域治理基础、流域治理目标、流域治理模式、流域治理动能和流域治理效能，构建"五位一体"的黄河流域现代化治理体系（见图 13 - 3）。

---

① 俞可平. 推进国家治理体系和治理能力现代化 [J]. 前线，2014 (1)：5 - 8，13.

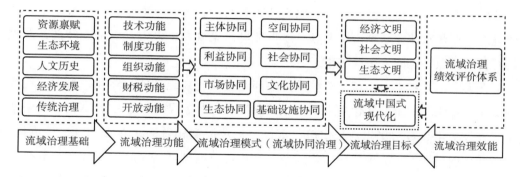

图 13 - 3 黄河流域生态环境保护与高质量发展耦合协调的现代化治理体系构建的理论逻辑

一、流域治理基础

物质决定意识，社会存在决定社会意识，所以流域治理基础决定流域治理意识，影响着流域治理体系的形成和发展，也决定了流域治理的重心和策略。黄河流域既有与其他流域相同的发展普遍性问题，比如流域省份间发展不平衡、分工不明确以及监管不统一等，但也有着自己的发展特殊性，从发展特殊性出发解决发展普遍性，再从发展普遍性中发现发展特殊性，是构建流域现代化治理体系、形成流域现代化治理能力的前提和基础。

在资源禀赋基础上，黄河流域最大的矛盾是水资源短缺，最大的优势是能源资源富集。2021 年黄河流域人均水资源量仅为全国平均水平的 47.97%，而煤炭、石油和天然气储量占比分别达到 64.83%、35.96% 和 64.35%，是我国最重要的化石能源资源流域[①]。同时，黄河流域又是我国重要的新能源资源流域，其中风力和太阳能发电量均占到全国平均水平的 45% 以上[②]。因此，从资源禀赋角度看，构建黄河流域现代化治理体系的重心为：充分发挥能源优势，加快发展新能源体系，通过能源规模经济效应来加快推动化解水资源短缺的矛盾，形成流域现代化的能源新动能。

在生态环境基础上，黄河流域最大的问题是生态脆弱，最大的优势是生态类型多样。脆弱性体现在，从上游青藏高原水源涵养区到青甘河谷水利开发区、宁蒙河套绿色发展区、中游晋陕峡谷防沙治沙区，再到下游豫鲁平原防洪保护区，均存在水土流失、流域污染以及水沙关系不协调等现实问题。但同时也应该看到黄河流域丰富的生态财富和生态优势，"绿水青山就是金山银山"，即生态经济。因此，从生

① 资料来源：《中国统计年鉴》《中国矿产资源报告》。
② 资料来源：《中国能源统计年鉴》。

态环境角度看，构建黄河流域现代化治理体系的重心为：以生态财富观形成生态文明理念，抓住水沙关系不协调重点，注重环境污染规制，大力发展生态经济，形成具有黄河流域特色的生态经济带。

在人文历史基础上，黄河流域最大的问题是文化缺乏现代化转化，最大的优势是文化根基深厚。黄河文化是中华文化的起源和象征，孕育了以中原文化、关中文化、齐鲁文化等多元文化，文化遗产富饶。但黄河文化普遍存在保护性、传承性、发展性和创新性不足的现代化转化问题。文化可以实现经济主体由个体理性到公共理性的转变①，公共理性是实现黄河流域生态环境保护与高质量发展耦合协调的必要条件。因此，从人文历史角度看，构建黄河流域现代化治理体系的重心为：实施文化系统保护工程，发展多元一体文化格局，赋予文化新的时代价值，形成具有黄河流域特色的文化经济带。

在经济发展基础上，黄河流域最大的矛盾是产业结构单一不协调，最大的优势是农牧业能源业现代化进程加快。2008~2021年，黄河流域产业结构协调度指数年均为0.239，低于全国平均水平的0.276②，主要原因在于流域各省份倚能偏重、低质低效问题突出，发展不平衡不充分现象明显。但同时，黄河流域农牧业、能源业（包括新能源产业）现代化发展进程加快，农业现代化效果显著，新能源产业发展已具成效。因此，从经济发展角度看，构建黄河流域现代化治理体系的重心为：以农牧业能源业现代化为基点，遵循因地制宜、因事制宜、因优制宜和因水制宜的原则，构建具有互补性、新兴性和绿色性特点的流域现代化产业体系，形成高效互补的流域分工协作机制，形成具有黄河流域特色的新发展格局。

在社会发展基础上，黄河流域最大的问题是民生发展不足，最大的优势是社会动员力、向心力和凝聚力强。黄河流域尤其是黄河中上游，在公共服务、教育水平及社会保障等民生方面的发展，均滞后于黄河下游和全国平均水平，城乡收入水平较低、差距较大，以及少数民族人口和贫困人口相对集中成为民生突出问题。但受到黄河流域传统文化熏陶的影响，流域家风、民风和乡风淳朴，道德基础和文化基础扎实，形成了拥有较高动员力、向心力和凝聚力水平的人民群众和社会组织。因此，从社会发展角度看，构建黄河流域现代化治理体系的重心为：利用制度保障优势，积极引导人民群众和社会组织参与到黄河流域中国式现代化中来，形成具有边际报酬递增效应的社会资本，以推动"共建共治共享"的流域社会治理格局。

---

① 任保平. 经济增长质量的逻辑［M］. 北京：人民出版社，2015：174，281.
② 产业结构协调评价指标体系参考钞小静等（2011）、干春晖等（2011）方法，包含产业结构合理化、产业结构高级化、第三产业/GDP和技术市场成交额/GDP四个子维度，并使用客观赋权法进行相关测算。

在传统治理基础上，黄河流域存在与其他流域相同的普遍性问题。一是流域治理主体长期存在"政府独大"现象，政府规制范围较广，但效率较低，易造成"政府失灵"。二是流域各省份间信息壁垒较高，信息不对称、信息不完全以及信息不流通现象明显，由此导致了分工不明确、基础设施重复建设等问题。三是在地方政府存在发展绩效强约束的背景下，流域内及流域间合作往往因为利益摩擦而选择独立各自发展，利益冲突不协调问题使得流域内各省份存在向封闭系统即均匀无序的热平衡混沌态演化的倾向。四是流域内立法不统一、监管不统一以及司法不统一，环境污染往往因跨省份、跨区段甚至跨流域而不了了之，任由外部效应自由发展，环境污染规制失效。五是流域空间发展成效不明显，体制机制差异、地理空间差异所导致的区域经济分化正在扩大，空间交互效应正在削弱。由此导致黄河流域传统治理体系和治理能力相对分散，呈现出"点状式""条块式"及"分河段式"的治理模式。

二、流域治理目标

流域治理基础是流域系统发展的现实终态，而流域治理目标是流域系统发展的发展终态，流域现代化治理体系的构建就是为了使现实终态和发展终态之间的差距逐渐缩小为0。所以，需要明晰黄河流域的治理目标，才能进一步确定黄河流域现代化治理体系的构成和发展。发展终态的确立往往需要以一定的现实终态和时代价值判断为基础，因此，黄河流域的治理目标即为流域中国式现代化，即黄河流域生态环境保护与高质量发展的耦合协调发展。结合前文分析可知，耦合协调的最终目的是为实现经济效益、社会效益和生态效益的共同最大化，实现经济文明、社会文明和生态文明三位一体的流域中国式现代化，且最终目的是发展阶段性和发展规律性的相统一。

（一）经济效益最大化下的经济文明

经济效益是经济高质量发展的表现，经济高质量发展是提高经济效益的基础[1]。黄河流域经济发展水平较低、贫困人口较为集中以及城乡收入差距过大等经济现实问题决定了发展仍然是第一要务，是实现根本目标的唯一途径，生态资源环境的改善仍需服从于经济发展。但同时也应考虑到，发展必然会带来环境污染和资源耗竭，进而有损于流域人民居住环境质量及存在发达国家EKC曲线路径依赖的可能性。所

---

[1] 任保平. 经济增长质量的逻辑［M］. 北京：人民出版社，2015：174，281.

以，黄河流域的经济发展只能是为了提高经济效益、实现经济文明的高质量发展。经济文明的本质内涵是：在黄河流域高质量发展进程中，正确认识和利用经济规律，实现先进生产力和绿色生产力对传统高耗能、高污染、低效率的传统生产力的现代化改造，完成技术保持先进、制度趋于合理、资源效率较高以及实现低碳经济的现代化转型，持续提高经济效益水平，持续推动现代化产业体系建设，全面进入中国式 EKC 曲线的下坡区段。

（二）生态效益最大化下的生态文明

黄河流域生态脆弱、水沙关系不协调以及空气环境质量较低等生态现实问题决定了流域治理目标之一是实现生态效益最大化下的生态文明。生态效益是生态要素观的体现，生态文明是生态财富观的体现，生态财富的形成要以生态要素的形成为基础，所以生态文明的必要条件是生态效益要实现最大化，即生态要素观。生态要素观认为，生态资源一方面具有稀缺性，稀缺性导致竞争性的使用，市场价格调节成为必要，生态价值得以产生和体现；另一方面具有内生性，即水、自然环境、空气质量等天然物质要素或第二自然要素均是生产要素，属于生产函数变量组中的关键变量，重视环境污染改善、降低资源消耗等本身可以充分推动生产力发展即绿色生产力的形成，实现经济效益和生态效益的共同最大化。生态财富也就在生态资源成为生态要素、提升生态效益的过程中孕育而生，即"绿水青山就是金山银山"的财富观体现。

（三）社会效益最大化下的社会文明

黄河流域民生发展不足、贫困人口相对集中及共同富裕进程缓慢等社会现实问题决定了流域治理目标之一还包括实现社会效益最大化下的社会文明。在新时代新征程中，实现黄河流域社会效益最大化下的社会文明的本质内涵是实现人的全面发展，即人的现代化。人的现代化包括两个维度，一是人自身的全面发展，二是人的生活方式达到现代水平[1]。人自身的全面发展体现在身体健康、科学教育、思想道德以及精神财富等方面的有效提升；而人的生活方式达到现代水平，在新时代新征程的参考系下，体现为共同富裕的实现。对于民生发展相对滞后的黄河流域而言，实现共同富裕成为流域中国式现代化以及中国式现代化进程中的重要维度。现阶段，作为黄河流域治理目标的共同富裕主要包括：低收入群体的收入显著增加，中等收

---

① 洪银兴. 中国式现代化新道路创造了人类文明新形态 [J]. 理论与现代化，2021（6）：22 – 25.

入群体的比重提高，区域、城乡和收入差距缩小，以及基本公共服务均等化四个标准①。

（四）共同最大化下的流域中国式现代化

黄河流域治理的最终目标是实现效益共同最大化下的经济文明、社会文明和生态文明三位一体的流域中国式现代化。从系统演化理论角度看，生态系统本质上是自组织系统，可以在自然规律下的正负反馈机制中实现自我的演化优化过程，而经济系统和社会系统是建立在生态系统基础之上客观出现的人工系统或他组织系统。那么，在三大开放系统的物质、能量和信息的交换过程中，生态系统会逐渐向他组织方向演进，经济社会系统在正确认识和利用自然规律以及经济规律、社会规律的基础上会逐渐向自组织方向演进。因此，实现生态经济系统动态均衡的充要条件是：充分发挥人的主观能动性，在正确认识和利用自然规律以及经济规律、社会规律的基础上，实现三大系统内和系统间的自组织和他组织的统一，发展性、整体性、协同性和可持续性的统一。在该动态均衡下，发展成本可以实现最小化，发展净收益可以实现最大化，即效益共同最大化下的流域中国式现代化。

三、流域治理模式

开放系统只要达到动态均衡即稳态就必定表现出异因同果性②，即从不同的现实终态和经过不同的途径可以到达相同的发展终态。也就是说，当生态经济系统的现实终态即流域治理基础和发展终态即流域治理目标都已经被确定的前提下，实现途径即流域治理模式也就被相应确定了。但应注意的是，流域治理模式的确定是基于对流域治理基础和流域治理目标的充分认识和有效利用。结合前文分析，可以得出，黄河流域现代化治理体系的流域治理模式的核心是"流域协同治理"，主要包含流域主体协同、流域利益协同、流域市场协同、流域生态协同、流域空间协同、流域社会协同、流域文化协同和流域基础设施协同八个维度。

（一）流域主体协同

在现代化治理体系中，应构建"政府—市场—社会"三位一体的流域治理主体

① 任保平. 全面理解新发展阶段的共同富裕［J］. 社会科学辑刊, 2021（6）: 142 - 149.
② ［美］冯·贝克塔菲. 一般系统论: 基础、发展和应用［M］. 林康义等译. 北京: 清华大学出版社, 1987: 37.

格局，充分发挥政府规制、社会参与和市场机制的协同作用。从政府与市场的关系上看，政府可以维持公平与秩序，市场可以提供效率与效益，"看得见的手"与"看不见的手"成为流域治理现代化的两个"轮子"。但"政府失灵"和"市场失灵"可能会同时出现，从而使问题失控，系统处于无序化状态①，此时，社会参与就成为了"第三只手"。在制度、道德和文化的约束与激励下，人民群众和社会组织成为流域治理现代化的第三主体，所形成的社会资本可以有效发挥互补作用和长尾效应，进一步推动流域治理现代化。

（二）流域利益协同

在现代化治理体系中，应构建"利益协商—利益补偿—利益共享"三位一体的流域利益协同机制，形成"流域式共同富裕"的利益协同发展格局。利益协商是基础，利益补偿是过程，利益共享是结果。利益协商机制要求中央政府和地方政府、地方政府和地方政府间打破传统利益分割界限，加强利益分配协商合作，形成"流域利益最大化、利益分配更合理"的利益补偿机制，即以黄河下游的现代化产业体系的经济利益和中央政府的财政补贴来补偿黄河上中游因加强生态保护而产生的机会成本，同时又以黄河上中游生态保护所形成的生态利益反哺黄河下游，形成流域利益共同体，即构建利益共享机制。

（三）流域市场协同

在现代化治理体系中，应构建社会主义市场经济体制下的"流域统一大市场"，形成有效市场和有为政府有机结合的流域市场协同机制，同时黄河流域统一大市场的形成也是构建全国统一大市场的重要维度。流域统一大市场的形成需要以有为政府为前提，基于统一的产权保护制度、公平竞争制度、市场准入制度、社会信用制度和司法监管制度，破除流域内、流域间要素充分流动的体制机制障碍，保障有效市场可以充分整合流域要素集，在全流域内合理有效地配置和利用资源，提高发展效益水平。黄河流域统一大市场的形成是流域市场主体可以发挥治理作用、市场机制可以有效配置资源以及交易成本可以显著下降的关键部分。

（四）流域生态协同

在现代化治理体系中，应构建生态环境保护治理一体化的流域生态协同机制，形成统一监管、统一保护以及统一规划的生态治理原则。一方面，生态保护区范围

---

① 曹沛霖. 制度的逻辑 ［M］. 上海：上海人民出版社，2019：175 – 176.

往往横跨多个省份，省际边界成为了生态保护统一治理的政治障碍；另一方面，废气、废水等污染物存在由上到下的流动趋势，各省份的环境监管和环境规制也会受到省际边界的影响而失去效能。所以，黄河流域生态协同机制可以发挥作用的前提是：由黄河流域九省份共同建立统一的黄河流域生态保护行政组织，赋予一定的生态保护立法权、监管权、司法权和规划权，遵循统一监管、统一保护以及统一规划的生态治理原则，形成生态环境保护一体化的生态治理格局。

（五）流域空间协同

在现代化治理体系中，应在遵循主体功能区的原则下构建流域空间协同机制，形成"空间发展—空间交互—空间均衡"的空间协同机制。空间发展是基础，空间交互是过程，空间均衡是目的。空间发展要求在明晰黄河流域各空间单元主体功能区性质、细化主体功能区划分的基础上实现合理的流域空间格局；主体功能区之间不是简单的单一个体，而是存在物质、信息和能量交流的系统整体，即构建流域系统的正负反馈机制来形成主体功能区之间的空间交互效应，形成流域整体性发展。空间协同的目的是实现黄河流域生态经济系统发展性、整体性、协同性和可持续性相统一的空间动态均衡。

（六）流域社会协同

在现代化治理体系中，应构建"共建共治共享"的流域社会协同机制，形成人民群众和社会组织可以有效参与治理的新模式。黄河流域在社会发展基础层面最大的优势是社会动员力、向心力和凝聚力，这是形成社会资本的良好前提。社会资本反映的是社会成员参与、合作、互动和组织的能力，是与人的现代化直接相关的资本要素。而要将社会资本引入到现代化治理体系中，则需要以制度保障来构建"共建共治共享"的流域社会协同机制，保证和畅通人民群众和社会组织可以水平地、纵向地参与到治理事务中，发挥基层治理的长尾效应，以弥补"政府失灵"和"市场失灵"所无法解决的社会复杂性、差异化和个性化问题。

（七）流域文化协同

在现代化治理体系中，应在以黄河文化为主体、流域多元文化协同发展的原则下，深入挖掘流域文化的新时代价值，培育现代化治理的内在精神动力。文化既是现代化发展要素，也是有效的非正式约束。所以，流域文化协同一方面要求构建具有流域本土特色、现代化特征的文化产业体系，打造具有国际影响力的黄河文化经济带和文化旅游带；另一方面要求文化成为现代化治理过程中的有效非正式约束，利用先进文化的内生精神动力促进社会治理主体即政府官员、市场企业、社会组织及人民群众由个体理性向公共理性转变，深化社会主义核心价值观对流域治理体系构建和治理能力体现的积极作用。

（八）流域基础设施协同

在现代化治理体系中，应在遵循多维性、系统性、动态性和长期性的建设原则下，构建"传统基础设施全面转型，数字基础设施合理布局"的流域基础设施协同发展格局。系统内部发展得通信越快，不成功的涨落所占涨落的百分比就越大，因而系统就越加稳定即更具有韧性[①]。由此可见，基础设施建设和完善是构建现代化治理体系和形成现代化治理能力的重要基础。但在流域经济发展下，要避免数字基础设施重复建设的强大惯性及传统基础设施数字化转型缓慢的现实问题。所以，流域基础设施协同的总体思路是：坚持市场需求为导向、政府规制为引领，统一规划、系统布局、集约高效、经济绿色以及动态更新。

四、流域治理动能

流域协同治理模式的推进需要培育流域治理新动能，以全面赋能流域协同治理进程，加快流域治理目标的实现。新动能主要包括五个方面：有效的治理技术、完善的治理制度、合理的治理组织、充分的治理财税以及良好的国际合作，即流域治理技术动能、流域治理制度动能、流域治理组织动能、流域治理财税动能以及流域治理开放动能五个维度。

（一）流域治理技术动能

流域治理技术动能又分为"硬技术"和"软技术"，"硬"的层面是指通过数字信息技术实现的流域治理，"软"的层面包含了通过政策制定、文化的道德约束等方式推进治理效能的技术[②]。其中，硬技术是流域协同治理的根本，主要包括大数据、人工智能等新一代数字信息技术，可以实现对黄河流域生态质量、污染水平等生态环境保护实时监控、有效分析和智能决策，同时也可以打破流域省份间的信息流通壁垒，推动信息实时共享和分工协作机制的建立等。软技术是流域协同治理

---

① 曹沛霖. 制度的逻辑 [M]. 上海：上海人民出版社，2019：175 - 176.

② 刘铮. "硬技术"与"软技术"：论米歇尔·福柯的技术哲学 [J]. 自然辩证法研究，2016（5）：28 - 33.

的保障，是为了防止硬技术的"异化"效应，抵消负面影响，实现治理实质正义，实现人文性和技术性的统一，主要包括人文技术、管理技术等。硬技术和软技术本质上即为流域治理的技术和技术的流域治理两个层面，是相互促进和深度融合的关系，是统一于流域治理技术动能的一体两面。

(二) 流域治理制度动能

流域治理体系和治理能力本质上是中国特色社会主义制度及其执行能力的集中体现[①]，所以，黄河流域协同治理模式的推进需要完善的治理制度予以保障、约束和激励。一方面，需要坚持和完善中国特色社会主义制度，健全社会主义市场经济体制，深化流域高质量发展；另一方面，需要构建和完善生态文明制度，包括行政体制、产权制度、绿色税制、社会参与和监督制度等。同时，在制度丛集中，最权威、最有力和最具有长期效应的制度是法律，但其只能反映流域存在性而无法反映流域发展性，而非正式制度即良好的道德和文化基础恰好可以弥补这一缺陷，保证流域治理制度体系实现存在性和发展性的统一。所以，流域治理制度动能一方面应完善正式制度，保障治理秩序、降低治理不确定性以及形成治理激励结构；另一方面应将社会主义核心价值观与黄河多元文化相互融合和发展，实现流域治理"经济人""道德人"和"文化人"的统一。最后，现代化治理一方面是为了实现人的现代化，但人的现代化水平也影响着现代化的治理水平，即国家公务员制度的持续优化。拥有良好的专业化、规范化和知识化水平的治理团队将直接决定着流域治理制度动能的赋能效能值。

(三) 流域治理组织动能

流域治理组织动能的形成包括五个方面：政府内部、各级政府间、地方政府间、治理主体间以及统一流域行政组织的五维组织变革，即以有效的组织变革形成合理的组织结构，培育流域治理组织新动能。政府内部、各级政府间以及地方政府间的组织变革，既包括纵向的层级数量日渐减少，也包括横向的部门壁垒日趋瓦解[②]，即整体组织结构向网格化发展[③]。流域治理主体间的组织变革要求在完善的市场经济体制和社会参与体系的基础上，形成"数字政府—灵活市场—智慧社会"的新型

---

① 中国共产党第十九届中央委员会第四次全体会议文件汇编 [M]. 北京：人民出版社，2019：18.

② Orla O'Donnell, et al. Transformational Aspects of E - Government in Ireland: Issues to Be Addressed [J]. Electronic Journal of E - Government, 2003, 1 (1): 23 - 32.

③ Chrisropher Pollitt. Technological Change: A Central yet Neglected Feature of Public Administration [J]. NIS-PAcee Journal of Public Administration and Policy, 2010, 2 (3): 31 - 53.

治理组织结构，即技术支撑流域治理的直接体现。统一流域行政组织的形成是基于流域治理基础的特殊性、流域治理目标的系统性以及流域治理模式的协同性所必然要求的组织变革，要求在中央政府的统一组织下，在黄河流域地方政府、市场和社会主体的参与下，共同选举并形成唯一的黄河流域生态保护行政组织，赋予其较大的立法权、监管权、司法权和规划权，并遵循流域发展的特殊性、系统性和协同性原则，全面推动黄河流域生态环境保护与高质量发展的耦合协调发展。

（四）流域治理财税动能

流域治理目标效益最大化的必要条件是治理成本最小化，治理成本包括财力成本、行政成本、生态环境成本、社会心理成本等多个方面。在较长时期内，治理成本的主要承担者仍然是政府，这就需要政府深化财税体制改革，提供充分的治理财税支持，培育财税新动能。同时，应注意到黄河流域九省份在经济发展上存在的较大差异必然会延伸至税收和财政上的较大差异，形成流域治理成本最小化的现实阻碍以及治理能力体现的现实差异。所以，从流域利益协同治理模式来看，在流域治理财税体系中，有必要形成财税补偿机制和建立流域治理基金。财税补偿机制包括中央拨款和地方援助，即由中央政府直接拨款给经济发展水平较低的黄河中上游地区，或由经济发展水平较好的黄河下游地区给予黄河中上游地区一定的地区间财政援助，以推动"流域式共同富裕"格局的形成，使流域治理成本最小化成为可能。建立流域治理基金的本质亦同上，且基金应由统一的黄河流域生态保护行政组织统一管理和运作。

（五）流域治理开放动能

从地理位置上看，黄河流域地处"一带一路"陆路的重要地带，是我国构建新发展格局的主要通道；从治理体系上看，黄河流域现代化治理体系是国家现代化治理体系的重要组成部分，而我国又是全球治理体系的重要参与者和积极推动者。由此，客观决定了黄河流域协同治理模式的推进需要开放发展赋能。黄河流域治理开放动能的赋能机制为：首先，以内需为导向推动流域内循环市场的发展，进而推动流域外循环市场的嵌入，充分引入人才、资金和技术等要素，构建自主可控的现代化产业体系即现代化农牧产业、现代化能源产业等，再逐渐实现从比较优势向质量、技术、品牌等竞争优势转变，最终以嵌入全球价值链中高端的模式参与到国际分工和国际竞争中，形成流域双循环发展格局。竞争优势的形成又会推动流域产业体系向新兴化、绿色化以及现代化方向转变，形成正反馈机制。其次，积极借鉴和学习流域治理经验也是开放动能赋能的关键，即积极借鉴和学习国内长江流域及国外相似流域的现代化治理经验，形成"共商共建共享"的流域现代化治理观。

五、流域治理效能

流域治理效能是对流域现代化治理体系及所表现出来的现代化治理能力的结果评价，是流域治理活动成效的衡量标准。根据流域治理效能的现实评价，及时调整流域治理模式和流域治理动能，是流域现代化治理体系自组织和他组织、发展性和稳定性相统一的具体表现，也是可持续趋近发展终态的有效路径选择。流域治理效能应将流域治理体系及治理能力的抽象概念转化为可操作、可测量及客观的、中立的具体指标，即构建黄河流域治理绩效评价体系。

目前，治理评价体系主要集中于国家层面，即对国家治理进行评估与测量。在国际层面上，影响较大的是世界银行的"世界治理指标"，包括言论与问责、政府稳定和不存在暴力、政府效率、管制质量、法治以及腐败控制六个方面，其他还包括联合国的"人文治理指标""民主治理测评体系"及经合组织的 Metagora 项目等。在国内层面上，随着党的十八届三中全会提出推进国家治理体系和治理能力现代化的改革目标，国内智库和研究机构开始纷纷尝试建构治理评价体系，主要包括中国人民大学的中国发展指数、北京大学的中国治理评估等，其中较为全面的是南开大学的国家治理监测指数，包含了政府、市场、社会三方面共 9 个指标。

鉴于黄河流域发展的特殊性，以及基于上述"条件—过程—结果"的三维分析，黄河流域生态环境保护与高质量发展耦合协调的治理绩效评价体系应以黄河流域发展的现实终态和发展终态即流域治理基础和流域治理目标为理论基础进行建构。具体包括经济效益、社会效益和生态效益三个方面维度，其中经济效益包括经济规模、经济效率、经济结构、经济稳定、经济创新、经济开放和数字经济七个分项维度；社会效益包括健康水平、教育水平、文化繁荣、脱贫攻坚、公共服务、收入分配和社会保障 7 个分项维度；生态效益包括水资源、能源安全、防洪安全、绿化水平、空气质量、生态保护以及环境质量 7 个分项维度，即黄河流域治理绩效评价体系具体包含三方面共 21 个指标。

第三节　现代化治理体系下黄河流域生态环境保护
与高质量发展耦合协调的推进路径

从"理论逻辑—实践逻辑"的研究思路出发，在中国式现代化进程中，有必要对黄河流域现代化治理体系构建的理论逻辑作出实践逻辑上的进一步阐释，即从抽象上升到具体，从现代化治理体系构建上升至治理能力现代化的体现，从而实现理论逻辑和实际逻辑的相统一。即实践逻辑为：现代化治理体系下黄河流域生态环境保护与高质量发展耦合协调的推进路径，具体包括形成流域现代化发展理念、构建流域多维支撑体系、建设流域现代化经济体系及实现并联式流域现代化 4 个推进步骤（见图 13 - 4）。

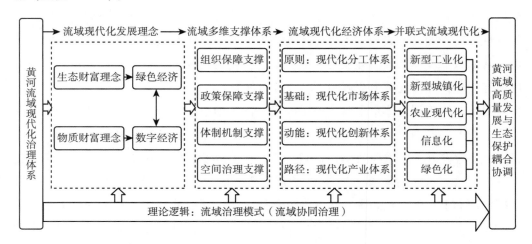

图 13 - 4　现代化治理体系下黄河流域生态环境保护与高质量发展耦合协调的推进路径

一、形成流域现代化发展理念

发展理念是发展方向和发展行动的全局引领，具有根本性、指导性和长远性的作用，所以，在现代化治理体系下，黄河流域首先需要形成流域现代化发展理念，即生态财富理念和物质财富理念两方面。在生态财富理念下，要求走绿色经济发展道路；在物质财富理念下，要求走数字经济发展道路。因此，黄河流域现代化发展理念的广义内涵是：形成生态财富理念下绿色经济和物质财富理念下数字经济两种经济形式的系统协同推进。

物质财富理念下的数字经济发展是根本方向。物质财富理念的本质要求，一方面是为了解决流域发展不平衡不充分的问题，即解放和发展先进生产力；另一方面是为了实现流域共同富裕、实现人的现代化，即改革和完善社会主义生产关系。而生产力又决定生产关系，所以，作为目前先进生产力的抽象表述即数字经济发展成为物质财富理念的外在表现形式，即推进路径为：大力发展数字经济，持续更迭新一代数字信息技术，完善新型基础设施建设，走数字产业化、产业数字化、数据价值化和数字化治理的"四化"发展道路。同时，充分认识和有效发挥"先进生产力决定社会主义生产关系，生产关系又反作用于先进生产力"这一经济规律的作用。

生态财富理念下的绿色经济发展是本质要求。黄河流域水资源短缺、生态环境脆弱决定了生态财富理念应上升至与物质财富理念同等重要的战略高度。生态财富理念的本质要求，一方面明确流域生态环境也是财富，绿水青山就是金山银山；另一方面形成流域绿色发展方式，以最适宜的人类文明方式介入生态环境。生态财富理念的外在表现形式即为绿色经济发展，即推进路径为：大力发展绿色生产力，形成绿色创新体系，建设和完善流域循环经济和低碳经济发展模式，将生态产品、生态要素、生态成本以及生态保护贯穿于黄河流域的发展中。同时，应加大对生态环境的自然资本投资，完善环境污染规制体系，从绿色发展方式和有效环境规制两条路径来促使黄河流域发展的路径依赖向中国式 EKC 曲线转变。

二、构建流域多维支撑体系

支撑体系是现代化治理体系有效发挥作用、承受外在压力以及突破发展约束等外荷载的结构体系，也是实现治理能力现代化的内在要求。黄河流域多维支撑体系的构建应贯彻流域现代化发展理念、深化流域协同治理模式，成为推进流域现代化经济体系的动能载体和结构保障支撑。具体包括：组织保障支撑体系、政策保障支撑体系、体制机制保障支撑体系及空间治理保障支撑体系四个维度。

在组织保障支撑上，一是完善国家公务员制度，选拔并培养出一批具有专业化、知识化和规范化的高素质公务员队伍，为现代化治理体系提供人才支撑。二是以数字技术减少中央政府和地方政府间联系的层级结构，破除地方政府和地方政府间有效协商的部门壁垒，提升物质流和信息流的流通速度和效率。三是加快形成以政府为主体、市场参与和社会共治的治理新格局，即"数字政府—灵活市场—智慧社会"的新型治理组织结构。四是探索具有立法权、监管权、司法权和规划权相统一的黄河流域治理行政组织，形成以系统化思想推进流域中国式现代化的治理模式。

在政策保障支撑上，打造黄河流域"协同互补"的政策体系，形成以中央政策为引领、地方政策优势互补的流域政策生态，充分发挥地方政策的正外部性作用，强化流域生态经济系统的非线性相互作用。流域政策生态发展性、整体性、协同性和可持续性统一的前提是黄河流域九省份间的及时沟通和有效协商。在流域政策的制定上，应实现经济发展与生态保护、数字经济与绿色经济以及促进竞争和推进协同的相统一，通过相互对立、相互转化来推动黄河流域的演化优化。流域政策还应注重时效性，明确当前和未来的关系，保持政策先进性、有效性。

在体制机制保障支撑上，体制机制是制度形之于外的具体表现和实践形式，所以应先优化制度建设、完善制度运转和发挥制度作用，在制度运转中推进体制机制创新化、科学化和现代化。在流域中国式现代化进程中，应牢牢抓住建设高水平社会主义市场经济体制这一根本目标，深化流域要素市场化配置改革，打通流域要素流通体制机制障碍，尤其是要提升创新要素、数字要素和绿色要素的流通效率。同时，应明确流域利益协同机制的加快建立是流域协同治理的根本保障，即加快形成黄河流域治理的"利益协商—利益补偿—利益共享"的三位一体利益协同机制。

在空间治理保障支撑上，建构黄河流域"空间发展—空间交互—空间均衡"的三维空间治理体系。空间治理体系的形成前提是明晰黄河流域各空间单元主体功能区性质，细化主体功能区划分。在其基础上，一是实现经济系统、社会系统和自然系统的空间发展和空间交互，即高质量发展、人的现代化和生态可持续能力的共同推进；二是黄河流域上中下游的空间发展和空间交互，即上中游更加注重生态保护，下游更加注重经济发展，以下游的经济利益补偿上中游生态保护的机会成本，以上中游的生态利益反哺下游的经济社会发展；三是流域"中小城市—中心城市—都市圈—城市群"的空间发展和空间交互，形成城市梯级协同发展空间格局。空间治理的最终目的是为了实现黄河流域生态经济系统的发展性、整体性、协同性和可持续性相统一的空间动态均衡。

三、建设流域现代化经济体系

物质财富理念下数字经济所带来的先进生产力的解放和发展，是黄河流域解决社会主义矛盾、实现流域中国式现代化的唯一途径，即高质量发展是实现最终目的的首要任务。但要辩证地认识到经济发展所带来的两种生态效应，即必然导致资源逐渐消耗和环境污染的负面效应与逐渐形成的结构效应、技术效应、规模效应、收入效应对环境质量改善的正面效应。所以，当将生态财富理念下的绿色经济贯穿于高质量发展过程中时，高质量发展的实践形式就具体表现为了建设流域现代化经济体系，具体建构维度如下。

现代化分工体系是原则。分工是一种特殊的、有专业划分的、进一步发展的协作形式①。在黄河流域中，不同河段、不同区域大相径庭的发展基础和条件决定了流域分工体系的形成具有必要性。流域现代化分工体系是以流域不同区域的专业化水平和比较优势为基础，以"因地制宜、因事制宜、因优制宜和因水制宜"为原

---

① 马克思. 马克思恩格斯全集：第32卷 [M]. 北京：人民出版社，1998：301.

则，形成"产业分工—城乡分工—生态分工"的流域内分工体系和"国内分工—国际分工"的流域外分工体系两个交叉维度，从而不断积累发展经验和发展技术，通过干中学效应来产生流域规模经济、范围经济乃至长尾效应，全面推动流域竞争优势和生态优势的形成，进而逐步地提高在分工体系中的地位和发展优势。

现代化市场体系是基础。分工的程度取决于市场规模，即现代化分工体系的形成受制于市场体系的现代化水平。现代化市场体系是有效市场、有为政府和社会性公域的更好结合①。黄河流域现代化市场体系的构建要以建设高水平社会主义市场经济体制为出发点，以建构流域统一大市场为基础。在经济发展层面，构建现代商品市场和现代生产要素市场；在生态环境层面，完善水权、排污权和碳排放权交易市场，构建现代生态产品市场；在有为政府层面，完善制度安排、制度供给和制度运转，以"制度激励—制度约束"来保障有效市场的更好运转和社会性公域的更好参与。社会性公域旨在以道德和文化为基础、以社会组织为载体来补充"市场失灵"和"政府失灵"的同时出现。

现代化创新体系是动能。创新驱动是继要素驱动、投资驱动之后的高级动能阶段，实质上旨在以低能耗、低污染和高质量的发展模式来突破经济发展的自然界限，持续拓展生产可能性曲线边界。这对长期以要素驱动和投资驱动来推动经济发展的黄河流域来说尤为重要。黄河流域现代化创新体系的构建应以协同创新为目标、以产学研用一体化为模式、以新一代数字信息技术发展为方向，建构现代创新主体格局和现代技术供给体系两方面。其中，现代创新主体格局是以企业作为创新主体，辅以形成"个人—企业—国家"的多元创新主体格局，充分发挥个人创新的创新创业精神和国家创新的举国体制优势。在数字经济和绿色经济的双重背景下，流域现代技术供给体系应同时包含数字技术和绿色技术两个方面，即数字化创新和绿色化创新的协同推进。

现代化产业体系是路径。现代化产业体系又是建设现代化经济体系的具体表现和实践形式。黄河流域应在遵循"因地制宜、因事制宜、因优制宜、因水制宜"的现代化分工体系的原则上，以数字产业化和产业数字化来赋能绿色制造体系的构建，摆脱黄河流域尤其是黄河中上游长期以重化工业为主导、以采掘业为支撑的过分倚能倚重、单一化和低质化传统产业体系，解决环境污染问题和流域水资源保护之间的长期矛盾。流域现代化产业体系要同时形成数字产业化、产业数字化、生态产业化和产业生态化的"四个轮子"，全面推进流域经济生产方式、消费方式和发展方式的绿色化，走质量型经济发展道路。同时，黄河流域还应抓住文化产业的发展，

---

① 曹沛霖. 制度的逻辑 [M]. 上海：上海人民出版社，2019：175 – 176.

将丰富的多元流域文化产业化，全面构建黄河全域文化旅游带，一方面可以以绿色化的产业形式推进流域经济发展，另一方面所形成的具有黄河特色的人文精神与社会主义核心价值观的深度融合，会形成现代化产业体系的精神动力，提升产业体系向高级态跃迁的可能性，即以实现人的现代化为最终目标的产业人本化。

四、实现并联式流域现代化

经典现代化理论发源于西方，且把工业化和城市化作为现代化的主要路径，走的是"串联式"现代化，即依次实现工业化、城市化、农业现代化和信息化。但现代化理论并非资本主义专属，社会主义国家实现现代化建设具有先天的优越性，即社会主义的制度优势，更具体化为社会主义的现代化治理体系①。在现代化治理体系下，社会主义国家可以通过"并联式"现代化来实现后发现代化的跨越式发展，即新型工业化、新型城镇化、农业现代化和信息化的协同推进。特别是，对于经济发展落后和生态环境脆弱并存的黄河流域来说，现代化的参考系需要再上一个阶态，即将绿色化贯穿于并联式现代化中，将生态保护上升至与高质量发展同一个重要维度。所以，并联式流域现代化是新型工业化、新型城镇化、农业现代化、信息化和绿色化的协同推进。

并联式流域现代化也应遵循世界现代化进程的一般经济规律，即以新型工业化为核心的经济现代化来带动流域现代化建设，这是解放和发展生产力的本质要求。新型工业化的推进即建设现代化经济体系，此处不再赘述。城镇化的主体是人，新型城镇化的最终目标是为了实现人的全面发展，所以推进路径只能是基于"共同富裕、人本主义"原则的城乡一体化和区域协调发展。只有人的发展水平达到现代化，流域现代化才能应运而生。农业发展关乎粮食安全和社会稳定，黄河流域农牧业发达为其他产业转型升级和现代化进程提供了坚实后盾和保障，但农业用水趋增进一步强化了黄河流域水资源短缺的问题，农业用水供需矛盾突出，所以，农业现代化的建设必须是在水资源短缺的根本约束下，推进智慧灌溉技术的应用、适应新作物的积极培育和作物复种指数的科学调整。信息化是创新驱动的具体表现和实践形式，即以新的技术发展生产力和重构生产关系，在数字经济背景下即新一代数字信息技术的广泛应用，实现数字经济和实体经济的深度融合。绿色化是实现黄河流域中国式现代化的必要条件，即培育绿色发展新动能，大力发展循环经济、低碳经

---

① 任保平，魏婕，郭晗，等. 中国特色发展的政治经济学［M］. 北京：中国经济出版社，2019：50－52.

济和生态经济。

　　并联式流域现代化的最终目标是实现新型工业化、新型城镇化、农业现代化、信息化和绿色化的同步现代化，进而实现流域中国式现代化，即黄河流域生态环境保护与高质量发展的耦合协调。同时，应注意的是，并联式流域现代化的推进路径不是同步现代化，而是"五化"的协同推进。协同推进的客观反映是：在实现同步现代化的进程中，"五化"必然存在发展的先后性。而协同推进就是为了在现代化治理体系下形成拉动效应来实现共同发展下的异质性发展，最终实现同步发展。首先，要求以新型工业化为核心来带动新型城镇化、农业现代化、信息化和绿色化的现代化进程。其次，信息化和绿色化开始逐渐贯穿于共同现代化进程中，强化正反馈机制，其中信息化是根本动能，而绿色化既是动能又是约束，应辩证看待。在该过程中，新型城镇化和农业现代化的发展进程也会随之逐渐加快。最后，新型城镇化、农业现代化、信息化和绿色化又会进一步推动新型工业化，形成"良性循环、协同推进"的"五化"发展模式，即最终实现发展阶段性和发展规律性相统一的同步现代化。

黄河流域生态环境保护与高质量发展 耦合协调的制度安排

　　黄河流域是推动社会主义现代化建设的重要战略区域，实现黄河流域的长治久安和可持续发展对于巩固我国的生态安全屏障、优化发展的空间格局、缩小南北经济差距具有重要意义。推进黄河流域生态环境保护与高质量发展的耦合协调本质上是要改变黄河流域的经济主体行为和现有的利益格局，创造新的经济秩序，形成有利于黄河流域可持续发展的良好局面，促进黄河流域经济高质量增长、社会稳定发展和生态保护目标的整体同步实现。在新的发展形势下，黄河流域的现行制度安排已难以满足黄河流域实现生态安全、治理有效和经济社会高质量发展的多重目标，整个流域必将产生新的制度需求。这就要求在有效把握黄河流域生态保护现状、流域治理现状和经济社会发展现状的基础上，设计一套合理有效的制度安排来支撑黄河流域生态环境保护与高质量发展耦合协调目标的有序实现。

第一节　制度安排对黄河流域生态环境保护与高质量 发展耦合协调影响的理论分析

作为影响经济绩效的关键性因素，制度对于实现区域内的竞争、合作与发展相协同至关重要。诺思（2014）认为，"制度是一个社会的博弈规则，或者更规范地说，它们是一些人为设计的、形塑人们互动关系的约束。"① 经济秩序的形成必定以制度为基础，支撑秩序的制度内容与使人们满意的经济成果关系极大。制度安排是制度的具体化表达。不同的制度安排会促成不同的社会激励结构，而不同的社会激励结构必将产生不同的经济绩效。对于区域发展而言，当制度安排与当前阶段的发展条件和发展要求实现协调统一时，社会经济活动的交易成本将极大降低，经济运行效率将显著提升，区域环境改善、劳动分工深化和财富创造加快也将伴随而来；反之，则可能产生各种制度障碍和制度摩擦，使区域发展难以从资源过载、生态恶化、治理低效、增长动能式微等泥潭中脱困，经济发展方式转变、经济结构调整和经济发展水平提高都将受到极大制约。黄河流域 60% 的地区地处西部，一方面普遍存在着产业结构单一、发展方式粗放、市场发育程度低、生产要素质量和效率不高、中心城市带动作用不足等西部地区发展落后的共性问题，另一方面水资源短缺、水土流失、中下游环境污染严重等问题引致的流域生态功能减弱和环境治理成本加大进一步加剧了流域的发展矛盾。黄河流域生态保护和高质量发展的关键在于治理，出路在于"使制度正确"。合理有效的制度安排能够对推进黄河流域生态环境保护与高质量发展耦合协调产生显著的正向促进作用，具体体现在以下几个方面。

一、塑造黄河流域生态环境保护与高质量发展耦合协调的激励结构

制度的一个重要功能就在于形塑一定时期的社会激励结构。诺思（2014）认为，"制度构造了人们在政治、社会或经济领域里交换的激励。"② 它能够以传递有效信息的方式使复杂的经济活动对于经济主体而言变得更易理解和更可预见，以奖励或抑制的手段规范人们的行为方向、引导人们的决策选择，从而发展信任，增进秩序，使不同个体之间、组织之间的协调能加速完成。任何制度都具有激励功能，

①② ［美］道格拉斯·C. 诺思. 制度、制度变迁与经济绩效［M］. 上海：格致出版社，2014：3.

都将对经济主体的偏好和选择产生影响，但不同的制度安排产生的激励效应各有不同。经济发展有绩效要求。只有当制度提供了有效的激励，技术进步、环境改善和资本积累才能够持续进行。从一般意义上来讲，制度安排的激励方向和激励程度的差异足以决定一定时期的经济发展方式和经济发展速度。对于黄河流域而言，其发展过程中存在的资源过载、生态脆弱、发展方式粗放和整体发展水平较低等突出问题既由历史原因和现实发展条件约束共同导致，同时也是制度变化滞后于经济社会发展的必然结果。由于缺乏合理的制度安排来激励人们从事有益有效的生产性活动，因而无法产生对先进生产力的推动作用，发展不平衡和不充分问题必然持续存在并有进一步加剧的可能。创新黄河流域生态环境保护与高质量发展耦合协调的制度安排能够促进形成持续的、制度化的激励机制来引导和激发绿色消费、绿色生产、创新偏好型投资等高质量行为选择，从而推动黄河流域的经济社会发展与生态环境保护由混乱趋向有序、由不稳定趋向稳定、由矛盾对立走向有机统一。①

二、化解黄河流域生态环境保护与高质量发展耦合协调的利益冲突

"九龙治水，各自为政"历来是大江大河流域治理的老大难问题。黄河流域跨越九省份，横贯东西。由于涉及多个地方政府以及不同层级的管理主体，资源的产权归属不够明晰，分工协作机制不够完善，黄河流域在发展过程中存在着错综复杂的横向和纵向利益协调关系，狭隘的本位主义盛行，极易产生利益分割和冲突，使得流域的全局利益受损。同时，黄河流域尤其是中上游的部分地区自然环境恶劣、经济基础薄弱、发展的内生动力不足，不得不以破坏生态环境为代价来谋求经济增长，因而在经济利益和生态利益之间也存在着矛盾和冲突。这两大冲突的持续存在共同阻碍了流域内资源的合理配置和经济的可持续发展。制度具有缓和利益冲突和促进合作的功能。"界定自主行动范围的行为规则常常能完全避免潜在的冲突，而且在真正发生这些冲突的场合也能为如何不费过多代价化解冲突提供指南。"② 恰当的制度安排能够强化不同利益相关者为实现共同目标而奋斗的内在动力，缓和或化解不同经济主体的利益协同矛盾。黄河流域生态环境保护与高质量发展耦合协调的制度安排旨在以其激励和约束的手段将黄河流域各经济主体的行为聚焦到发展这一核心命题上来，以发展为准绳带动各区域各主体间竞争与合作的良性循环，充分挖

① 任保平. 黄河流域生态环境保护与高质量发展的耦合协调 [J]. 人民论坛·学术前沿，2022（6）：91-96.
② ［澳］柯武刚，［德］史漫飞，［美］贝彼得. 制度经济学 [M]. 北京：商务印书馆，2018：159.

掘流域发展潜能，进而在发展中解决环境问题和化解利益冲突。

三、降低黄河流域生态环境保护与高质量发展耦合协调的实施成本

经济社会的发展过程中伴随着各种简单或复杂的交易活动。通过维护市场秩序和深化劳动分工带来的交易收益为人们所公认和推崇，但与之相伴的交易过程所具有的成本特性却时常被忽略或淡化。由于信息不完全和人的有限理性等原因，交易成本普遍存在于经济活动的各个领域和各个环节。尤其对于市场发育程度较低的部分地区，过高的交易成本往往成为其经济发展的严重阻碍。较高的交易成本意味着资源并未得到合理配置和有效利用，而充分平衡的经济社会发展必须建立在交易成本得到有效控制的基础上。在黄河流域的长期发展过程中，由于各个省份在资源禀赋和发展战略定位等方面都不尽相同，各个省份以本地利益最大化为出发点的行为和决策必然导致流域内要素资源自由流动受阻，资源配置效率并非最优。由于经济活动面临着较高的交易成本，整个流域的高水平合作受限、经济活力不足、经济效率低下。制度具有降低交易成本、增进秩序的基本功能。符合黄河流域生态环境保护与高质量发展耦合协调要求的制度安排能够促进黄河流域各经济主体间的利益趋同，有效抑制不同经济主体的机会主义倾向，加快信息和要素的充分流动，从而最大限度地降低经济活动的交易成本，优化资源配置，为更大范围和更高水平的分工合作创造条件，以最小的生态环境代价去换取持续、稳定的经济增长。

四、激发黄河流域生态环境保护与高质量发展耦合协调的发展效应

流域经济具有较强的外部性特征。黄河流域生态系统的整体性使得流域上中下游各地区形成了事实上的共生关系。流域内自然生态系统内的每个微观共生单元因共生界面间的相互碰撞与交界产生紧密联系。这种自然生态系统的共生关系会逐步向经济系统和社会系统扩散，进而对整个黄河流域的经济绩效和社会发展产生持续影响。这就意味着，由于生态脆弱和资源环境高负载导致的自然生态系统发展滞后必然对经济系统和社会系统产生较强的负外部性，而黄河流域发展过程中存在产业结构不合理、发展不平衡和经济转型的内生动力不足等现象本质上也都是这种负外部性的集中表现。反之，如果流域上中下游形成了环境治理的协同机制，其环境治理成效借助流域共生体关系的路径也必将对流域的经济社会发展产生明显的正外部性。合理完善的制度安排能够促进正外部性的释放和弱化负外部性的影响，推动实现黄河流域生态利益、经济利益和社会利益的内在统一，并在此基础上充分调动起

要素、产业、创新、开放等驱动因素，激发黄河流域生态环境保护与高质量发展耦合协调能够引致的集聚效应、外溢效应、资源配置效应、累积循环效应、规模效应和财富效应，从而为黄河流域的可持续发展提供有力支撑。

第二节　黄河流域生态环境保护与高质量发展耦合协调的制度需求

　　资源环境高负载是黄河流域人地关系的基本状态。整个流域水资源的极度匮乏加之长时期的粗放式发展使得黄河流域面临着较为严重的环境问题。速水佑次郎（2009）认为，"发展中国家环境问题特别严峻的原因，是技术和制度的变化滞后于资源禀赋的变化"。① 在过去的相当长一段时期内，黄河流域顺应我国经济蓬勃发展的时代趋势，凭借其独特的地理环境、农牧业基础和资源优势，经济实力大幅增强，工业化和城镇化水平显著提升，城乡居民的收入水平和生活条件明显改善。尽管流域整体欠发达的客观事实仍未改变，并且存在诸多短板和弱项，但近些年来取得的发展成就却较为可观。然而，随着生态退化和资源约束趋紧，黄河流域产业落后、环境污染、治理效能低下等问题累积的发展矛盾不断凸显，传统的增长动能乏力，流域各省份与南方发达地区的经济发展水平差距有被进一步拉大的趋势。相对于生态退化程度增强和资源稀缺性提高，旨在保护稀缺自然资源、化解利益冲突和减少自然生态系统负外部性的制度发展严重滞后。由于现行制度的运行效率明显降低，整个流域的经济绩效和社会发展受到严重制约。面对新的发展形势，在黄河流域生态环境保护与高质量发展耦合协调的目标驱使下，流域发展产生了新的制度需求，具体体现在以下几个方面。

一、正式制度需求

　　正式制度是人们有意识建立起来的并以正式方式加以确定的各种制度安排，它以奖赏和惩罚的形式对社会成员的行为形成一种有力的外在约束。诺思（2014）认为，"正式制度能够降低经济活动中的信息、监督以及实施成本，并因而使非正式

---

　　① ［日］速水佑次郎．发展经济学——从贫困到富裕［M］．北京：社会科学文献出版社，2009：189 － 191．

制度成为了解决复杂交换问题的可能方式"。① 具有强制性特征的正式制度安排是制度安排的主体，也是非正式制度得以持续发挥作用的有力保障。从发展的角度来看，正式制度安排对于规制经济主体行为、纠正可能扭曲的资源配置和维护经济秩序具有重要意义，因而直接关乎经济效率。发展和保护的矛盾是当前阶段黄河流域经济社会发展的主要矛盾。由于历史原因和流域经济发展的固有矛盾，黄河流域的系统治理和协同发展存在一系列体制机制障碍，生态保护和经济社会发展的平衡难以自发实现。要谋求经济增长和资源环境承载的协调、实现生产力布局和生态安全格局的统一，就必须借助正式制度安排的强制力量破除黄河流域生态环境保护与高质量发展耦合协调的体制机制障碍，促进整个流域形成新的发展模式。因此，黄河流域生态环境保护与高质量发展耦合协调的制度需求首先体现为对正式制度的需求，主要涵盖以下三个方面：一是强化黄河流域生态环境保护的正式制度需求。抓好生态环境保护是提升黄河流域治理效能和推动黄河流域经济社会高质量发展的重要前提。长期以来，由于自然灾害频发和人类经济社会活动影响，黄河流域生态脆弱，环境问题久治不愈。黄河流域上游地区湖泊、湿地退化严重，水源涵养能力下降；中下游地区的工业生产、农业面源污染和生活污水造成流域水质普遍较差；下游地上悬河形势严峻，防洪短板突出。在生态环境领域针对单一问题的治理方案只是治标不治本，从根本上解决生态环境问题亟须在制度安排上寻求突破。通过运用制度手段来系统性推进完善整个流域生态环境保护的相关举措，形成生态文明建设的长效机制，构建山水林田湖草沙一体化的生态保护新格局，修复和巩固我国北方的生态安全屏障。二是推进跨区域流域协同治理的正式制度需求。在传统的政绩观和行政区划经济导向下，黄河流域沿岸各个地区以自身利益最大化为出发点的决策和行动使得整个流域的竞争远大于合作，没有依据各地区的比较优势形成合理分工，造成了资源过度开发、产业同质化等一系列问题，严重损失了流域的整体利益和经济效率。要化解跨区域流域治理协作困境，就必须形成有利于畅通信息交流、协调各方利益和促进产业分工的正式制度安排来促成行政辖区利益最大化向流域整体利益最大化转变。三是实现区域特色高质量发展的正式制度需求。与全国平均水平相比，黄河流域九省份在产业结构、城镇化水平、工业化水平和居民收入水平等方面还相对落后。对于黄河流域而言，抓好保护和推进治理是前提和手段，实现高质量发展才是终极目标。这就需要充分发挥制度安排的激励功能，建立起质量效益导向的激励机制，结合资源禀赋、历史底蕴、区位优势、产业基础等客观条件，遵循"宜水则水、宜山则山，宜粮则粮、宜农则农，宜工则工、宜商则商"的发展原则，探索出

---

① ［美］道格拉斯·C. 诺思. 制度、制度变迁与经济绩效［M］. 上海：格致出版社，2014：55.

富有黄河流域地域特色的高质量发展路径①。

二、非正式制度需求

非正式制度是指人们在长期的社会生活中逐步形成的对人们行为产生非正式约束的一系列规则。非正式制度具有自发性、广泛性和非强制性等特征，能够对人们的行为和选择产生长期而深远的影响。非正式制度并非独立存在，而是对正式制度的扩展和丰富。在许多正式制度安排难以涉及和描述的场合，非正式制度安排显得尤其必要和有效②。缺乏非正式制度安排补充的正式制度安排难以形成有效的社会约束体系，反之，缺乏正式制度安排支撑的非正式制度安排在应对复杂经济关系和社会问题时也时常显得软弱无力。非正式制度安排与正式制度安排相互联系、互为补充，共同对个体行为和经济社会发展产生作用。诺思（2014）认为，"非正式制度来自于社会传递的信息，并且是我们所谓的文化传承的一部分"。③ 这种带有文化特质的约束和激励能够成为推动经济社会发展的无形力量，但它在制度的渐进演化过程中也往往会成为路径依赖的根源。正式制度安排可以在短时间内彻底变革，但非正式制度安排却只能渐进演化。当一种新的正式制度安排逐步形成之后，"从文化中衍生出来的非正式约束不会立即对正式规则的变化作出反应"，新的正式制度安排和现行的非正式制度安排之间可能产生摩擦和矛盾，进而对经济绩效产生负面影响④。在漫长的历史发展过程中，黄河流域孕育了悠久灿烂的中华文明，黄河文化对于坚定中华民族的文化自信和提升民族凝聚力产生了无可替代的作用。但是，深厚的文化积淀也使得流域发展表现出保守和封闭的倾向，流域非正式制度的渐进演化面临更多阻碍。在新的发展形势下，实现黄河流域生态环境保护与高质量发展耦合协调的目标要求与演化缓慢的现行非正式制度安排之间必然产生冲突和矛盾，因而黄河流域经济社会发展也必将产生对非正式制度安排的新需求，主要体现在以下几个方面：一是黄河流域生态环境保护与高质量发展耦合协调的意识形态需求。意识形态是指一种观念的集合，是关于认知和理解事物的一套信念和方法。在非正式制度安排中，意识形态处于核心地位。因为它不仅内化于文化传统和风俗习惯，而且有可能以特定的形式构成正式制度安排的理论基础和最高准则。从发展的视角来看，发展理念的形成、发展方向的抉择和发展路径的探索都与意识形态建设密切

① 任保平，张倩. 黄河流域高质量发展的战略设计及其支撑体系构建 [J]. 改革，2019（10）：26-34.
② 姚洋. 制度与经济增长 [M]. 上海：文汇出版社，2022：94.
③ ［美］道格拉斯·C. 诺思. 制度、制度变迁与经济绩效 [M]. 上海：格致出版社，2014：44.
④ ［美］道格拉斯·C. 诺思. 制度、制度变迁与经济绩效 [M]. 上海：格致出版社，2014：54.

联系。在处理黄河流域生态保护、协同治理和高质量发展等重大问题的过程中，必须使意识形态建设的目标方向和黄河流域生态环境保护与高质量发展耦合协调的内在要求保持一致，从而为规避正式制度安排的实施阻力提供帮助。二是黄河流域生态环境保护与高质量发展耦合协调的文化需求。文化的传承和创新能够通过影响个体行为和制度选择来规范国家经济秩序的形成和变迁。黄河流域生态环境保护与高质量发展耦合协调的文化需求突出反映为对黄河文化中具有先进性和包容性特质的文化的需求。要在充分汲取和发扬优秀黄河文化的基础上，适时适度地吸收人类发展的优秀文化成果，兼收并蓄地形成有利于黄河流域生态保护和高质量发展的文化体系。三是黄河流域生态环境保护与高质量发展耦合协调的风俗习惯需求。风俗习惯是人们共同遵守的行为规范和沟通模式，反映了一个地区或一个民族特有的内在情感。黄河流域地域辽阔，人口众多，少数民族地区较为集中，不同地区之间风俗习惯差异明显。推进黄河流域生态环境保护与高质量发展的耦合协调需要对这些精华与糟粕并存的风俗习惯的传承与表达给予适度干预，有针对性地引导各类风俗习惯的有序变迁，充分发挥其对经济社会发展的正向促进作用。

三、制度实施机制需求

制度的实施机制是指确保制度安排能够有效施行的一系列程序和手段。实施机制是制度构成的重要内容。这是因为正式制度安排和非正式制度安排都只是给出了行为标准和划定了人们行为选择的范围，但对于制度安排的执行本身缺乏有效的激励和约束。从制度功能实现角度来看，光有规则而没有实施机制，制度就是不完整的。在非人际关系化交换的条件下，纯粹自发的制度实施存在着较高的交易成本。相比之下，由政治组织作为第三方、动用强制力量保障既定的制度安排顺利实施，则在监管和执行方面存在着巨大的规模经济优势。因此，要实现预期的制度目标，必须建立与制度安排相匹配的制度实施机制来降低制度安排的运行成本，保障制度安排能够有效发挥作用。黄河流域生态环境保护与高质量发展耦合协调的制度安排主要依据黄河流域现阶段的生态安全需要、治理效能需要和生产力发展需要来设计与创新，其制度目标和制度特征都有其鲜明特征，明显区别于黄河流域经济社会发展的现行制度安排。新的制度设计如果缺乏与之相匹配的制度实施机制，则极易在实施过程中面临极高的实施成本和极大的实施阻力，妨碍新的经济秩序形成。这就意味着，在黄河流域生态环境保护与高质量发展耦合协调的制度安排形成之后，必然产生对完善、有效、与新的制度安排相配套的制度实施机制的需求，而黄河流域生态环境保护与高质量发展耦合协调的制度实施机制的建立对于整个流域社会激励结构的重塑和经济绩效的提升都将产生十分深远的影响。

第三节　黄河流域生态环境保护与高质量发展
耦合协调的制度安排框架设计

为了及时有效地回应黄河流域生态环境保护与高质量发展耦合协调的制度需求，必须与时俱进地调整和优化制度安排框架。新的制度设计必须聚焦发展这一核心命题，突出黄河流域生态环境保护与高质量发展耦合协调的全局性、系统性和协调性，把实现自然生态系统、经济系统、社会系统的和谐共生和协同发展作为主要目标和基本遵循。具体来看，黄河流域生态环境保护与高质量发展耦合协调的制度安排框架的内容主要包括以下方面。

一、正式制度安排

在黄河流域生态环境保护与高质量发展耦合协调的制度框架中，正式制度安排是主体，是推进黄河流域生态环境保护与高质量发展耦合协调的最直接有效的基础性制度安排。正式制度安排主要包含以下三个方面的内容。

（一）强化黄河流域生态环境保护的正式制度安排

黄河流域的自然生态系统是一个有机整体，具有事实上的共生关系。黄河流域的生态环境保护要坚持系统性思维，整体谋划，分类施策。无论是统筹黄河流域上下游、干支流和左右岸的生态修复与环境治理，还是推进山水林田湖草沙的一体化保护，都需要在制度层面做出适当安排。强化黄河流域生态环境保护的正式制度安排主要包括：一是水系生态保护制度。在坚持水资源、水生态、水环境、水灾害"四水同治"的总体思路下，结合不同地区的实际情况，制定地方水污染物排放标准和水污染防治重点行业清洁化改造方案，明确对造成水污染和水生态破坏的主体的惩罚条例，完善水灾害防治的措施体系，形成对流域水资源利用的合理规划以及对水利基础设施建设的远期规划。① 二是生态安全风险评估制度。将流域内的生态公共产品主要供应区、生态脆弱地区、农牧业主产区等作为重点地区，对其水系生态、空气质量、土壤环境以及生物多样性等开展动态监测，明晰黄河流域生态环境

---

① 左其亭. 黄河流域生态保护和高质量发展研究框架［J］. 人民黄河, 2019, 41 (11): 1 - 6, 16.

的真实情况，评估流域生态安全风险，为流域的生态修复和环境治理提供现实依据。三是生态修复制度。在系统考察流域不同区域生态系统破坏成因的基础上，制定流域生态修复规划，坚持自然为主、自然与人工相结合的基本原则，结合流域内水系生态系统、湖泊湿地生态系统、农田生态系统、草原生态系统和沙漠生态系统的具体特征，开展针对性的生态修复工程。四是环境税和资源补偿制度。以使用规模和生态破坏程度为依据，制定对开发利用自然资源的企业和个人征税的整体方案，遏制对流域自然资源过度开发的势头。同时进一步完善对流域内生态功能区的横纵向转移支付制度，保障生态公共产品的有效供给。五是碳排放权交易制度。根据流域内各地区的经济社会发展需要，兼顾公平原则，明确各地区的碳排放配额，强化流域碳排放权交易监管，完善碳排放权交易的价格机制，形成切实可行的黄河流域碳排放权交易制度。

（二）推进跨区域流域协同治理的正式制度安排

推进黄河流域生态环境保护与高质量发展的耦合协调，高效率的协同治理是关键。调整正式制度安排的一个重要目的就在于推动建立黄河流域的综合治理体系，提升流域整体的治理效能。推进跨区域流域协同治理的制度安排主要包括：一是黄河流域九省份协同治理的联席会议制度。[①] 通过运用制度手段为流域各省份搭建起合作交流的平台，进一步畅通流域资源管理和利用的协商机制，打破流域各省份各自为战、各部门分割管理的不利局面，促进流域各省份、各部门的信息共享和经验借鉴，确保各区域、各层级治理主体的治理措施能够形成合力。二是黄河流域协同治理的利益补偿制度。在实现流域整体利益最大化的基本导向下，基于"谁收益谁补偿"的原则，建立起流域内行政区域之间、管理机构之间的利益补偿机制，综合运用财政手段和市场手段对部分主体贡献和牺牲的局部利益或个体利益给予合理的经济补偿，使得各方主体的利益能够得到确切保障，从而缓和冲突、增进合作、提高效率。三是黄河流域协同治理的绩效考核制度。在流域各省份有效协商的基础上，要推行各区域各层级政府协同治理的目标责任制，明确各自的治理任务，制定相应的考核指标和考核方式，激发各级政府落实相应治理措施的紧迫感和积极性，确保预期的治理效果能够顺利实现。

（三）推动区域特色高质量发展的正式制度安排

推动黄河流域高质量发展的正式制度安排是用于重塑黄河流域发展动力系统、

---

① 任保平，张倩. 黄河流域高质量发展的战略设计及其支撑体系构建［J］. 改革，2019（10）：26－34.

调整黄河流域发展路径、激发黄河流域发展效应的一系列规则。黄河流域高质量发展是涵盖宏观、中观和微观领域多方面内容的经济发展过程。因此，调整和创新正式制度安排也必须在各个层面有所体现，具体包括：一是宏观层面的正式制度安排。要结合当前阶段黄河流域的发展条件、发展需要和发展目标，建立起凸显经济高质量发展特征的标准体系、多维度衡量经济发展水平的指标体系、顺应数字化转型趋势的统计体系、合理适度的宏观调控政策体系以及质量效益导向的官员政绩考核体系，从根本上取缔黄河流域长期以来的粗放式发展模式，引导整个流域的经济发展从数量转向质量、从速度转向效率、从要素驱动转向创新驱动，逐步形成低成本、高效率的宏观经济增长体系。① 二是中观层面的正式制度安排。中观层面的正式制度安排主要包含一系列细化的产业支持政策和流域内上中下游的产业发展分工协作机制两方面内容。针对流域内农牧业、制造业以及能源产业的产业功能定位和转型需要制定差异化的产业政策，在保障我国粮食和能源安全的基础上，有序推进传统产业的生态化改造，淘汰部分过剩产能，不断优化产业布局。同时，以黄河流域的主体功能区规划为基础，遵循比较优势原则，建立流域上中下游的产业分工协作机制，推动形成分工明晰、优势互补的产业发展新格局。三是微观层面的正式制度安排。一方面，构建明晰的产权制度，通过加强对自然资源产权和知识产权等的保护力度来倒逼资源利用效率的提升和增长动能转换。另一方面，在产权清晰界定的基础上，不断完善要素市场制度，打破流域内各区域间的要素壁垒，促进要素的充分流动和有效利用。

二、非正式制度安排

正式制度安排只有在与非正式制度安排相容的情况下，才能发挥作用。离开了非正式制度安排的匹配，再先进再合理的正式制度安排也难以对经济绩效产生实质性影响。尽管非正式制度安排的形成和演进是一个相当长期的过程，不可能在短期内受强制性力量影响而发生颠覆性改变，但是给定与新的正式制度安排相匹配的非正式制度安排的标准状态对于引导现行非正式制度安排沿着正确路径加快变迁仍然具有积极的现实意义。具体来看，黄河流域生态环境保护与高质量发展耦合协调的非正式制度安排主要包括以下几个方面的内容。

① 任保平，李禹墨. 新时代我国高质量发展评判体系的构建及其转型路径［J］. 陕西师范大学学报（哲学社会科学版），2018，47（3）：105－113.

（一）黄河流域生态环境保护与高质量发展耦合协调的意识形态建设

意识形态作为非正式制度安排的核心组成部分，对非正式制度的形成和变迁起着决定性作用。黄河流域的不发达不仅仅表现为物质财富生产的贫乏，更表现为发展理念的相对滞后和发展的主观能动性不足。意识形态建设对于黄河流域经济社会发展的核心作用在于影响和重塑整个流域的经济发展理念，引导流域发展的正确方向。黄河流域生态环境保护和高质量发展的意识形态建设主要包括以下几个方面的内容：一是发展意识和环境意识。发展是黄河流域的第一要务，也是化解流域内各种矛盾冲突的根本出路。要提倡黄河流域的经济主体用发展的眼光看待流域存在的各类问题，用长期视角指导行为选择和战略决策，不过分追求短期利益，更多着眼于长远发展。同时，要注重培育流域各经济主体的环境意识，明确解放、发展生产力与保护生产力之间的辩证关系，逐步形成流域整体对黄河流域生态保护和环境治理重要性的普遍共识。二是合作意识和整体意识。长期以来，黄河流域治理过程中的部门主义、本位主义盛行，流域发展的竞争远大于合作，不仅没有形成有效的分工协作机制，而且时常产生各种治理冲突和利益矛盾，极大地损害了黄河流域的整体利益。在新的发展形势下，必须大力提倡黄河流域发展的合作意识和整体意识，提高各级政府、各个部门对黄河流域生态保护与经济社会发展系统性特征的认识高度，强化部门联动与地区协同的主观意识，以高水平合作带动发展，确保黄河流域经济社会发展的整体利益实现。三是创新意识和开放意识。创新意识和开放意识是黄河流域经济意识形态的主体。创新是要增强发展的内生动力，而开放则是为了扩展市场范围和发展空间。黄河流域作为中原腹地，承东启西、连通南北，是我国扩大对外开放和构建新发展格局的关键区域。在内外发展与开放格局深刻变革的新时代，为了充分把握"一带一路"发展倡议为黄河流域创造的向西开放的契机，必须强化整个流域的开放意识，鼓励流域各区域主动打开对外开放窗口，积极探索构建黄河流域高水平开放格局的有效途径。同时，要努力唤醒黄河流域各级政府、企业和个体的创新意识，积极鼓励产业创新、模式创新和体制创新，大力发展创新型经济，以创新激发黄河流域的发展活力和发展潜力。

（二）黄河流域生态环境保护与高质量发展耦合协调的文化体系

在非正式制度安排的变迁过程中，文化发展与意识形态的演化相互嵌套、相辅相成，共同对经济主体的价值取向和思维模式产生影响。黄河文化博大精深、源远流长，积淀了中华民族深层的文化基因，对于凝聚民族共识、实现中华民族的永续发展具有重要意义。推进黄河流域生态环境保护与高质量发展耦合协调必须深化对黄河文化发展重要性的认知,善于从丰富的黄河文化中汲取养分,充分挖掘黄河文化对促进流域经济社会发展的精神价值。黄河流域生态环境保护与高质量发展耦合协调的文化体系应当包含以下内容:一是黄河文化中具有包容性和创新性特质的先进文化。千百年来,在历次的王朝兴衰更迭和民族融合过程中,黄河文化以其恢宏博大的气势不断吸纳和积累各种风格迥异的文明要素,逐步形成了多元一体文化综合体。这其中蕴含的兼收并蓄、勇于进取、开拓创新的优秀文化因子在现阶段依然有不可估量的时代价值。二是传统的黄河文化融合其他文化因子形成的有益于黄河流域生态保护与高质量发展的新文化。在传承和弘扬传统的黄河文化的同时,还应注重吸收各种具有时代特征的先进理念和优质文化,推动黄河传统文化的创造性转化和创新性发展,不断放大其对黄河流域经济社会发展的积极作用。三是优秀的外来文化。在黄河流域不断扩大对外开放窗口的过程中,与相邻国家的文化交流也将不断深化,要理性看待文化差异,适时适度地鉴别和吸收有益的外来文化,使之形成对自有文化的有效补充,共同对黄河流域生态环境保护与高质量发展的耦合协调产生积极作用。

(三) 黄河流域生态环境保护与高质量发展耦合协调的风俗习惯

风俗习惯是非正式制度安排的一项重要内容,是在特定的社会文化区域内人们长时期共同遵守的行为模式或规范。风俗习惯既是文化沉淀的产物,也是经验积累的结果。风俗习惯的形成与演变对于人们的思想观念、处事习惯和生产生活方式都具有重要影响。在黄河流域保护、治理和发展的过程中,需要对流域内存在的类型繁多、形式各异的风俗习惯有所扬弃,在充分尊重文化传承的基础上引导风俗习惯沿着正确方向加速变革与更新。符合黄河流域生态环境保护与高质量发展耦合协调内在要求的风俗习惯主要包括:一是符合新发展理念、能够为流域经济社会发展传递正能量的优秀习俗。要充分尊重蕴含在风俗习惯中的黄河流域人民传承下来的朴素情怀,将其中部分有益于生态环境保护和营造良好社会氛围的习俗加以维护和推广,促进积极的价值理念传递。二是文明、理性的风俗习惯表达形式。对于一部分思想理念符合主流价值取向但表达形式背离新发展理念的风俗习惯,要加以包容性引导,促进其表达形式的优化和创新,最大程度地发挥其对经济社会发展的积极作用。三是风俗习惯中的非物质文化遗产。要加大对黄河流域风俗习惯中的非物质文化遗产的保护力度,充分挖掘其经济价值和社会价值,创新发展民族文化旅游产业,使之成为能够带动黄河流域不发达地区尤其是少数民族地区发展的经济增长点。

三、制度实施机制

黄河流域生态环境保护与高质量发展耦合协调的正式制度安排和非正式制度安排形成之后，必须匹配与之相适应的制度实施机制，才能使新的制度安排对改变社会激励结构产生实质性影响。非正式制度安排具有自发性和非强制性特征，在其演化形成之后主要依靠人们内在的心理约束支撑其自发实施，对于强制约束机制的需求并不明显。但正式制度安排必须有外在的强制约束机制保障才能最大限度地凸显其规范性和有效性。因此，黄河流域生态环境保护与高质量发展耦合协调的制度实施机制主要是针对正式制度安排而言的，其内容主要包含以下几个方面：一是严格的执行机制。为了使新的制度安排得以有效执行，必须健全制度安排执行的组织机构、建立统一的制度执行标准、设定细化的执行规则、配齐专业的制度安排执行队伍，确保制度安排的执行范围精准无误、执行力度松弛有度、执行效率保持在较高水平。尤其对于黄河流域生态环境保护和流域协同治理的一系列制度安排而言，如果缺乏严格的执行机制来保障其落地落实，流域的生态建设和治理成效必定大打折扣。二是完善的信息机制。信息的相对充分、精准识别和有效传递是推进流域跨区域协同治理、实现高水平分工合作的一个重要前提条件。在数字化时代，要加快黄河流域的数字基础设施建设，充分利用新一代信息技术，使流域各区域各层级的信息反馈更加精准迅速、治理措施更加协调同步、政策执行更加统一有序。三是有效的监督机制。制度安排的执行必须坚持公平公正的基本原则，其执行过程应努力实现公开化和透明化，并接受相关机构和市场主体的监督，确保制度安排的实施不走样、不变形。四是合理的评价机制。制度的实施效果需要借助科学的评价体系来进行客观评判。相对稳定的评价标准、客观权威的评价主体以及公开透明的评价过程能够极大激发制度安排执行者的热情和责任感，同时有效提升经济主体对制度安排的信心和认同感。

第四节　黄河流域生态环境保护与高质量发展耦合协调制度创新的路径选择

制度的选择、调整与变更本质上是制度收益和制度成本的比较结果。之所以要调整和优化黄河流域生态保护与经济社会发展的制度安排，是因为现行的制度安排与黄河流域生态环境保护的现实诉求和经济社会发展的客观条件不再适配，制度成本不断提升，预期的经济绩效难以实现，制度安排必须借助创新来拓展自身的绩效范围。尽管上述制度框架设计给出了黄河流域生态环境保护与高质量发展耦合协调的制度安排的标准状态，但由于现行制度安排存在着一系列稳定性特征，标准状态下的制度安排难以自发实现。这就需要借助一系列外在手段来加速黄河流域生态环境保护与高质量发展耦合协调的制度安排的创新与形成。依循黄河流域生态环境保护与高质量发展耦合协调的制度安排框架设计，推进制度创新应主要从创新的方法和思路、创新的动力空间以及创新的保障体系三个方面着力。

一、明确制度创新的目标、方法和思路

依照黄河流域生态环境保护与高质量发展耦合协调的制度安排框架来明确制度创新的目标、方法和思路是实现制度创新的基本前提。要结合正式制度安排的侧重点、非正式制度的演化趋势和制度实施机制的关键内容，选择不同方法并采取针对性措施推进制度建设的进程。一是要强化正式制度安排各组成部分的一体化推进，加快新正式制度安排的落地落实。要准确把握黄河流域自然生态系统、经济系统和社会系统的整体性特征，深刻理解生态环境保护、协同治理和高质量发展三者的辩证统一关系。在同步推进生态保护制度安排、协同治理制度安排和高质量发展制度安排建设的过程中，细化具体规则，在关键领域中重点突破，注重协调三大组成部分的建设进度和落实情况。二是要在顺应非正式制度演化趋势的基础上，引导非正式制度安排加快变迁。要充分发挥意识形态在非正式制度安排中的统领地位，主导意识形态的建设方向，既要传承和保护好黄河文化，也要避免其可能对非正式制度安排创新形成的制约。三是要重视制度实施机制的设计与调整。要结合正式制度安排的特征和建设情况，适时适度地调整制度实施机制，确保制度实施机制的可靠性、科学性和有效性。

二、拓展制度创新的动力空间

现行制度下出现的制度创新的潜在获利机会和经济主体追求利益最大化的动机共同形成了制度创新的原始动力。但这种原始动力的存在仅仅形成了推进制度创新的初始条件，要使制度的调整和变革达到预期目标，还必须不断拓展制度创新的动力空间。一是要优化制度创新主体结构。通过完善信息反馈机制和宣传手段，调动流域内企业和个人参与流域制度创新的积极性，充分发挥其在制度合理性反馈、制度实施过程监督等方面的积极作用，形成对制度创新的动力补充。二是要促进制度

创新主体的创新理念调整。黄河流域的生态环境保护与高质量发展耦合协调要实现从利用黄河向保护黄河、管理流域向治理流域、粗放式发展向高质量发展的转变，发展理念和发展思路出现了根本性改变。这就要求制度创新主体的创新理念也必须随之调整，牢牢把握保护、治理和发展三大核心命题，将其贯穿于制度创新过程始终。三是要构建制度创新主体间的协同创新机制。在制度创新过程中，政府要发挥引导作用，要充分利用新一代信息技术来疏通信息传递机制，为制度的调整和设计提供依据，促进政府、企业、居民三者之间在制度创新过程中形成有机互补、信息共享、形式多样的互动模式。

三、完善制度创新的保障体系

为了使制度创新的方向与高质量发展的路径保持内在一致，促进形成高效率的制度安排，除了明确制度创新的目标、方法和思路、拓展制度创新的动力空间，还必须完善制度创新的保障体系。一是要强化制度创新的人力资本支撑。制度创新的效率和结果在很大程度上依赖于人力资本水平。人力资本积累不足一直是黄河流域经济社会发展的制约因素。在制度创新的过程中，必须不断提升制度创新主体的人力资本水平，采取积极措施强化制度创新主体对制度设计方法和制度创新流程的认识，保障制度创新效率。二是要完善制度创新全过程的监督管理机制。对制度创新的全过程实施监督管理，及时发现并消除阻碍制度创新的不利因素，有效约束制度创新过程中的无序冒险，不断修正制度创新过程中的不足。三是要构建制度创新绩效的评价体系。对制度创新结果的评价是为了分析在制度创新之初所确立的目标是否在逐步实现以及研判制度创新的实施成本是否过高。要选取合理的量化指标，采取一定的评价方法，对制度创新目标的完成度和为实现这一目标所采取的措施成果进行综合性评价，形成一套针对制度创新绩效的完整评价体系。

第十五章

黄河流域生态环境保护与高质量发展耦合协调的支撑体系构建

　　黄河流域作为我国重要的生态屏障和经济地带，在我国经济社会发展和生态安全方面具有举足轻重的战略地位。2019 年 9 月，习近平总书记在黄河流域生态保护和高质量发展座谈会上提出，黄河流域生态保护和高质量发展是重大国家战略，要共同抓好大保护，协同推进大治理①。党的二十大报告指出尊重自然、顺应自然、保护自然是全面建设社会主义现代化国家的内在要求。"推动绿色发展，促进人与自然和谐共生"的理念为黄河流域生态保护与经济协调发展提供了基本遵循。黄河流域长期存在的水资源供需矛盾、水沙空间分布不均衡、高质量发展不充分以及民生发展不足等问题日益凸显。因此，我们需要分析黄河流域生态环境保护与高质量发展耦合协调支撑体系构建的必要性，以黄河流域的高质量发展推进中国式现代化建设新征程。

---

① 习近平. 在黄河流域生态保护和高质量发展座谈会上的讲话 [J]. 求是, 2019（20）: 4–11.

第一节 黄河流域生态环境保护与高质量发展耦合协调支撑体系构建的必要性

黄河流域生态环境保护与高质量发展耦合协调支撑体系的构建，事关我国经济、生态、文化发展。从文化功能来看，黄河凝聚了中华民族强大的精神力量。从生态功能来看，黄河生态安全关乎经济社会的可持续发展水平。最后，从经济功能来看，是解决区域发展不平衡问题的关键。

一、构建黄河流域生态环境保护与高质量发展耦合协调支撑体系是保护、传承、弘扬黄河文化的重要根基

文化强国战略是提升人民生活水平，推动经济社会协调发展的重要战略设计。高质量发展是经济、社会、生态、文化各方面和谐发展的发展模式，绝不是以牺牲任何一方作为代价。黄河流域是中华文明的发祥地，具有重要的文化价值。随着时间的不断演化，黄河流域所蕴含的文化价值不断凸显，对我国实现经济高质量发展具有显著的正向激励作用。

中国的农耕文明时代发源于黄河流域，借助其得天独厚的自然条件，农耕文明不断发展演化至今，中原黄河文化也由此衍生而来。同时，黄河流域聚集了享誉世界的历史文明三大标识，即青铜冶炼、都城遗址与文字记载，在一定程度上推动了中国华夏文明的发展进程。举世闻名的四大文明——指南针、造纸术、火药、印刷术，都起源于黄河流域并在此发扬、兴盛；盘古文化、伏羲文化、炎黄文化、大禹文化等在黄河流域异彩纷呈。黄河在甘肃两进两出，穿越了甘南高原和陇中黄土高原，流经900多公里，孕育了丰厚的历史文化资源，留下了史前文化、敦煌文化、早期秦文化、石窟文化、长城文化、丝绸之路文化等内涵丰富、价值突出、影响深远的历史文化遗产。坐落于黄河之滨的甘肃省博物馆馆藏资源丰厚、特色鲜明，充分反映了甘肃作为史前文化的孕育地、递接区及丝绸之路的枢纽和关键地带所蕴含的独特文化底蕴，展现了黄河上游地区辉煌的文明成果，是保护、传承、弘扬黄河文化的重要阵地。

黄河文化蕴含的自然伦理观要求我们顺应自然规律，顺势而为，是生态环境保护观念的理论先导。黄河文化蕴含的农耕文明要求我们在认清自然规律的条件下积极发挥能动性。黄河文化包容开放，为新时代推进中国式现代化新征程中促进国际学习交流、加强国际合作提供了实践经验。推进全面建设社会主义现代化新征程中，

黄河流域的所蕴含的多元文化价值还有待深入发掘。因此，要大力弘扬黄河文化，构建推动黄河流域生态环境保护与高质量发展耦合协调发展的支撑体系。

二、构建黄河流域生态环境保护与高质量发展耦合协调支撑体系是保护黄河生态安全与经济社会可持续发展的重大前提

　　黄河流域以其得天独厚的自然地理条件与资源禀赋条件，在我国经济社会发展方面占据着重要地位。黄河发源于青藏高原，流经九省份最后注入渤海。黄河流域地域辽阔，横跨东西。黄河流域的高质量发展是经济社会可持续发展的重要战略组成部分。黄河流域内水资源供需矛盾突出问题、水沙空间分布不平衡问题，以及生态环境脆弱等问题亟须解决。

　　第一，水资源供需矛盾突出问题。作为我国西北和华北地区的重要水资源供给地，黄河流域对于我国经济社会发展具有重要战略意义。在生态问题中，水资源短缺问题是重中之重，水资源供需矛盾突出问题应该得到重视。一是气候因素致使黄河流域来水量变少。由于常年受到大陆性季风气候的控制，黄河流域的降雨量呈现出降雨量稀少且时空分布不均匀的特点。加之伴随地球气候不断变暖，黄河流域内的平均蒸发量远远超出降水量。与此同时，黄河流域内的冰川融化速度日益加快。随着全球升温、植被的减少，导致沙漠化问题变得更加严重，水土保持能力随之下降。二是水污染加剧水资源短缺。在黄河有效水资源供给量不断减少的同时，污水排放量与日俱增，加重了黄河水资源的污染问题。一方面，由于黄河流域中上游地区产业结构低级化，高消耗、重污染企业排放的大量废弃物使得城镇工业排污量显著增加；另一方面，城镇化进程加快在推动经济发展的同时会造成城镇生活污水排放量的大量增加。由于城镇生活污水处理设施建设规模不足以及污水处理相关的规章制度及体制机制的不健全使得已建成的城市污水处理厂未能有效运行。黄河流域水污染处理能力不足，使得水污染加剧进而引发可利用水资源短缺的困境。三是流域内社会经济发展造成需水剧增。随着黄河流域人口的不断增加、经济社会的快速发展以及西部大开发战略的实施，黄河水资源承载压力与日俱增。四是黄河流域内用水取水管理机制不够健全。目前黄河水资源管理仍存在地区分割管理和部门分割管理的现象。由于缺乏有效的统一管理机制，政府指令配水模式缺乏强有力的约束机制和监管手段，实施有效的取水许可制度举步维艰，配水模式已严重失控。另外，现有的水资源分配模式虽然兼顾经济效益与生态效益，却忽视了水资源的多元化分配角度，这不利于水资源的可持续发展。推动黄河流域的高质量发展，需要高度重视水资源问题，通过建立合理的水源调配机制，促进水资源在黄河流域沿线中心城

市的合理配置，缓解水资源供需矛盾。

第二，水沙空间分布不均衡问题。黄河是中国的第二大河，也是世界上含沙量最大的河流之一。黄河水沙关系是事关黄河治理开发与管理的基础性战略问题，水沙空间分布研究也是我国水科学领域的重大科学问题。推动黄河流域绿色发展并非一日之功，目前尚未构建完善的水沙调控体系，水沙空间分布不协调问题还未解决。黄河流域水沙空间分布失衡引起黄河泥沙极易淤积的现象，黄河上游区域承载着黄河50%以上的径流量，但黄河中下游区域承载着黄河90%以上的泥沙。不协调的水沙关系和不均衡的水沙空间分布激化了黄河流域资源开发与生态环境保护之间的矛盾。此外，随着流域大型水利工程以及引黄工程的建设，黄河流域内蓄水和调水的力度加大，导致黄河下游地区径流量日益减少，断流现象越发严重，断流次数越发增加，这严重影响了黄河流域下游地区的可持续发展。推动黄河流域的高质量发展，必须着力协调黄河流域的水沙关系。根据不同流域段所具有的水沙分布的特征，因地制宜制定恰当的治理政策，着力提高黄河流域水沙关系和协调性，切实提升流域内生态环境的稳定性。

第三，生态环境保护治理任务繁重。与我国长江、珠江、黑龙江、淮河、辽河、海河等流域相比而言，黄河流域的生态环境是最脆弱的。因为黄河流域的跨度很大，流域内分布着差异显著的生态系统。黄河流域的中下游以河谷盆地、平原与三角洲地区为主，也存在旱涝灾害、水资源供需不平衡等基本困境。另外，黄河流域是我国农耕文明的发源地，具备发展农业的得天独厚的自然地理条件。同时黄河流域是我国重要的能源生产基地，资源丰富。由于黄河流域长期处于高强度的开发中，黄河流域资源环境都面临着高负载状态，水资源短缺、植被破坏、环境污染、矿区塌陷、风沙问题逐渐凸显。黄河流域在推动着经济的发展的同时也给黄河流域带来了严重的生态问题。农业污染、工业污染、生活污染遍地发生，导致湖泊、湿地、河流等水体的自净能力下降，流域内生物多样性受到损害。畜牧业的不合理扩张在一定程度上加剧了植被荒漠化，加剧了水土流失，不利于维护生态系统的稳定性。总而言之，推动黄河流域生态治理任务还十分繁重，亟须构建生态保护与经济高质量发展耦合协调发展的支撑体系。建立健全黄河流域沿线中心城市各级部门统筹兼顾、联动协调的自然灾害防治响应机制，维护流域内生态系统的稳定性与安全性，保护黄河流域的长治久安。

三、构建黄河流域生态环境保护与高质量发展耦合协调支撑体系是推动我国迈向高质量发展的必然要求

黄河流域在中国经济社会发展中具有不可替代的战略地位，要坚持以创新和绿

色相结合的双向协调发展理念①。黄河流域有着丰富的矿产资源，煤炭储量份额约占全国一半以上。并且黄河流域是我国重要的农牧经济区，粮肉产量达到全国总产量的 1/3②。革命老区、少数民族和贫困人口相对集中，是推动我国区域协调发展，推动中国式现代化进程的关键经济地带。

第一，黄河流域是推动现代化进程的关键经济地带。大力推动产业结构转型、升级和绿色发展是促进黄河流域高质量发展，推动中国式现代化建设新征程的关键环节。当前黄河流域产业结构层次较低、经济发展模式仍然偏重粗加工，区域间发展差距明显，在一定程度上不利于推进中国式现代化新征程。因此，亟须构建黄河流域生态环境保护与高质量发展耦合协调的支撑体系。在黄河流域的上中游地区，经济社会发展较为落后，产业转型升级步伐较为缓慢。主要以能源、化工、原材料加工和牧业等传统产业为主导，新旧动能转换缓慢，经济发展水平与发展质量都有待提高。长期以来形成了以传统制造业、资源型产业为核心支柱的产业体系和以成本驱动、产业同构、环境排斥为主要特征偏粗重的产业发展模式，高新技术产业和现代服务业在产业结构中的占比不足。相较而言黄河流域下游地区经济社会发展较快，但传统产业含绿量、含金量、含新量较低，尚未形成具有竞争力的新兴产业集群。另外，黄河流域的产业同质化现象严重，体现为高耗能、高污染和资源性企业为主导的产业布局。推进美丽中国建设，推动黄河流域高质量发展，应贯彻落实新发展理念。一是要运用数字化手段和绿色技术改造传统产业，推动传统产业的数字化和绿色化转型升级；二是要着力发展绿色经济，降低消耗和资源投入，提升资源利用效率，促进经济效益的提高；三是要加大对农业的数字化改造，加快数字农业基础设施的建设力度，加快农业现代化进程，助推我国经济的高质量发展。推动流域内数字农业、数字制造业与数字服务业建设进程，推动黄河流域内数字经济产业的蓬勃发展，带动沿线城市经济发展水平的提升。

第二，黄河流域是推动我国区域协调发展的关键区域。黄河流域经济带建设关系我国区域一体化发展进程。兼顾黄河流域内生态环境保护与经济发展，促进开发布局与生态保护格局并进、探索黄河流域绿色可持续发展模式与机制，对于我国缩小南北经济差距，加快美丽中国建设，推进中国式现代化新征程，实现中华民族伟大复兴具有重大意义。黄河流域各中心城市在经济结构优化、创新驱动发展和公共服务共享维度上呈现差异较大③。黄河流域区域发展不平衡，不仅体现在生态保护

① 武宵旭，任保平，葛鹏飞. 黄河流域技术创新与绿色发展的耦合协调关系 [J]. 中国人口·资源与环境，2022，32（8）：20-28.
② 王双明. 科学政策，构建黄河流域生态安全新格局 [N]. 科技导报，2023-07-14.
③ 张国兴，苏钊贤. 黄河流域中心城市高质量发展评价体系构建与测度 [J]. 生态经济，2020，36（7）：37-43.

与经济发展不平衡，上中下游发展不平衡，而且还表现在省份之间发展不平衡、城乡发展不平衡、经济发展和社会发展不平衡等多个方面。黄河流域是我国重要的粮食生产基地，但黄河流域也是我国城乡差距较大的地区，"空心化"现象在流域内的乡村日益加重。黄河流域是我国老少边穷地区比较集中的区域，基础设施落后，经济发展水平落后，人民生活水平低下，是全面建设社会主义现代化国家进程中需要重点攻克的难题。因此，必须在尊重自然、顺应自然、保护自然的理念下，促进黄河流域生态、经济与社会的协调发展。与黄河流域中下游地区相比，中上游地区以少数民族居多，经济发展水平较为落后。推动黄河流域区域协调发展，要加快落后地区的发展步伐，要提升落后地区的经济发展水平。在积极推进城镇化发展战略的同时，推动统筹城乡协调发展，坚持实施乡村振兴战略，推动城乡一体化发展。积极推进以社会民生为重点的民生工程建设力度，大力发展教育、医疗、文化事业，加快完善社会治理体系，推动社会民生发展。

第三，黄河流域是"一带一路"建设的重要起点和腹地。"一带一路"建设与"丝绸之路经济带"是推动我国经济、社会、文化发展的重大工程。以"丝绸之路"经济圈为中心构建黄河生态旅游发展体系，以文化产业的繁荣引领黄河流域中上游地区的经济发展。通过构建以海上丝绸之路的旅游经济圈，带动黄河流域中下游的经济发展。首先，"丝绸之路经济带"临近黄河中上游区域，通过加强"一带一路"与陕西、甘肃、新疆等地的经济往来，推动黄河旅游与中西部旅游的协同发展，形成中西部地区旅游经济相互融合相互促进的经济发展模式，推动我国中西东部地区的协调发展。其次，在黄河中下游地区，大力发挥东部沿海地区的自然资源禀赋优势和经济条件优势，借助"21世纪海上丝绸之路经济带"，带动旅游经济的繁荣发展，利用财政税收优惠手段对黄河流域的生态环境保护和经济社会发展提供支持。另外，位于黄河中游地区的郑州，作为我国重要的中部城市，一直担任着重要的交通枢纽角色，具有显著的区位优势。通过打造以郑州为中心的多联式联运国际物流中心，带动"一带一路"沿线周边国家的经济发展，有利于贯彻开放发展理念，推动经济发展水平的提升。在新时代背景下，随着新一轮科技革命和产业变革不断演进，要求畅通国内国际双循环，着力构建新的发展格局，推动黄河流域的开放发展。

第二节　黄河流域生态环境保护与高质量发展耦合协调支撑体系的构建要求

黄河流域作为中华文明的发祥地，是中华民族精神的重要载体，关乎我国经济、社会、生态文化发展水平。因此，我们要探索黄河流域生态环境保护与高质量发展耦合协调支撑体系的构建要求，深入贯彻落实新发展理念，从生态、城乡、创新、文化、民生等多个维度发力，为实现流域内经济可持续发展夯实基础。

一、推动黄河流域综合治理、实现绿色发展

水污染及生态环境恶化问题是影响黄河流域实现高质量发展的制约因素，推动黄河流域高质量发展必须坚持保护与开发两手抓的原则，统筹生态保护与经济发展。中国式现代化是人与自然和谐共生的现代化，我们要站在人与自然和谐共生的高度谋发展。"共同抓好大保护、协同推进大治理"是黄河流域高质量发展的基本原则。综合治理是提高黄河流域生态环境稳定性的重要途径，绿色发展是实现新时代背景下高质量发展目标的必由之路。我们要保护和发展黄河流域，并推动流域内经济朝着绿色化转型，实现绿色发展。黄河流域沿线中心城市应以"共同抓好大保护、协同推进大治理"为指导，建立协调联动的管理体制与监管机制。大力实施固土、治污、调沙、节水、增绿战略，推动上下游、干支流、左右岸等协调联动，着力系统治理、源头治理。与此同时，坚持淘汰高耗能高污染企业，加强传统产业的技术改造，因地制宜发展绿色产业，推动产业结构朝着绿色化方向发展。

二、推动黄河流域城乡协调、城城融合发展

中国式现代化是共同富裕的现代化，是城乡协调发展的现代化。城乡分割、城城相争是经济社会高质量发展的严重阻碍。黄河流域本身就存在着水土流失、水资源短缺、环境污染、植被破坏等生态问题，再加上城乡问题，不利于黄河流域生态环境防治治理，会阻碍黄河流域高质量发展的进程。因此，亟须构建推动黄河流域生态保护与高质量耦合协调的支撑体系，推动黄河流域城乡协调、城城融合发展。黄河流域沿线中心城市应发挥示范引领作用，积极推动城乡协调发展、城市群协调联动。应推动建立城乡统一协调的工作机制，建立健全相关制度保障，推动数字化技术的应用与数字化平台的建设。以大数据、人工智能等信息技术的应用推动数字化乡村建设，完善城乡统一规划，实现以城带乡、以工助农的发展模式。大力实施乡村振兴战略，加快建设环境优良、人民安康、生活幸福的美丽乡村，以黄河流域的美丽乡村建设为推动美丽中国建设赋能。

三、推动黄河流域改革、促进创新发展

创新是第一动力，以习近平同志为核心的党中央高度重视创新战略，党的二十大报告指出我们必须坚持创新在我国现代化建设全局中的核心地位。创新是改革开放的命脉。要坚持创新在黄河流域发展中的重要战略地位，以创新发展推动经济发展的质量变革、动力变革、效率变革。在推进全面建设社会主义现代化新征程中，推动黄河流域的高质量发展，需要推动黄河流域综合改革，促进黄河流域创新体系的完善。黄河流域沿线中心城市要深化体制机制改革，建立健全创新体系。利用流域区内优越、联系紧密、资源丰富、功能强大的优势，按照促进生态保护和经济发展并重的原则，实现发展规模、速度、质量、结构、效益、安全的有机统一，深化改革、建设高效统一的创新体系。探索生态环境保护、资源集约节约利用等刚性约束机制和地区间、流域上下游间的利益补偿机制，建立公平、信用、规范的市场运行制度、构筑国际一流的营商环境等，为黄河流域的高质量发展提供底层支撑。

四、推动黄河流域传承文化、弘扬精神

黄河文化承载着华夏几千年的文明，彰显了中华民族强大的精神内驱力。黄河文明源远流长、博大精深，不仅是享誉世界的珍贵历史文化遗产，而且是推动以"绿水青山就是金山银山"发展理念的高质量发展的现实动能。黄河流域作为传承弘扬与保护黄河文化的重要载区，蕴含了丰富的文化内涵。构建黄河流域生态保护与高质量发展耦合协调的支撑体系的关键是要推动黄河流域传承文化、弘扬精神。黄河流域沿线中心城市是黄河文化的集中承载地，应该建立各省份统一协调的黄河文化管理体制机制，推动流域内文化产业的协调发展。各城市在系统整理保护的基础上，积极传承和弘扬，并为文化传承发展提供科技支撑。深入理解黄河文化所蕴含的时代价值，使黄河文化植根于各种现代化的载体中，对接于新型文化的元素里，发挥黄河文化的当今时代价值，为实现中华民族的伟大复兴提供精神支持。

五、推动黄河流域改善民生、增进福祉

中国式现代化是全体人民共同富裕的现代化，我们要坚持以人为本的发展理念，把实现人民对美好生活的向往作为现代化建设的出发点和落脚点。近年来，随着黄河流域经济社会的不断发展，当地生活水平得到一定程度的提升，民生状况得到改

善，然而，与全国其他地区相比还比较落后，这不利于实现我国经济的高质量发展。因此，需要构建黄河流域生态保护与高质量发展耦合协调的支撑体系，推动黄河流域改善民生、增进福祉。黄河流域沿线中心城市应高度贯彻党中央以人民为中心的思想，将改善民生、增进福祉作为工作的出发点和落脚点。各级政府部门应该加大资金投入用来支持民生工程的建设，切实保障广大人民群众的防洪安全、饮水安全、生态安全、粮食安全以及温饱问题，有针对性地打好各项攻坚战，持续提升人民群众的获得感和幸福感，推进发展成果惠及全体人民的经济发展模式。

第三节　黄河流域生态环境保护与高质量发展耦合协调的支撑体系构建

生态资源利用效率提高不显著与生态足迹需求不均衡导致黄河流域不可强化可持续发展①。在推进中国式现代化新征程中，我们必须牢固树立和践行"绿水青山就是金山银山"的理念，为推动黄河流域生态环境保护与高质量发展耦合协调发展构建支撑体系。

一、黄河流域生态环境保护与高质量发展耦合协调的组织保障支撑

建设高效的组织体系是提升办事效率的关键途径，是相关政策有效落实的基础支撑。实现黄河流域的生态环境保护与高质量发展协调发展，需要突破科层组织结构，构建自上而下的组织保障体系作为基础支撑。要坚持各级党组织在组织体系中的指导作用，加快黄河流域的组织体系建设，推进黄河流域发展的数字化组织建设。

第一，坚持各级党组织在组织体系中的引领作用。中国特色社会主义最本质的特征是中国共产党的领导，黄河流域高质量发展是党中央立足现实所作出的科学战略决策，事关我国现代化建设全局，是实现中华民族伟大复兴目标必须要完成的任务。习近平总书记指出，推动黄河流域生态保护与高质量发展并非一日之功。因此，亟须建立黄河流域生态环境保护与高质量发展耦合协调的组织保障支撑，发挥各级党组织在组织体系中的引领作用。各省份要将黄河流域的发展战略纳入机关党建重点任务，督促各级相关部门成立黄河流域项目领导机构和工作专班，监督推动各项工作切切实实落到实处。在黄河流域沿线的县区设立基层机关党建宣传点，推动各

---

①　刘家旗，茹少峰. 基于生态足迹理论的黄河流域可持续发展研究［J］. 改革，2020（9）：139－148.

县市沟通研讨、相互学习黄河文化，使各级部门充分了解黄河流域的发展特点，有利于提高各省份在黄河发展战略方面决策的效率与决策科学性。此外，成立黄河流域专项领导小组，加强党中央对各级部门工作的指导，统筹指导各级部门做好贯彻落实黄河工程，优化黄河流域组织体系内各部门的组织结构，提升政务工作效率，为黄河流域高质量发展提供组织支撑。

第二，加快黄河流域的组织体系建设。完备的组织体系离不开认真负责、办事高效的领导组织队伍。推动黄河流域的高质量发展，要坚持"省负总责、市县抓落实"的工作机制。首先，成立顾全大局、统筹指导的中央领导小组。中央小组着眼于全局性、跨地区的重大发展战略问题，设计、指导、推进相关政策措施的组织落实。其次，责任要具体落实到各级主体部门。黄河流域九省份作为政策的实施主体，要积极统筹协调其他各级部门，切实将中央领导小组制定的跨区域管理政策落到实处。在中央小组与各省份领导科学决策的基础上，市县部门依据上级部门规划将各项政策逐项落实到位。最后，推行河长制与湖长制的组织体系。河长制以及湖长制组织体系是有效落实相关责任的有效设计，对于加强黄河流域生态保护具有重要意义。全面推行河长与湖长制的组织体系，是实现精准监管，提升黄河流域综合治理能力的重要举措。这在一定程度上加快缓解黄河流域内的水沙、水资源污染及洪水灾害等问题，是坚持新发展理念，推进美丽中国建设，推动人与自然和谐共生的现代化进程的重要措施。

第三，推进黄河流域发展的数字化组织建设。与传统的科层式组织不同，数字化组织是个微粒化组织、个体能动性组织、无组织的组织。由于自然地理原因与经济社会发展因素，黄河工程长期存在着行政管理效率低下、管理维护水平落后，且存在诸多隐患难以监测的问题。推进数字化组织建设，有利于加快数字黄河建设进程，由此提升黄河流域的管理效率，助推黄河流域的高质量发展。首先是要加快黄河工程的平台化和工具化建设。黄河流域沿线中心城市要搭建以数字技术与数字平台为中介工具的政策服务体系，切实提升政府服务效能，打造高质量一体化数字互联的政务服务体系。其次是要培育数字化的组织文化。组织文化是一个组织由其价值观念、信念、仪式、符号、处事方式等组成的其特有的文化形象。如果缺乏与之相匹配的文化、意识、远见，必将严重阻碍数字黄河的建设进程。因此，要推动黄河流域的数字化组织建设，要着力建设数字化上层建筑，通过建设数字化管理体系设立数字化管理委员会，在职能上明确数字化是重点推进工程，加大数字黄河工程的建设力度。最后要健全以数字化能力培养为核心的人才培育体系，建立健全数字化的人才培养机制，为黄河流域高质量发展的组织体系建设提供人力资本支持。

二、黄河流域生态环境保护与高质量发展耦合协调的空间治理支撑

黄河流域空间治理是保护生物多样性、缓解人地矛盾、纾解水资源供需不平衡问题的关键。构建黄河流域生态环境保护与高质量发展耦合协调的空间治理支撑，需要重点关注以下几个方面。

第一，建立空间治理体系的科技支撑体系。科学技术是第一生产力，科技创新是黄河流域实现数字化转型与绿色发展的关键动力。创新驱动战略的目标是将科技创新作为战略手段[1]，科技创新是黄河流域生态保护和高质量发展的关键支撑[2]。首先，要建立"产学研"深度融合的绿色技术创新体系。建立以企业为主体的、激发企业创新活力、增强企业创新能力、形成全社会协同创新的数字技术创新机制。建立"产学研"有机结合的技术研发体系，通过技术创新推动黄河流域的创新发展，促进空间治理体系的优化调整。其次，应加强对黄河流域空间治理体系的绿色技术创新的财政支持体系建设，为企业高新数字技术创新提供财政金融协同支持。同时政府发挥财政资金的引导示范作用，引导社会资本向数字科技领域投入，促进黄河流域的数字化、生态化、绿色化发展进程。通过新兴数字技术的应用为提升黄河流域空间治理与综合治理提供科技支撑。最后，要着力提升黄河流域的管理效率，推进政府数字化转型。九省份利用人工智能、互联网等信息技术将黄河流域的生态、产业、经济、社会、民生等各个发展维度的数据搭建起黄河流域的政务大数据平台，简化行政工作流程，提高政府的工作效率。

第二，强化空间治理体系的人才支撑。人才是第一资源，建设现代化的空间治理体系，离不开高素质人才队伍的支持。黄河流域沿线的中心城市分布着数量众多的高等院校和科研院所，这表明黄河流域在高质量发展人才队伍的培养方面具有一定的优势。然而，由于黄河流域大多数省份市场经济体系不能与高质量发展的高水平市场体系相匹配，会阻碍黄河流域的绿色转型发展。由于知识产权保护制度的缺失加之市场机制的失灵，不利于资源的有效配置，在一定程度上会加快人才的流失速度。推动黄河流域的高质量发展，黄河流域沿线中心城市应加快完善建立黄河流域的人才培养体系与用人制度。同时完善知识产权保护制度，发挥知识产权保护制度对黄河流域创新发展的激励作用。改革黄河流域高质量发展空间治理体系的人才

① 任保平. 黄河流域生态保护和高质量发展的创新驱动战略及其实现路径 [J]. 宁夏社会科学，2022（3）：131–138.

② 任保平，裴昂. 黄河流域生态保护和高质量发展的科技创新支撑 [J]. 人民黄河，2022，44（9）：11–16.

培养体系与人才评价体系，深化空间治理体系的人才改革，激发人才的创新活力。培养、引进高素质人才队伍，在黄河流域沿线中心城市构筑集聚国内外优秀人才的创新高地，加快培养一支高素质、高水平的人才生力军，以人力资本驱动黄河流域生态保护与高质量发展。

第三，完善空间治理体系的制度保障。做好黄河流域发展方面的战略规划与顶层设计，促进形成人口、经济、资源环境相协调的空间开发格局，对于黄河流域的区域协调一体化发展具有重大意义①。首先，要明确界定自然禀赋资源的产权，发挥产权制度的激励作用。建立健全现代产权制度，是实现黄河流域经济生态环境保护与高质量发展水平提升的重要制度基础。要在自然资源资产归属于公有化性质的基础上，建立适配黄河流域发展的，归属清晰、权责明确、保护严格、流转顺畅的现代化产权制度。其次，优化国土空间用途管制制度。通过现代化数字技术及时监测黄河流域的空间发展变化情况，据此制定科学的管理制度，合理规划土地、水资源以及其他各类资源的用途。贯彻落实山水林田湖草沙一体化的发展理念，兼顾国家粮食安全、能源安全和生态安全，加强流域内湖泊、草原、森林等生态价值突出的国土空间的保护力度，加强流域内主要粮食生产区及能源资源丰富区域的国土空间保护力度。最后，加强黄河流域现代化治理体系的建设力度。在空间规划方面，政府要进行发挥顶层设计的指导作用，进行科学宏观调控，在流域内资源环境承载限度之内科学划定开发格局的同时，要积极培育高水平的市场经济体制，协调好流域内政府、部门以及市场之间的关系。在空间监管方面，要积极推进管理体制改革，简政放权，促进黄河流域内政务效率的提升。同时，运用大数据、人工智能等信息化手段，运用数字化管理技术来提升监管效率。

三、黄河流域生态环境保护与高质量发展耦合协调的政策保障支撑

黄河流域生态环境保护与高质量发展耦合协调的政策保障是支撑黄河流域生态安全与经济高质量发展的关键因素。因此，需要坚持问题导向原则，统筹兼顾发挥大局观念，加强黄河流域保护治理顶层设计②，以各方合力为黄河流域高质量发展提供政策保障支撑。

第一，因地制宜构建现代产业体系。在新一轮科技革命和产业变革不断演化的

① 任保平，邹起浩. 黄河流域高质量发展的空间治理体系建设［J］. 西北大学学报（哲学社会科学版），2022，52（1）：47-56.
② 钞小静，周文慧. 黄河流域高质量发展的现代化治理体系构建［J］. 经济问题，2020（11）：1-7.

时代背景下，恰当的产业政策是促进黄河流域高质量发展的重要因素，要建设适配黄河流域发展的现代化产业体系。上游地区作为黄河流域重要的水源地，要加强水资源的保护程度，提高生态效益。在发展产业的同时，兼顾社会民生发展与生态环境保护。中游地区作为我国的粮食生产基地和重要的能源地区，应该着重加强生态环境的修复与治理体系建设，保障黄河流域的生态安全与粮食安全等。同时要合理布局相关产业，积极培育新兴产业，推动产业结构朝着高级化方向演进。下游地区是推动经济高质量发展的关键经济地带，要坚持创新发展战略。加强数字技术的应用力度，推动产业的集约化发展，促进产业的数字化转型。从全流域来看，一是要改造传统产业，纾解产能过剩问题。通过构建环保、能耗、水耗、安全、产权、技术标准、市场等多种政策的联动一体化发展机制，重点化解传统产业的过剩产能。加快传统产业的改造进度，淘汰落后产能，改造高耗能、高污染、资源型的传统产业，促进产业的可持续发展。二是要培育、壮大新兴产业。加快发展先进制造业与高新技术产业，打造新兴优势产业集群，优化黄河流域的产业布局。三是大力发展现代服务业。依托于互联网、大数据、人工智能等信息技术，加快培育黄河流域发展的现代服务体系。重点发展现代物流、金融保险、科技服务等生产性服务业。四是加快数字农业建设。黄河流域是我国重要的粮食生产基地，是实施乡村振兴战略的关键腹地。加快建设粮食产区和重要农产品生产区的国土资源保护机制，推进农田高水平建设，推动农业发展绿色化、数字化、品牌化，切实保障国家粮食安全。

第二，完善财税支持政策。完善的财政税收政策是黄河流域高质量发展的基础支撑。建立以财政投入、市场参与为总体导向的资金多元化利用机制，为黄河流域高质量发展提供财政支持。一是中央财政部门加大对重大水利工程及生态治理工程建设的支持力度。通过发行债券、设立专项资金的方式，支持黄河流域的引水、蓄水以及其他环保工程的建设。二是加大产业结构升级的财政支持力度。各级财政加大支持力度，鼓励在黄河上游沙漠、戈壁、荒漠地区建设大型风电光伏基地建设，支持水运条件优越的河段发展河内航运，打造铁路与水运联合发展的交通运输体系。通过产业扶持等政策导向为推动流域内产业结构的优化调整提供资金支持，推动产业结构朝着高级化演进。三是健全文化产业支持体系。利用各级部门的财政政策支持手段，加强黄河流域内文化旅游基础设施的建设，降低黄河流域与共建"一带一路"沿线国家的交流壁垒，促进黄河文化旅游与国际接轨。加快推进黄河文化旅游带建设，以黄河流域文化产业的繁荣发展带动流域内发展水平的提升。四是加大对民生工程的支持力度。地方财政坚持以人民为中心，切实为增进人民福祉而努力。加大对黄河流域内医疗、教育、安全等配套基础设施的建设力度，切实对接广大人民群众的民生需求。

第三，健全黄河流域高质量发展的法律制度。黄河流域自然地理环境具有高度的复杂性，生态环境具有高度的特殊性。因此，关于黄河流域发展的相关法律制度完善也应坚持系统性原则与整体性原则，通过建立健全法律法规体系推动黄河流域生态环境保护与高质量发展耦合协调发展。一方面，发挥法律法规的明示与预防作用，通过法律制度明确界定产权归属问题，明确责任主体和权利行为主体。用明确的法律条文对黄河流域的用水取水标准、排污标准进行界定，建立健全法律追责体系，明确规定处罚惩戒措施，切实保障流域内居民生存发展的权益。另一方面，发挥法律法规的示范引导作用。建立健全黄河流域发展的法律制度支撑，为推动黄河流域生态化、绿色化、数字化发展提供思路。通过明确黄河流域发展的命令性规范与禁止性规范，使相关行为主体依法行使权利，在推动黄河流域经济发展的同时注重生态环境的保护。通过明确黄河流域开发保护的授权性规范，予以相关主体一定的选择决策权，促进资源的合理配置，提高经济的运行效率。

四、黄河流域生态环境保护与高质量发展耦合协调的体制机制支撑体系

黄河流域流经九省份，地域较为辽阔，这也决定了黄河流域区域发展不平衡问题的存在。因为黄河流域的上中下游地区自然资源禀赋及经济社会环境具有显著差异，推动黄河流域的区域协调发展任重而道远。需要优化黄河流域治理机制和网络治理的治理模式①，建立健全黄河流域跨区域协调发展的体制机制。

第一，资金多元化利用机制。资金是经济发展的命脉，充足的资金投入是黄河流域高质量发展的源头活水。在财政税收政策方面，中央政府要加大黄河流域生态保护和高质量发展专项项目的财政补贴力度，加大对沿黄河流域九省份协调做好生态环境综合治理、推进水资源节约利用及自然灾害防治等关键工作的资金支持力度。在金融政策方面，政府要优化、拓展黄河流域的投融资机制。支持黄河流域沿线各省份开展水资源治理、绿色农田建设，以及产业转型升级、水沙关系协调治理及洪水灾害防治等项目。通过高效的资金多元利用体制机制加大黄河流域重大发展与保护项目的实施力度，推动流域内的经济社会与生态的可持续发展。

第二，生态保护补偿机制。大自然是人类社会赖以生存发展的基础。推动黄河流域的高质量发展，必须兼顾生态保护这一重点任务，各级政府部门要加大支持力

---

① 郭晗，任保平. 黄河流域高质量发展的空间治理：机理诠释与现实策略 [J]. 改革，2020（4）：74 - 85.

度。在上游地区重点保护水源涵养区，加大对生态保护修复工程的支持建设力度。中游地区要重点防治植被沙漠化及水土流失问题。推进水资源的集约节约利用，加强对水污染的治理力度。重点关注沙化地区、水土流失、自然灾害频发的关键区域，有针对性地开展生态修复与生态治理的系统工程的建设。完善黄河流域生态保护协调机制，九省份协作推进生态环境保护这一重点工程，推动黄河流域的绿色发展。良好的生态环境是提升人民生活水平，提高经济发展质量与效益的基础条件，完备的生态保护补偿体制机制，是黄河流域实现高质量发展道路上的重点内容。

第三，水资源合理利用机制。推动黄河流域的高质量发展，亟须建立水资源节约集约利用机制。一是强化水资源刚性约束。贯彻"四水四定"原则，严格用水指标管理，完善年度用水计划，严格用水过程管理。健全水耗双控指标体系，强化用水定额的刚性约束。二是优化流域水资源配置。推动省内分水指标细化和跨市县河流水量分配，强化流域水资源调度，建立健全生态流量监测预警机制，统筹干流水资源及水库协调调度机制。三是推动重点领域节水。推行节水灌溉，发展旱作农业，开展畜牧渔业节水，强化农业节水机制。四是推进非常规水资源利用。强化再生水利用，促进雨水利用，推进矿井水、苦咸水、海水、淡化水利用。通过完善水资源合理利用的体制机制，解决黄河流域生态、民生、产业发展所面临的水资源短缺问题，推动黄河流域的高质量发展。

第四，自然灾害防治机制。由于黄河流域内经济发展水平差距较大，部分省份基础设施建设落后，在自然灾害防治机制建设方面也有待加强。要建立九省份协调联动的自然灾害防治机制，统筹协调整个流域内的发展与保护问题。运用卫星监测及大数据等数字技术及时监测流域内的水土流失、沙尘暴、洪涝灾害频发的重点区域，及时预防灾害的发生并优化自然灾害的治理手段。加强对植被、森林、湖泊等关键生态区域的保护力度，推动湖沙草林的协调发展，提升植被的水土的涵养能力，增强抵抗洪涝灾害的能力，使得脆弱的生态环境稳定性提高，推动黄河流域的高质量发展。

第五，高质量发展支持机制。随着新一轮科技和产业变革加速演进，数字经济对高质量发展的赋能作用更加显著。促进黄河流域的高质量发展，要推动黄河流域的数字化建设进程。一是大力支持科技创新。加快新型数字基础设施的建设力度，加快新兴数字技术的应用力度。各级部门运用财政预算政策支持企业进行科技创新，促进黄河流域沿线科技企业创新能力提升。二是推动产业结构转型升级。考虑到黄河流域自然资源禀赋以及生态环境的现实情况，需要改造"三高"产业，推动产业绿色发展，促进产业数字化转型。三是支持农业高质量发展。各级财政部门通过财政扶持与财政激励政策，推动绿色农业、数字农业的发展，推动农业的现代化进程。

第六，黄河文化投入机制。中国式现代化是精神文化与物质文明相协调的现代化。在发展经济的同时，要大力发展黄河流域的文化事业，加强黄河文化投入机制的建设力度。通过中央及各级财政部门的财政预算政策支持黄河流域文化产业的发展，加大对文化旅游重点项目的投入力度，建立健全基础设施保障制度，促进黄河流域文化旅游事业的繁荣发展。同时，加强黄河流域重点文物和非物质文化的开发保护力度，坚持开放发展战略，推动文化文明交流借鉴，促进黄河文化的繁荣发展。

第七，民生发展机制。民生工程是推动我国经济高质量发展的重点工程，对于增进人民福祉，提升居民幸福感具有重要意义。人民生活水平的提高是经济高质量发展的重要内容，要坚持以人为本的发展观念。因此，要建立健全民生发展机制，推动民生工程建设，提升黄河流域的水源供给质量，保障黄河流域的生态安全，加强自然灾害的防治力度，切实保障居民的水源安全、粮食安全与生态安全等。同时，加强黄河流域内的基础设施建设，建立健全保障体系，在养老、医疗、教育等方面为居民提供保障，提升居民的幸福感，增进人民福祉。

第十六章

结论与展望

　　基于"共同抓好大保护，协同推进大治理"的目标，必须推进黄河流域生态环境保护与高质量发展的耦合协调。黄河流域生态环境保护与高质量发展的耦合协调有利于揭示黄河流域生态保护与高质量发展耦合协调的客观规律，有利于探寻黄河流域生态保护和高质量发展耦合协调的驱动因素，有利于探索黄河流域生态保护与高质量发展耦合协调的发展效应，有利于推进黄河流域生态保护与高质量发展耦合协调的机制设计。

第一节 本书研究的结论

本书研究黄河流域生态环境保护与高质量发展耦合协调，遵循逻辑实证主义和"具体—抽象—具体"的科学研究程序。本书的总体思路"内涵机理＋测评体系——驱动因素＋协同推进——治理体系＋保障机制"对应着逻辑实证主义的"提出概念—形成假说—实证检验—应用分析"，也对应着从具体到抽象、再从抽象到具体的研究过程。研究得出如下结论。

（1）黄河流域高质量发展是一个重大国家战略，黄河流域高质量发展模式选择的理论依据是主体功能区建设的思路，基于不同区域的资源环境承载能力、现有开发密度和发展潜力等将黄河流域按开发方式分为优化开发区域、重点开发区域、限制开发区域和禁止开发区域4种区域，确定不同的开发方式和高质量发展的目标与任务。依据主体功能区建设的思路，从黄河流域的区情出发，黄河流域高质量发展可以选择绿色发展导向下的分类发展、联动发展、协同发展和合作发展五位一体的高质量发展模式。结合黄河中游地区生态保护和高质量发展的基本状态和存在问题，需要从流域治理的整体层面入手，统筹经济增长和生态保护协调发展。从"共同抓好大保护、协同推进大治理"的战略思路出发，以绿色发展打开黄河中游地区生态保护和高质量发展的战略新格局。

（2）全流域在创新发展和安全发展方面成效显著，开放发展和协调发展是当前主要制约因素。流域内主体功能区中，优化开发区的经济高质量发展水平最高，重点开发区和农产品主产区次之，重点开发区、生态重点功能区及禁止开发区经济高质量发展水平波动较大，其经济发展稳定性仍待提升。黄河流域的经济高质量发展应基于多元发展目标提升流域经济的整体发展质量，包括以创新促升级、以协调促平衡、以绿色促转型、以开放促发展、以共享稳民生、以安全保防线；加快推进基于主体功能区的分类高质量发展，明确流域中工业产品供给、农业产品供给和生态产品供给的功能划分。分类治理政策应优化流域主体功能区的分区和定位、强化主体功能区模式主体地位、健全相关政策的配套保障。

（3）经济增长、产业发展和生态环境保护是促进黄河流域生态保护和高质量发展的重要推手。在黄河流域生态保护和高质量发展的进程中，经济增长能够进一步推动产业发展，促进产业结构合理化与高级化，从而减少流域内资源型产品的消耗，提高产业的生态效率，有利于保护生态环境。产业发展能够带动地区经济增长，间接加大对生态保护资金支持的力度，同时产业结构合理化与高级化也会减少资源型产品的消耗。良好的生态环境能够促进宜居共享，吸引劳动力流入，从而加快地区的经济增长，进而推动产业发展。经济增长、产业发展和生态环境保护任何一者的缺席，都会影响到黄河流域生态保护和高质量发展。为了实现黄河流域经济增长、产业发展与生态环境三者的协同发展，亟须建立健全黄河流域经济增长、产业发展与生态环境耦合协同的支撑体系。

（4）黄河流域生态环境保护与高质量发展是相互影响、相互促进、良性互动的关系。构建黄河流域生态环境保护与高质量发展耦合协调的协同推进机制具有重要意义。从黄河流域生态环境保护和高质量发展的战略性、整体性、协同性、系统性的原则出发，需要高度重视黄河流域生态保护与高质量发展耦合协调的协同推进机制设计，形成黄河流域"发展—保护—治理"的多重均衡耦合的耦合协同逻辑。黄河流域城镇化与高质量发展的耦合协调度总体呈现下游 > 中游 > 上游的空间特征，且通过在省域层面观察空间格局演化，可知各省耦合协调度类型推动进程之间存在更为明显的阶梯状差异。黄河流域城镇化与高质量发展耦合协调的驱动因素影响力从弱到强依次为外力驱动、政府推动、创新驱动、内源驱动。

（5）推进黄河流域生态保护和高质量发展是国家治理能力现代化的重要北方战略，为了保证这一国家战略的有效实施，需要构建相应的统计监测预警体系。基于黄河流域生态保护和高质量发展的特殊性及主要目标任务，从理论构架和具体实践上，系统地探讨其统计监测预警体系构建的基本思路和研究方向。着眼于大流域高质量发展的长期目标，立足黄河流域"共同抓好大保护，协同推进大治理"的战略思路，应以习近平总书记有关重要讲话为根本遵循，围绕水资源有效利用、生态保护修复、污染治理、高质量发展、文化保护与传承、人民生活水平改善 6 大维度构建科学的统计监测体系，设计统计监测预警体系构建的工作机制、工作方法以及工作任务。

（6）黄河流域生态保护和高质量发展的国家战略需要与实施创新驱动的国家战略实现有机衔接，重构黄河流域各地区高质量发展的动力系统。创新驱动战略的目标是将科技创新作为首要目标，将因地制宜、分类施策的产品创新和产业创新作为主要任务，以提高全流域资源配置效率为目标的机制体制创新作为制度保障。黄河流域创新驱动战略的总体思路是强化国家战略科技力量，解决黄河流域高质量发展的创新动力问题。提升企业技术创新能力，让企业成为技术创新的主体力量。激发人才创新活力，构筑积聚国内外优秀人才的创新高地。黄河流域生态保护和高质量发展创新驱动战略实现路径在于在节水产业、新能源技术等领域进行深入研究和长期布局，依靠企业技术创新实现新动能培育，推动黄河全流域合作发展和协同创新。

（7）碳中和目标的提出是新时期我国对全球环境保护的郑重承诺。实现黄河流域高质量发展，要在碳中和目标下进一步调整产业结构。黄河流域产业结构调整应遵循的原则是：以保护生态环境为前提，推动黄河流域产业绿色化与高质量发展的协同；以区域产业合作为根本，推动黄河流域绿色产业协同发展；以优化能源消费结构为手段，大力发展黄河流域清洁低碳产业；实施创新驱动发展战略，推动黄河流域产业基础能力高级化和产业链现代化。应大力发展绿色产业，完善黄河流域绿色产业链；构建绿色产业体系，推进黄河流域产业绿色化转型；转变产业发展模式，加快黄河流域新旧动能转换；加强绿色科技创新，推动黄河流域传统产业低碳化转型。

（8）在新发展阶段，黄河流域应从实施创新驱动入手，构建和完善基本实现现代化的政策支持体系，缩小与国内发达地区的发展差距，协同推进流域内不同地区、不同维度的现代化进程，全方位接近基本实现现代化的宏伟目标。一是完善黄河流域生态保护和高质量发展的科技创新支撑机制。加快要素数字化进程、畅通高质量要素循环机制，提升经济结构的适应性创新水平、构建高质量协同机制，优化法治化营商环境、推行数字化渐进式治理机制。二是完善黄河流域空间治理体系建设。围绕主体功能区建设优化区域经济总体布局，完善政府、市场、社会三者有机配合的空间治理模式。以高水平的科技手段、高素质的人才队伍、完备的制度保障和有效的政策体系为重要支撑，促进形成人口、经济、资源环境相协调的空间开发格局，推动黄河流域的高质量发展。三是推动黄河流域融入新的发展格局。在战略上协同治理，加强区域合作；落实"两山"理论，促进生态优化与产业优化；坚持创新驱动，促进经济发展；融入外循环，提升开放水平。推进生产要素市场化，同时引导居民消费升级；加大创新力度，提升自主创新能力；调整产业政策，推动产业结构优化升级；健全生态保护机制，促进人与自然和谐发展。四是推进黄河流域产业生态化转型。产业生态化转型成为推动黄河流域高质量发展的重要途径。完善黄河流域产业生态化转型的配套政策措施、加快培育黄河流域产业生态化转型的新动能、打造黄河流域高质量的生态项目、完善黄河流域产业生态化转型的碳排放权交易制度、提升黄河流域产业生态化转型的生态碳汇能力。五是完善黄河流域水权市场。流域水权市场建设要以完善水权转让机制为保障，以完善水权市场监管机制为支撑，以建立流域水权交易市场为主体，以创新政府治理方式为关键。

第二节　研究的展望

2019 年 9 月，习近平总书记在郑州主持召开了黄河流域生态保护和高质量发展座谈会，同时将黄河流域生态保护和高质量发展上升为重大国家战略，为我国中西部发展描绘了宏伟蓝图①。"共同抓好大保护，协同推进大治理"的战略思路，体现了新时代下我国的新型发展理念，表明高质量发展必须要将绿色发展和协调发展理念相结合。本书对黄河流域生态环境保护与经济高质量发展之间的耦合度进行评价，分析影响耦合的制约因素。在协同路径方面，从功能协同、产业协同、空间协同和管理协同几方面研究黄河流域生态环境保护与高质量发展耦合协同的路径。在治理体系方面，从组织保障、空间治理、政策支撑几方面研究黄河流域生态环境保护与高质量发展耦合协同的现代化治理体系。但是在未来研究中，还需要重视研究以下几个问题。

（1）从大流域角度来研究黄河流域生态保护和高质量发展。黄河流域高质量发展不同于全国整体上的生态保护和高质量发展，也不同于某一个省份的生态保护和高质量发展，是典型的大流域生态保护和高质量发展，具有特殊性。需要从大流域治理和流域经济学的角度来研究生态保护和高质量发展耦合协同。

（2）对黄河流域生态保护和高质量发展耦合协调与协同推进典型案例的研究。本书虽然进行了调查研究，对陕西段重点区域的重大产业布局进行了研究，对中游黄河流域生态保护和高质量发展进行了调查研究。但在未来研究中，还需要深入到整个流域的典型地区进行深入的案例调研，研究成功的案例，可为总结推广的经验。

（3）对黄河流域生态保护和高质量发展耦合协调与协同推进的政策绩效进行评估，对未来趋势进行预测分析，以便通过监测预警体系，保证黄河流域生态保护和高质量发展耦合协调与协同推进有序推进，保证政策实施的效果。

---

① 习近平在黄河流域生态保护和高质量发展座谈会上的讲话［J］. 求是，2019（20）.

参 考 文 献

［1］［澳］柯武刚，［德］史漫飞，［美］贝彼得．制度经济学［M］．北京：商务印书馆，2018.

［2］［比］普里戈金，斯唐热．从混沌到有序［M］．曾庆宏等译．上海：上海译文出版社，1987.

［3］［美］道格拉斯·C.诺思．制度变迁与经济绩效［M］．上海：格致出版社，2014.

［4］［美］冯·贝克塔菲．一般系统论：基础、发展和应用［M］．林康义等译．北京：清华大学出版社，1987.

［5］［美］赫尔曼·E.戴利，［美］乔舒亚·法利．生态经济学：原理与应用［M］．中国人民大学出版社，2014.

［6］［日］速水佑次郎．发展经济学——从贫困到富裕［M］．北京：社会科学文献出版社，2009.

［7］安树伟，李瑞鹏．黄河流域高质量发展的内涵与推进方略［J］．改革，2020（1）：76－86.

［8］蔡跃洲，马文君．数据要素对高质量发展影响与数据流动制约［J］．数量经济技术经济研究，2021，38（3）：64－83.

［9］曹沛霖．制度的逻辑［M］．上海：上海人民出版社，2019.

［10］曹堂哲．公共行政执行协同机制研究的协同学途径——理论合理性和多学科基础［J］．中共浙江省委党校学报，2009，25（1）：37－42.

［11］曹玉华，夏永祥，毛广雄，蔡安宁，刘传明．淮河生态经济带区域发展差异及协同发展策略［J］．经济地理，2019，39（9）：213－221.

［12］钞小静，任保平．中国经济增长质量的时序变化与地区差异分析［J］．经济研究，2011（4）：26－40.

［13］钞小静，周文慧．黄河流域高质量发展的现代化治理体系构建［J］．经济问题，2020（11）：1－7.

［14］钞小静，周文慧．黄河中上游西北地区生态安全的综合评价、体系构建

及推动机制 [J]. 宁夏社会科学, 2022 (4): 115-125.

[15] 钞小静. 推进黄河流域高质量发展的机制创新研究 [J]. 人文杂志, 2020 (1): 9-13.

[16] 陈诗一, 陈登科. 雾霾污染、政府治理与经济高质量发展 [J]. 经济研究, 2018, 53 (2): 20-34.

[17] 陈诗一. 能源消耗、二氧化碳排放与中国工业的可持续发展 [J]. 经济研究, 2009, 44 (4): 41-55.

[18] 陈晓东, 金碚. 黄河流域高质量发展的着力点 [J]. 改革, 2019 (11): 25-32.

[19] 崔盼盼, 赵媛, 夏四友, 郗继尧. 黄河流域生态环境与高质量发展测度及时空耦合特征 [J]. 经济地理, 2020, 40 (5): 49-57, 80.

[20] 邓宏兵, 刘恺雯, 苏攀达. 流域生态文明视角下多元主体协同治理体系研究 [J]. 区域经济评论, 2021 (2): 146-153.

[21] 邓雪薇, 黄志斌, 张甜甜. 新时代多元协同共治流域生态补偿模式研究 [J]. 齐齐哈尔大学学报 (哲学社会科学版), 2021 (8): 38-41, 50.

[22] 丁煌, 汪霞. 地方政府政策执行力的动力机制及其模型构建——以协同学理论为视角 [J]. 中国行政管理, 2014 (3): 95-99.

[23] 樊纲, 王小鲁, 马光荣. 中国市场化进程对经济增长的贡献 [J]. 经济研究, 2011, 46 (9): 4-16.

[24] 樊杰, 王亚飞, 王怡轩. 基于地理单元的区域高质量发展研究——兼论黄河流域同长江流域发展的条件差异及重点 [J]. 经济地理, 2020, 40 (1): 1-11.

[25] 范如国. 复杂网络结构范型下的社会治理协同创新 [J]. 中国社会学, 2014 (4): 98-120, 206.

[26] 方创琳, 鲍超. 黑河流域水—生态—经济发展耦合模型及应用 [J]. 地理学报, 2004 (5).

[27] 付景保. 黄河流域生态环境多主体协同治理研究 [J]. 灌溉排水学报, 2020, 39 (10): 130-137.

[28] 干春晖, 郑若谷, 余典范. 中国产业结构变迁对经济增长和波动的影响 [J]. 经济研究, 2011 (5): 4-16.

[29] 高煜. 黄河流域高质量发展中现代产业体系构建研究 [J]. 人文杂志, 2020 (1): 13-17.

[30] 葛剑平, 孙晓鹏. 生态服务型经济的理论与实践 [J]. 新疆师范大学学

报（哲学社会科学版），2012（4）：7-15，118.

［31］辜胜阻，吴华君，吴沁沁，余贤文. 创新驱动与核心技术突破是高质量发展的基石［J］. 中国软科学，2018（10）：9-18.

［32］郭晗，胡晨园. 黄河流域生态环境保护与工业经济高质量发展：耦合测度与时空演化［J］. 宁夏社会科学，2022（6）：132-142.

［33］郭晗，任保平. 黄河流域高质量发展的空间治理：机理诠释与现实策略［J］. 改革，2020（4）：74-85.

［34］郭晗. 黄河流域高质量发展中的可持续发展与生态环境保护［J］. 人文杂志，2020（1）：17-21.

［35］国合华夏城市规划研究院，黄河流域战略研究院. 黄河流域战略编制与生态发展案例［M］. 中国金融出版社，2020.

［36］韩海燕，任保平. 黄河流域高质量发展中制造业发展及竞争力评价研究［J］. 经济问题，2020（8）：1-9.

［37］韩君，杜文豪，吴俊珺. 黄河流域高质量发展水平测度研究［J］. 西安财经大学学报，2021，34（1）：28-36.

［38］韩永辉，黄亮雄，王贤彬. 产业结构优化升级改进生态效率了吗？［J］. 数量经济技术经济研究，2016，33（4）：40-59.

［39］何爱平，安梦天. 黄河流域高质量发展中的重大环境灾害及减灾路径［J］. 经济问题，2020（7）：1-8.

［40］何寿奎. 长江经济带环境治理与绿色发展协同机制及政策体系研究［J］. 当代经济管理，2019，41（8）：57-63.

［41］贺卫华，张光辉. 黄河流域生态协同治理长效机制构建策略研究［J］. 中共郑州市委党校学报，2021（6）：40-45.

［42］洪银兴. 中国式现代化新道路创造了人类文明新形态［J］. 理论与现代化，2021（6）：22-25.

［43］黄河流域生态保护和高质量发展规划纲要［N］. 人民日报，2021-10-09（01）.

［44］黄金川，方创琳，冯仁国. 三峡库区城市化与生态环境耦合关系定量辨识［J］. 长江流域资源与环境，2004（2）.

［45］黄亮雄，安苑，刘淑琳. 中国的产业结构调整：基于三个维度的测算［J］. 中国工业经济，2013（10）：70-82.

［46］黄燕芬，张志开，杨宜勇. 协同治理视域下黄河流域生态保护和高质量发展——欧洲莱茵河流域治理的经验和启示［J］. 中州学刊，2020（2）：18-25.

［47］冀朝鼎. 中国历史上的基本经济区［M］. 北京：商务印书馆，2014.

［48］江红莉，何建敏. 区域经济与生态环境系统动态耦合协调发展研究——基于江苏省的数据［J］. 软科学，2010，24（3）：63 - 68.

［49］姜磊，周海峰，柏玲. 长江中游城市群经济—城市—社会—环境耦合度空间差异分析［J］. 长江流域资源与环境，2017，26（5）.

［50］金凤君，马丽，许蝶. 黄河流域产业发展对生态环境的胁迫诊断与优化路径识别［J］. 资源科学，2020，42（1）：127 - 136.

［51］金凤君. 黄河流域生态保护与高质量发展的协调推进策略［J］. 改革，2019（11）：33 - 39.

［52］黎元生，胡熠. 流域系统协同共生发展机制构建——以长江流域为例［J］. 中国特色社会主义研究，2019（5）：76 - 82.

［53］李军辉. 复杂系统理论视阈下我国区域经济协同发展机理研究［J］. 经济问题探索，2018（7）：154 - 163.

［54］李强，韦薇. 长江经济带经济增长质量与生态环境优化耦合协调度研究［J］. 软科学，2019，33（5）：117 - 122.

［55］李晓华. 数字经济新特征与数字经济新动能的形成机制［J］. 改革，2019（11）：40 - 51.

［56］李媛，任保平. 黄河流域地方政府协同发展合作机制研究［J］. 财经理论研究，2022（1）：23 - 31.

［57］梁静波. 协同治理视阈下黄河流域绿色发展的困境与破解［J］. 青海社会科学，2020（4）：36 - 41.

［58］廖重斌. 环境与经济协调发展的定量评判及其分类体系——以珠江三角洲城市群为例［J］. 热带地理，1999（2）：76 - 82.

［59］林永然，张万里. 协同治理：黄河流域生态保护的实践路径［J］. 区域经济评论，2021（2）：154 - 160.

［60］刘贝贝，左其亭，刁艺璇. 绿色科技创新在黄河流域生态保护和高质量发展中的价值体现及实现路径［J］. 资源科学，2021，43（2）：423 - 432.

［61］刘传明，马青山. 黄河流域高质量发展的空间关联网络及驱动因素［J］. 经济地理，2020，40（10）：91 - 99.

［62］刘家旗，茹少峰. 基于生态足迹理论的黄河流域可持续发展研究［J］. 改革，2020（9）：139 - 148.

［63］刘建华，黄亮朝，左其亭. 黄河流域生态保护和高质量发展协同推进准则及量化研究［J］. 人民黄河，2020，42（9）：26 - 33.

[64] 刘琳轲, 梁流涛, 高攀. 黄河流域生态保护与高质量发展的耦合关系及交互响应 [J]. 自然资源学报, 2021, 36 (1): 176-195.

[65] 刘生龙, 胡鞍钢. 基础设施的外部性在中国的检验: 1988—2007 [J]. 经济研究, 2010, 45 (3): 4-15.

[66] 刘世锦, 屠光绍, 等. 碳中和的逻辑 [M]. 北京: 中国经济出版社, 2022.

[67] 刘耀彬, 李仁东, 宋学锋. 中国城市化与生态环境耦合度分析 [J]. 自然资源学报, 2005 (1).

[68] 刘铮. "硬技术" 与 "软技术": 论米歇尔·福柯的技术哲学 [J]. 自然辩证法研究, 2016 (5): 28-33.

[69] 陆远权, 张源. 汉江生态经济带交通状况—区域经济—生态环境耦合协调发展研究 [J]. 长江流域资源与环境, 2002 (11): 1-19.

[70] 逯进, 周惠民. 中国省域人力资本与经济增长耦合关系的实证分析 [J]. 数量经济技术经济研究, 2013, 30 (9).

[71] 吕志奎. 加快建立协同推进全流域大治理的长效机制 [J]. 国家治理, 2019 (40): 45-48.

[72] 马传栋. 生态经济学 [M]. 北京: 中国社会科学出版社, 2015.

[73] 马光荣, 程小萌, 杨恩艳. 交通基础设施如何促进资本流动——基于高铁开通和上市公司异地投资的研究 [J]. 中国工业经济, 2020 (6): 5-23.

[74] 马克思恩格斯文集 (第五卷) [M]. 北京: 人民出版社, 2009.

[75] 马克思. 马克思恩格斯全集: 第31卷 [M]. 北京: 人民出版社, 1998.

[76] 马克思. 马克思恩格斯全集: 第32卷 [M]. 北京: 人民出版社, 1998.

[77] 马克思. 马克思恩格斯全集: 第42卷 [M]. 北京: 人民出版社, 2016.

[78] 马荣, 郭立宏, 李梦欣. 新时代我国新型基础设施建设模式及路径研究 [J]. 经济学家, 2019 (10): 58-65.

[79] 苗长虹, 张佰发. 黄河流域高质量发展分区分级分类调控策略研究 [J]. 经济地理, 2021 (10): 143-153.

[80] 宁朝山, 李绍东. 黄河流域生态保护与经济发展协同度动态评价 [J]. 人民黄河, 2020, 42 (12): 1-6.

[81] 牛玉国, 张金鹏. 对黄河流域生态保护和高质量发展国家战略的几点思考 [J]. 人民黄河, 2020, 42 (11): 1-4, 10.

[82] 庞闻, 马耀峰, 唐仲霞. 旅游经济与生态环境耦合关系及协调发展研究——以西安市为例 [J]. 西北大学学报 (自然科学版), 2011, 41 (6).

[83] 彭本利，李爱年．流域生态环境协同治理的困境与对策 [J]．中州学刊，2019 (9)：93 - 97．

[84] 任保平，杜宇翔．黄河流域高质量发展背景下产业生态化转型的路径与政策 [J]．人民黄河，2022，44 (3)：5 - 10．

[85] 任保平，杜宇翔．黄河流域经济增长—产业发展—生态环境的耦合协同关系 [J]．中国人口·资源与环境，2021，31 (2)：119 - 129．

[86] 任保平，杜宇翔．黄河中游地区生态保护和高质量发展战略研究 [J]．人民黄河，2021，43 (2)：1 - 5．

[87] 任保平，付雅梅，杨羽宸．黄河流域九省份经济高质量发展的评价及路径选择 [J]．统计与信息论坛，2022，37 (1)：89 - 99．

[88] 任保平，李梦欣．新时代中国特色社会主义绿色生产力研究 [J]．上海经济研究，2018 (3)：5 - 13．

[89] 任保平，李禹墨．新时代我国高质量发展评判体系的构建及其转型路径 [J]．陕西师范大学学报（哲学社会科学版），2018，47 (3)：105 - 113．

[90] 任保平，裴昂．黄河流域生态保护和高质量发展的科技创新支撑 [J]．人民黄河，2022，44 (9)：11 - 16．

[91] 任保平，孙一心．数字经济培育我国经济高质量发展新优势的机制与路径 [J]．经济纵横，2022 (4)：38 - 48．

[92] 任保平，魏婕，郭晗，等．中国特色发展的政治经济学 [M]．北京：中国经济出版社，2019．

[93] 任保平，张倩．黄河流域高质量发展的战略设计及其支撑体系构建 [J]．改革，2019 (10)：26 - 34．

[94] 任保平，邹起浩．黄河流域高质量发展的空间治理体系建设 [J]．西北大学学报（哲学社会科学版），2022，52 (1)：47 - 56．

[95] 任保平，等．中国西部发展报告：黄河流域中上游西北地区生态环境保护与经济发展的协调 [M]．社会科学文献出版社，2022．

[96] 任保平，等．黄河流域高质量发展的战略研究 [M]．北京：中国经济出版社，2020．

[97] 任保平．黄河流域高质量发展的特殊性及其模式选择 [J]．人文杂志，2020 (1)：1 - 4．

[98] 任保平．黄河流域生态保护和高质量发展的创新驱动战略及其实现路径 [J]．宁夏社会科学，2022 (3)：131 - 138．

[99] 任保平．黄河流域生态环境保护与高质量发展的耦合协调 [J]．人民论

坛·学术前沿，2022（6）：91-96.

［100］任保平.经济增长质量的逻辑［M］.北京：人民出版社，2015.

［101］任保平.全面理解新发展阶段的共同富裕［J］.社会科学辑刊，2021（6）：142-149.

［102］任保平.推动黄河流域生态保护和高质量发展研究［J］.宁夏社会科学，2022（3）：130.

［103］任晓刚，刘菲.坚持科技创新推动经济高质量发展［J］.人民论坛·学术前沿，2022（13）：101-104.

［104］邵帅，李欣，曹建华，杨莉莉.中国雾霾污染治理的经济政策选择——基于空间溢出效应的视角［J］.经济研究，2016，51（9）：73-88.

［105］沈满洪.生态经济学［M］.北京：中国环境科学出版社，2008.

［106］沈满洪.生态经济学的定义、范畴与规律［J］.生态经济，2009（1）：42-47，182.

［107］师博，范丹娜.黄河中上游西北地区生态环境保护与城市经济高质量发展耦合协调研究［J］.宁夏社会科学，2022（4）：126-135.

［108］师海猛，张扬，叶青青.黄河流域城镇化高质量发展与生态环境耦合协调时空分异研究［J］.宁夏社会科学，2021（4）：55-63.

［109］石大千，丁海，卫平，刘建江.智慧城市建设能否降低环境污染［J］.中国工业经济，2018（6）：117-135.

［110］石涛.黄河流域生态保护与经济高质量发展耦合协调度及空间网络效应［J］.区域经济评论，2020（3）：25-34.

［111］宋洁.新发展格局下黄河流域高质量发展"内外循环"建设的逻辑与路径［J］.当代经济管理，2021，43（7）：69-76.

［112］孙继琼.黄河流域生态保护与高质量发展的耦合协调：评价与趋势［J］.财经科学，2021（3）：106-118.

［113］索端智，等.黄河流域蓝皮书.黄河流域生态保护和高质量发展报告［M］.社会科学文献出版社，2022.

［114］覃成林.黄河流域经济空间分异与开发［M］.北京：科学出版社，2011.

［115］唐建荣.生态经济学［M］.北京：化学工业出版社，2005.

［116］唐晓华，张欣珏，李阳.中国制造业与生产性服务业动态协调发展实证研究［J］.经济研究，2018（3）.

［117］田玉麒，陈果.跨域生态环境协同治理：何以可能与何以可为［J］.上海行政学院学报，2020，21（2）：95-102.

[118] 王必达，赵城. 黄河上游区域向西开放的模式创新："三重开放"同时启动与推进 [J]. 中国软科学，2020 (9)：70-83.

[119] 王慧杰，董战峰，徐袁，葛察忠. 构建跨省流域生态补偿机制的探索——以东江流域为例 [J]. 环境保护，2015, 43 (16)：44-48.

[120] 王金南. 黄河流域生态保护和高质量发展战略思考 [J]. 环境保护，2020, 48 (Z1)：18-21.

[121] 王喜峰，沈大军. 黄河流域高质量发展对水资源承载力的影响 [J]. 环境经济研究，2019, 4 (4).

[122] 王馨，王营. 绿色信贷政策增进绿色创新研究 [J]. 管理世界，2021, 37 (6)：173-188, 11.

[123] 王忠民. 基础设施的三个维度及其投资效应探析 [J]. 西北大学学报 (哲学社会科学版)，2019, 49 (2)：5-9.

[124] 魏宏森，曾国屏. 系统论 [M]. 北京：清华大学出版社，1995.

[125] 温珺，阎志军，程愚. 数字经济与区域创新能力的提升 [J]. 经济问题探索，2019 (11)：112-124.

[126] 吴勤堂. 产业集群与区域经济发展耦合机理分析 [J]. 管理世界，2004 (2)：133-134, 136.

[127] 武宵旭，任保平，葛鹏飞. 黄河流域技术创新与绿色发展的耦合协调关系 [J]. 中国人口·资源与环境，2022, 32 (8)：20-28.

[128] 习近平. 高举中国特色社会主义伟大旗帜 为全面建设社会主义现代化国家而团结奋斗 [N]. 人民日报，2022-10-17 (1).

[129] 习近平. 推动我国生态文明建设迈上新台阶 [J]. 求是，2019 (3)：4-19.

[130] 习近平. 在黄河流域生态保护和高质量发展座谈会上的讲话 [J]. 求是，2019 (20)：4-11.

[131] 徐辉，师诺，武玲玲，张大伟. 黄河流域高质量发展水平测度及其时空演变 [J]. 资源科学，2020, 42 (1)：115-126.

[132] 薛澜，杨越，陈玲，等. 黄河流域生态保护和高质量发展战略立法的策略 [J]. 中国人口·资源与环境，2020, 30 (12)：1-7.

[133] 亚琨，罗福凯，王京. 技术创新与企业环境成本——"环境导向"抑或"效率至上"？[J]. 科研管理，2022 (2)：27-35.

[134] 杨丹，常歌，赵建吉. 黄河流域经济高质量发展面临难题与推进路径 [J]. 中州学刊，2020 (7)：28-33.

［135］杨德明，刘泳文 ．"互联网 ＋"为什么加出了业绩？［J］．中国工业经济，2018（5）：80 - 98．

［136］杨燕燕，王永瑜，韩君 ．新发展理念下黄河流域生态效率测度及空间异质性研究［J］．统计与决策，2021，37（24）：110 - 114．

［137］杨永春，穆焱杰，张薇 ．黄河流域高质量发展的基本条件与核心策略［J］．资源科学，2020，42（3）：409 - 423．

［138］杨永春，张旭东，穆焱杰，等 ．黄河上游生态保护与高质量发展的基本逻辑及关键对策［J］．经济地理，2020，40（6）：9 - 20．

［139］姚洋 ．制度与经济增长［M］．上海：文汇出版社，2022．

［140］于法稳，方兰 ．黄河流域生态保护和高质量发展的若干问题［J］．中国软科学，2020（6）：85 - 95．

［141］余东华 ．加快建立黄河流域生态保护和高质量发展的协同合作机制［J］．沂蒙干部学院学报，2022（1）：20 - 26．

［142］俞可平 ．推进国家治理体系和治理能力现代化［J］．前线，2014（1）：5 - 8，13．

［143］袁增伟，毕军，张炳，等 ．传统产业生态化模式研究及应用［J］．中国人口·资源与环境，2004（2）：109 - 112．

［144］张贡生 ．黄河流域生态保护和高质量发展：内涵与路径［J］．哈尔滨工业大学学报（社会科学版），2020，22（5）：119 - 128．

［145］张国兴，苏钊贤 ．黄河流域中心城市高质量发展评价体系构建与测度［J］．生态经济，2020，36（7）：37 - 43．

［146］张红武 ．科学治黄方能保障流域生态保护和高质量发展［J］．人民黄河，2020，42（5）：1 - 7，12．

［147］张鸿，刘中，王舒萱 ．数字经济背景下我国经济高质量发展路径探析［J］．商业经济研究，2019（23）：183 - 186．

［148］张克中，陶东杰 ．交通基础设施的经济分布效应——来自高铁开通的证据［J］．经济学动态，2016（6）：62 - 73．

［149］张鹏，张继凯 ．新发展格局下黄河水利监管改革创新问题研究［J］．人民黄河，2021，43（S2）：1 - 2．

［150］张荣天，焦华富 ．泛长江三角洲地区经济发展与生态环境耦合协调关系分析［J］．长江流域资源与环境，2015，24（5）．

［151］张瑞，王格宜，孙夏令 ．财政分权、产业结构与黄河流域高质量发展［J］．经济问题，2020（9）：1 - 11．

[152] 张伟丽, 王伊斌, 李金晓, 等. 黄河流域生态保护与经济高质量发展耦合协调网络分析 [J]. 生态经济, 2022, 38 (10): 179－189.

[153] 张学良, 林永然. 都市圈建设: 新时代区域协调发展的战略选择 [J]. 改革, 2019 (2): 46－55.

[154] 张妍, 尚金城, 于相毅. 城市经济与环境发展耦合机制的研究 [J]. 环境科学学报, 2003 (1).

[155] 张彦博, 李想. 环境规制、技术创新与经济高质量发展——基于中央环保督察的准自然实验 [J]. 工业技术经济, 2021 (11): 3－10.

[156] 张震, 石逸群. 新时代黄河流域生态保护和高质量发展之生态法治保障三论 [J]. 重庆大学学报 (社会科学版), 2020, 26 (5): 167－176.

[157] 赵建吉, 刘岩, 朱亚坤, 等. 黄河流域新型城镇化与生态环境耦合的时空格局及影响因素 [J]. 资源科学, 2020, 42 (1).

[158] 赵丽娜, 刘晓宁. 推动黄河流域高水平对外开放的思路与路径研究 [J]. 山东社会科学, 2022 (7): 152－160.

[159] 赵志强. 黄河流域生态保护和高质量发展协同机制及对策思考 [J]. 理论研究, 2021 (5): 73－80.

[160] 中国共产党第十九届中央委员会第四次全体会议文件汇编 [M]. 北京: 人民出版社, 2019.

[161] 周成, 冯学钢, 唐睿. 区域经济—生态环境—旅游产业耦合协调发展分析与预测——以长江经济带沿线各省市为例 [J]. 经济地理, 2016, 36 (3).

[162] 周成, 金川, 赵彪, 等. 区域经济—生态—旅游耦合协调发展省际空间差异研究 [J]. 干旱区资源与环境, 2016, 30 (7).

[163] 周国富, 夏祥谦. 中国地区经济增长的收敛性及其影响因素——基于黄河流域数据的实证分析 [J]. 统计研究, 2008 (11): 3－8.

[164] 周立华, 王涛, 樊胜岳, 等. 内陆河流域的生态经济问题与协调发展模式——以黑河流域为例 [J]. 中国软科学, 2005 (1).

[165] 周清香, 何爱平. 环境规制能否助推黄河流域高质量发展 [J]. 财经科学, 2020 (6): 89－104.

[166] 周伟. 黄河流域生态保护地方政府协同治理的内涵意蕴、应然逻辑及实现机制 [J]. 宁夏社会科学, 2021 (1): 128－136.

[167] 周伟. 跨域公共问题协同治理: 理论预期、实践难题与路径选择 [J]. 甘肃社会科学, 2015 (2): 171－174.

[168] 周泽将, 汪顺, 张悦. 知识产权保护与企业创新信息困境 [J]. 中国工

业经济，2022（6）：136 – 154.

［169］朱永明，杨姣姣，张水潮．黄河流域高质量发展的关键影响因素分析［J］．人民黄河，2021，43（3）：1 – 5，17.

［170］诸竹君，黄先海，王煌．交通基础设施改善促进了企业创新吗？——基于高铁开通的准自然实验［J］．金融研究，2019（11）：153 – 169.

［171］邹璇．中国西部地区内陆开放型经济发展研究［M］．北京：中国社会科学出版社，2015.

［172］左其亭，陈嘻．社会经济—生态环境耦合系统动力学模型［J］．上海环境科学，2001，20（12）：3.

［173］左其亭．黄河流域生态保护和高质量发展研究框架［J］．人民黄河，2019，41（11）：1 – 6，16.

［174］Alexey Voinov, Robert Costanza, Lisa Wainger, et al. Patuxent landscape model: integrated ecological economic modeling of a watershed［J］. Environmental Modelling & Software, 1999, 14（5）.

［175］Balazs E. , Tomasz K. and Douglas S. Infrastructure and Growth: Empirical Evidence［N］. Cesifo Working Paper, 2009.

［176］Braat Leon C. , Van Lierop Wal F. J. Economic-ecological modeling: An introduction to methods and applications［J］. Ecological Modelling, 1986, 31（1 – 4）.

［177］Chrisropher Pollitt. Technological Change: A Central yet Neglected Feature of Public Administration［J］. NISPAcee Journal of Public Administration and Policy, 2010, 3（2）: 31 – 53.

［178］Czernich N. , O. Falck and T. Kretschmer. Broadband Infrastructure and Economic Growth［J］. Economic Journal, 2011, 121（552）: 505 – 532.

［179］Fritsch M. , Slavtchev V. Determinants of the Efficiency of Regional Innovation Systems［J］. Regional Studies, 2011, 45（7）: 905 – 918.

［180］Fu Y. M. and W. C. Liao. What Drive the Geographic Concentration of College Graduates in the US? Evidence from Internal Migration［N］. Working Paper, 2012.

［181］Henfridsson O. , Bygstad B. The Generative Mechanisms of Digital Infrastructure Evolution［J］. Mis Quarterly, 2013, 37（3）: 907 – 931.

［182］Jevons W S. The Coal Question: Can Britain Survive?［M］. London: Macmillan, 1865.

［183］John C. Woodwell. A simulation model to illustrate feedbacks among resource-consumption, production and factors of production in ecological-economic systems［J］.

Ecological Modelling, 1998, 112（2）.

　　[184] Marco Janssen, Bert de Vries. The battle of perspectives: a multi-agent model with adaptive responses to climate change [J]. Ecological Economics, 1998, 26（1）.

　　[185] Michael Weber, Volker Barth, Klaus Hasselmann. A multi-actor dynamic integrated assessment model（MADIAM）of induced technological change and sustainable economic growth [J]. Ecological Economics, 2004, 54（2）.

　　[186] Orla O'Donnell, et al. Transformational Aspects of E-Government in Ireland: Issues to Be Addressed [J]. Electronic Journal of E-Government, 2003, 1（1）: 23 –32.

　　[187] Redding S. J., M. A. Turner. Transportation Costs and the Spatial Organization of Economic Activity [J]. Handbook of Regional & Urban Economics, 2015, 5（8）: 1339 –1398.

　　[188] Robert Costanza, Lisa Wainger. Ecological Economics [J]. Business Economics, 1991, 26（4）.

　　[189] Rosimeiry Portela, Ida Rademacher. A dynamic model of patterns of deforestation and their effect on the ability of the Brazilian Amazonia to provide ecosystem services [J]. Ecological Modelling, 2001, 143（1）.

　　[190] R. Kerry Turner, Jeroen C. J. M. Van den Bergh, Tore Söderqvist, et al. Ecological-economic analysis of wetlands: scientific integration for management and policy [J]. Ecological Economics, 2000, 35（1）.

　　[191] Tsekouras K., Chatzistamoulou N., Kounetas K., Broadstock D. Spillovers, Path Dependence and the Productive Performance of European Transportation Sectors in the Presence of Technology Heterogeneity [J]. Technological Forecasting and Social Change, 2016, 102: 261 –274.

　　[192] Ward James D, Sutton Paul C, Werner Adrian D, et al. Is Decoupling GDP Growth from Environmental Impact Possible? [J]. PLoS ONE, 2016, 11（10）.

　　[193] Weil, D. N. Accounting for the Effect of Health on Economic Growth [J]. Quarterly Journal of Economics, 2007, 122: 1265 –1306.

后　记

　　对黄河问题的研究始于 1999 年，自 1997 年开始，因黄河发生过几次断流，引起了社会各界的关注，当时在陕西师范大学工作，1999 年参加了常云昆教授《黄河断流与水权制度研究》的国家社科基金项目，主要研究黄河水权市场问题。

　　2019 年 9 月 18 日上午，中共中央总书记、国家主席、中央军委主席习近平在郑州主持召开黄河流域生态保护和高质量发展座谈会并发表重要讲话后，由于自己研究高质量发展问题，因此又开始关注黄河流域高质量发展问题。2020 年《人文杂志》第 1 期约稿，我组织研究团队发表了一个系列文章，我的文章被《新华文摘》作为封面文章全文转载。此后《改革》杂志也向我约稿发文章。2020 年在新冠疫情封控的情况下，我和师博教授组织出版了《黄河流域高质量发展的战略研究》，这是国内第一本研究黄河流域高质量发展的著作。2020 年被组织派往西安财经大学担任副校长以后，建立了"黄河流域生态保护和高质量发展研究中心"，出版了《黄河流域生态保护和高质量发展报告》。2021 年获批了阐释党的十九届五中全会精神国家社科基金重大项目《黄河流域生态环境保护和高质量发展耦合协调与高质量发展研究》（课题号 21ZDA066），课题立项以后，课题组围绕中心任务，在调查研究基础上，在《中国人口资源环境》《中国经济问题》《中国经济发展报告》《人文杂志》《山东社会科学》发表论文 40 余篇，多篇文章被《新华文摘》《人大报刊复印资料》全文转载，经过课题组集体努力，完成了课题总报告，本书就是该课题的最终成果。

　　本成果由我依据课题申报书写出大纲，师博教授组织课题组讨论，形成了课题的最终成果，各部分分工如下：第一章任保平、第二章豆渊博、第三章师博教授、第四章史歌博士、第五章郭晗、第六章张倩博士、第七章孙一心、第八章迟克涵、第九章张陈璇、第十章李梦欣、第十一章钞小静、第十二章何苗、第十三章李培伟、第十四章邹起浩、第十五章何厚聪、第十六章任保平，课题成果完成后，我被引进到南京大学工作，在南京大学期间我又对书稿进行了最后的加工、修改和完善。课题完成中师博教授做了大量工作，教育部人文社会科学重点研究基地中国西部经济发展研究中心的副主任李文斌、李凯博士在课题结题、会议组织中发挥了积极作用。本书出版得到了经济科学出版社的大力支持，出版社的编辑、校对等人员在书稿的编校、设计中作出了大量辛勤劳动，在此一并表示感谢。同时在本课题的研究中，课题组一些成员虽然没有参与课题总结报告撰写，但他们在课题的前提调研与探讨中发挥了积极作用，为课题前期研究发挥了阶段性成果，他们是西安财经大学的宋敏教授、高林安教授、张丽达教授、刘若江副研究员、秦华博士等，在此一并表示感谢。2023 年初课题组向国家社科规划办提交了结题申请，6 月 19 日国家社科规划办下发了结题证书，在此对国家社科规划办高效的工作表示感谢。黄河流域高质量发展是一个国家战略，虽然项目结题了，但我们围绕这一问题仍然在发表论文，拓展推进数字黄河与数字长江的研究。

任保平

2023 年 7 月于南京